客房部運行與管理（第2版）

支海成 主編

目錄

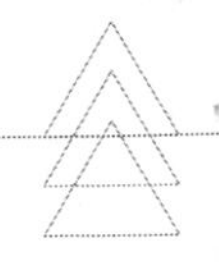

目錄

第 3 章 客房設備

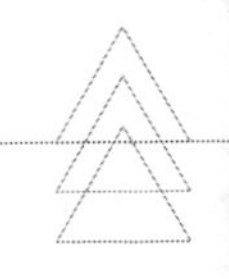

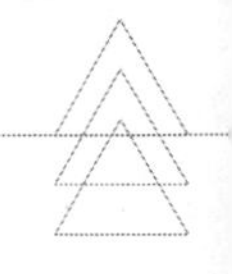

第 9 章 客房的清潔保養

第 10 章 客房部對客服務

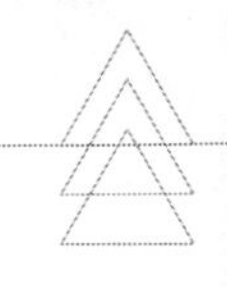

第 13 章 客房部的人力資源管理

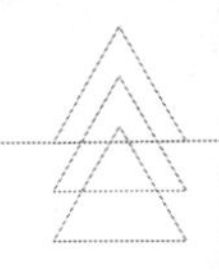

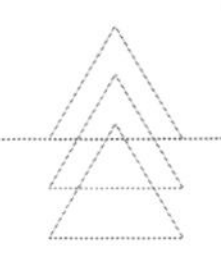

前言

隨著旅遊業的飛速發展，旅遊教育和旅遊飯店都面臨著前所未有的發展機遇和嚴峻挑戰。作為旅遊業的人才培養基地，各級各類旅遊院校在教材建設方面取得了很大成績，基本上做到了各個專業、各門學科都有相應的教材。但是，部分教材在理念、標準和方法等方面已經顯得陳舊過時，因此，編寫適應現代旅遊職業教育及旅遊行業需要的教材就成了當務之急。

目前的旅遊飯店基本上達到了現代化管理的水平，旅遊飯店業已經全面進入了激烈的市場競爭時代。如何抓住機遇、迎接挑戰，如何創造優勢、應對競爭，就成了亟待解決的現實問題。從主流上看，各家飯店都把培養人才、更新觀念作為解決這些問題的主要辦法。在這種形勢下，能編寫一些有助於培養適應飯店業需要的人才、指導飯店具體工作的教材將具有重要意義。

在本教材的編寫過程中，作者透過走訪座談等多種方式，充分瞭解院校教學和飯店培訓對教材的需求，在內容安排、層次把握等各個方面都力求切合實際、緊跟形勢、適度超前。

本教材的主要特點：

1. 結構合理，內容豐富，具有很強的系統性。

2. 有理論，有實踐，具有較強的實用性。

3. 觀念新，標準高，方法新，具有鮮明的時代特色。

本書由支海成、馮明、朱林生、汝勇健、宋亞媛、陳乃法編寫，熊露仕主審，最後由支海成審閱定稿。有關編輯都為這本教材的編寫與出版給予了大力的支持和幫助，在此一併致謝！

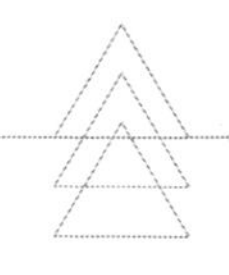

再版說明

此次再版，在充分聽取廣大讀者意見的基礎上，在杜江等業內專家主持下，確定了修訂原則和修訂方案，目的是在保持原教材特色的基礎上，進一步完善該系列教材，使其更加貼近教學實際。

修訂後的新版教材在保持原教材優勢的基礎上，以方便教師教學和學生學習為宗旨，增設了導讀、閱讀重點、案例分析、本章小結等區塊，旨在教師和學生之間搭建一個互動的平臺，使教師能夠更好地和學生溝通。文中示例、公式及關鍵詞一律突出顯示，目的是讓讀者花最少的時間掌握最有用的資訊。與原版教材相比，本版教材在編排上主要具有以下顯著特徵：

精簡優化了內容。在初版中，有些教材花大量篇幅介紹某些工種的職位職責及主要任務，既占課時，又不便於教師教學。再版時，將這部分內容置於附錄中，既便於教師靈活運用，又有利於學生分清主次。同時，針對旅遊學科實踐性強的特點，修訂後的教材特別注意增補了一些案例，目的是強化案例教學的作用。在案例的處理上，有些案例有評析，可以幫助學生進一步掌握每章重點；有些案例沒有評析，既給教師布置作業留下了餘地，也可供學生自學使用。

更新增補了資料。根據旅遊業最新發展情況，此次修訂增補了最新行業法規，補充了入世後的相關內容，更新了舊的材料和數據，使本版教材能充分反映行業的最新發展和業內最新的研究成果。

權威專家嚴格把關。本教材的作者均為業內專家，有著豐富的教學經驗及旅遊企業的管理經驗，能將教材中的「學」與「用」這兩個矛盾很好地統一起來。在此基礎上，經杜江等業內權威專家把關和專業編輯審讀加工，確保了本教材的權威性和專業性。我們深信：只有專業的，才是最好的！

貼近教學的全新編排。增課前導讀，幫助讀者更好地理解各章內容；擬教學目標，幫助教師更好地與學生溝通；補有用資訊，案例分析、思考與練習，讓學生盡快消化所學知識；改目錄風格，人性化的設計，面面俱到，全書內容一覽無餘。

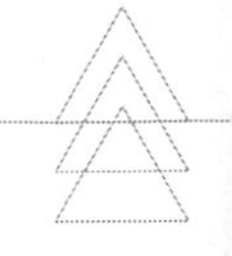

第 1 章 客房部概述

導讀

隨著飯店業的發展，客房部在飯店裡的地位和作用與過去相比已經發生了很大的變化。學習本章內容時，一定要擺脫傳統模式的制約，用發展的眼光，用現代化飯店的要求認識客房部的性質，瞭解客房部的業務範圍、管理目標、機構設置以及客房部與其他各部門的業務關係。

閱讀重點

正確認識和評價客房部在現代飯店裡的地位，包括客房部的性質、基本業務、管理目標等

熟悉客房的組織機構

瞭解客房部與其他各部門的業務關係

能夠制定和描述客房部各職位的職責

第一節 客房部的地位

客房部是飯店的一個重要部門，在飯店的經營管理中起著舉足輕重的作用。一方面，客房部直接負責飯店的客房管理，而客房是飯店的主要產品之一，出租客房是飯店獲取收入的一個重要手段；另一方面，服務是飯店產品的核心，而客房服務又是整個飯店服務的重要組成部分，其質量的好壞，在很大程度上代表或影響著整個飯店的服務水準。

一、客房部的性質

1. 客房部是一個生產部門

客房是產品。其生產過程是由客房部負責的，沒有客房部對客房的清掃整理及裝飾布置等一系列生產加工，飯店就沒有可以出租的客房；對於已經出租的客房而言，沒有客房部為住客提供的清掃整理等系列服務，客房的價

值就不完整。因此，客房部是一個生產部門，其生產的產品就是客房及客房服務。

2. 客房部是一個服務部門

之所以說客房部是一個服務部門，有兩個方面的原因：第一，客房部屬飯店的前臺部門，其大部分職位及員工都處在對客服務工作的第一線，直接面對客人，為客人提供服務;第二，從機構設置和設施、設備的配置等方面看，大多數飯店的客房部都有為飯店內部其他部門提供服務的責任和能力，如清潔保養、布件洗燙等。

3. 客房部是一個消耗部門

常有人說，客房部是為飯店取得營業收入的主要部門之一。這種說法雖有一定的道理，但並不準確。因為傳統意義上的客房部（Housekeeping）通常只負責客房的生產加工，為前廳部、營銷部等提供可用於銷售的合格的客房產品，而並不直接負責客房產品的銷售。因此，客房部只有生產客房產品「原料」的消耗，而沒有銷售客房產品的收入。客房部在運行與管理過程中，時時刻刻都在消耗，包括人力、物力和能源等。所以，嚴格地說，客房部是飯店的一個消耗部門。認清這一點，對於我們瞭解客房部的任務、規劃客房部的目標、制定客房部經營管理的方針政策、指導思想和具體措施等都有十分重要的意義。

二、客房部的業務範圍

儘管飯店的性質、類型、規模、檔次、管理模式等多種多樣，但各家飯店客房部的業務範圍卻都大同小異。

1. 客房管理

客房管理是飯店客房部的基本業務和中心工作。客房管理的主要內容和基本要求是：

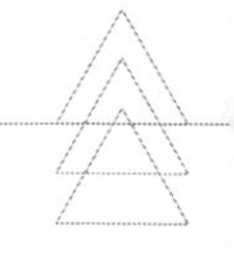

(1) 對客房進行清潔整理。一方面可以為銷售部提供合格的客房產品，滿足客房銷售和分配與安排的需要；另一方面，為住客創造良好的休息與工作環境。

(2) 對客房進行維護和保養。這是客房管理工作的重要內容，其目標是使客房的設施、設備保持完好常新，保持客房產品的質量標準，保證和延長客房設施、設備的使用壽命。

(3) 為住客提供全面優質的服務。服務是客房產品的核心。飯店不僅向客人出租客房，還要為住客提供系列服務，使住客像在自己的家或辦公室裡一樣安全、舒適和方便。這些服務大部分是由客房部負責提供的。

2. 負責飯店公共區域的清潔保養

公共區域是飯店的重要組成部分。其清潔保養的狀況反映著飯店的管理水平、代表著飯店形象，影響著公眾對飯店的感受和評價。因此，飯店必須重視對其公共區域的清潔保養。在規範化管理的飯店裡，公共區域的清潔保養工作主要由客房部負責。客房部一般都設置專門的分支機構，即「PA 組」。儘管很多公共區域的設施也分別由其他部門（如前廳部、餐飲部、康樂部等）管理，但根據「專業化原理」的要求，為了便於專項設備用品的配置和管理、人員的調配、標準的統一，所有公共區域的清潔保養工作主要由客房部統一負責。

3. 布件、員工制服及客衣的洗燙

大多數飯店都配有布草房和洗衣房。按飯店的普遍做法，店屬的布草房和洗衣房通常由客房部管理。因此，飯店布件、員工制服和客人衣物的洗燙工作，也就很自然地成了客房部的業務。客房部必須認真做好這項工作，滿足客人對洗衣服務的要求。

除以上三項基本業務之外，部分飯店的客房部還負責飯店的園林綠化和花草養護等工作。客房部的業務範圍和具體任務視各家飯店具體情況而定。

三、客房部的管理目標

客房部是飯店企業的一部分，其管理目標與飯店的總目標是一致的，即追求理想的經濟效益和社會效益。

1. 保證客房的產品質量

客房銷售是飯店獲取收入的主要途徑之一。客房銷售的數量和價格，決定著客房銷售收入的多少。客房銷售的數量除了受飯店的價格政策、促銷措施和銷售人員的推銷技巧等因素的影響外，客房產品本身的質量高低，即是否能夠適應和滿足客人的需求是至關重要的。因此，飯店必須根據市場的發展變化和客人對客房產品的需求等具體情況，不斷提高對客房的管理水平，以保證客房產品的質量。根據客房產品的特點及客人對客房產品的共同需求，人們通常把客房產品的質量要素歸結為安全、清潔衛生、舒適方便和特色等四個方面。

（1）安全。安全是客人對客房產品的第一要求。對於大多數住客來說，客房是他們的家外之家（the home away from home）、辦公室之外的辦公室（the office away from the office）。因此，客房必須具有很高的安全性。住客的人身、財產必須有安全保障，否則，再好的客房也沒人敢住。

（2）清潔衛生。清潔衛生是所有住客對客房的基本要求。無論客房的類型如何、檔次高低，都必須清潔衛生。在人們物質生活水平和社會文明程度大幅度提高的現代社會，客人在選擇和購買客房時，無不考慮客房的衛生水準。

（3）舒適方便。每個住客都希望在享用客房時能夠獲得舒適、方便之感。客房能否滿足住客的這種期望和要求，是由兩個方面的條件決定的：即客房的硬體和軟體。在硬體方面，客房的設計布局、功能安排、設備配備、用品供應等，都必須堅持以人為本、賓客至上的原則，把滿足住客需要放在第一位，每一點都要考慮客人是否方便、是否舒適。在軟體方面，客房的配套服務必須系統、全面且優質、保證住客的各種合理需求都能得到最大限度地滿足。

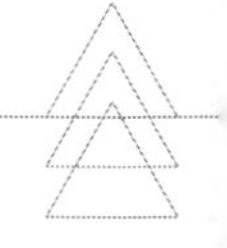

(4) 特色。任何產品都應具有顯著的特色。在競爭十分激烈的市場經濟時代，沒有特色的產品就沒有競爭力和生命力。飯店客房作為產品，當然也必須具有特色。所謂特色，通俗地說就是與眾不同、獨具魅力的個性及風格特點。

2. 保證飯店的清潔保養水準

清潔保養是客房部的基本職能，是客房部大部分員工的主要工作。飯店清潔保養的水準很大程度上取決於客房部的工作。清潔保養水準反映飯店管理水平的高低和服務質量的優劣。因此，保證飯店的清潔保養水準，也就成了客房部的管理目標之一。

3. 增收節支

增收節支、開源節流是企業創造經濟效益、實現經營目標的基本原則和做法。客房部作為飯店企業的一部分，也應把增收節支作為經營之道和管理目標。

(1) 增收。客房部要想增收，可以從兩個方面著手：第一，客房部要加強對客房的管理，為銷售部門提供保質保量的客房，積極配合銷售部門做好客房銷售工作，努力提高客房銷售的業績；第二，客房部要充分利用和挖掘自身的設施、設備和技術優勢，拓展創收途徑。目前，比較流行的做法是對外開展清潔保養和布草洗燙業務。客房部擁有齊全精良的清潔保養設備、布草洗燙設備和經驗豐富、技術精湛的專業人員，社會上又有相應的需求，因此，開展上述業務是完全可能的。有很多飯店在這方面做得非常成功，既為飯店帶來了可觀的經濟效益，又為社會做出了一定的貢獻。

(2) 節支。客房部在運營過程中要消耗大量的人力、物力和能源，這些消耗大多是可控的。只要強化和優化管理、嚴格控制，在保證質量標準的前提下，很多消耗完全是有可能減少的。

第二節 客房部的機構設置

一、機構設置的基本要求

客房部組織機構的設置應以飯店管理系統及運行模式為基礎，遵循組織管理的基本原理，適應飯店現代化經營管理的需要，力求科學合理。目前，隨著人們管理理念的昇華，追求效率和效益意識的增強，整個飯店業都在提倡組織機構的扁平化和小型化。因此，扁平化和小型化就是客房部機構設置的基本要求。

1. 扁平化。扁平化是相對於過去傳統的高大型機構形態而言的。扁平化的機構形態與高大型機構形態相比較，其最主要的特點就是機構的層次較少。減少組織機構的層次，也就減少了組織內部溝通的環節，減少了溝通環節也就能夠提高溝通的效率。現代化的飯店管理要求實行統一指揮，即組織內部的上報下達要逐層逐級，一般情況下不得越級指揮和越級請示匯報。說得通俗一些，就是每個員工只能有一個上司。因此，機構的層次多少與溝通的效率成反比。由於飯店客房部的工作技術含量並不很高，加之管理人員及基層員工的素質也在逐步提高，各級管理人員的管理幅度可以加大，客房部的機構設置完全可以做到扁平化。特別是經過一段時間的磨合，更可以做到這一點。

2. 小型化。小型化要求機構的規模要小，其分支機構和職位設置應盡可能做到少而精。做到這一點，有利於強化管理、提高效率、減輕負擔，從而提高效益。

要求機構設置做到扁平化和小型化（即壓縮機構層次、減少分支機構和工種職位），並非是縮減整個組織的職能。壓縮層次只是儘量不設或取消傳統的或原有的一些層次，將這些層次的職能由其上級或下級分擔。減少或取消傳統的機構和職位，須將這些機構和職位的職責加以重新整合。當然，要實行組織機構的扁平化和小型化，職位職責的制定、工作程序的設計、人員的選擇與培訓等也都必須同步和配套。

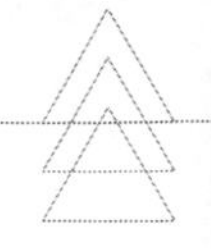

二、客房部的機構形態

飯店客房部的組織機構形態往往因飯店的具體情況不同而有所不同，沒有統一的標準和固定模式。各家飯店在設置客房部組織機構時，要考慮飯店的性質、檔次、規模、客源結構和層次、服務模式、建築設計、內部功能布局、員工素質等各種因素，而不能簡單地模仿或照搬別人的做法。

目前旅遊飯店比較常見的客房部機構形態有兩種。

1. 大中型飯店客房部組織機構

大中型飯店客房部的業務範圍較大，其組織機構的規模也較大，其基本特點是分支機構多、工種職位全、職責分工細、用工數量大（見圖 1-1）。

2. 小型飯店客房部組織機構

在規模較小的飯店裡，由於設施較少，客房部的管理範圍也較小，因此，客房部組織機構的層次和分支機構也都較少，各職位工種之間往往是分工不分家，大多數職位的職責要求都是一專多能。其中某些業務，如特別的專項清潔保養工作、布件洗燙等，都由社會上的專業公司來承擔（見圖 1-2）。

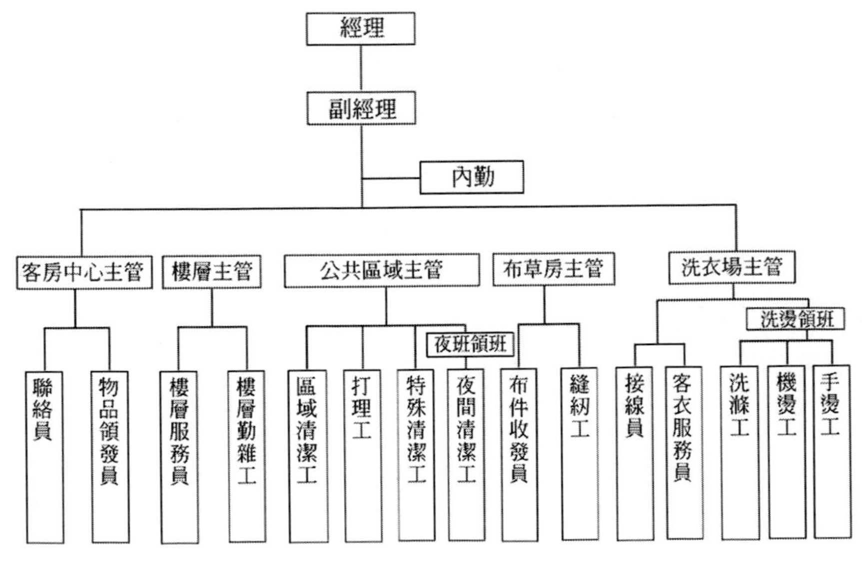

圖 1-1 大中型飯店客房部組織機構

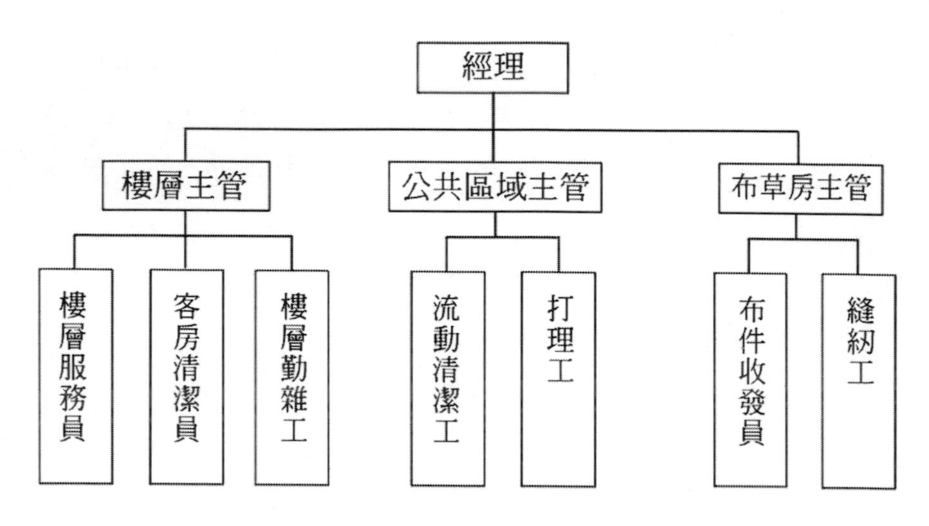

圖 1-2 小型飯店客房部組織機構

三、客房部分支機構的職能

經理室。客房部經理室主要負責處理客房部的日常事務，及與其他部門的溝通協調等事宜。在大多數飯店裡，客房部的經理室都與客房服務中心安排在一起，目的是節省空間、方便管理，這樣，經理室的一些日常事務就可以由客房服務中心的人員來承擔，從而無需再設置專職內勤或祕書的職位。

客房服務中心。很多檔次較高的旅遊飯店都採用客房服務中心這種服務模式。採用這一服務模式的飯店客房部，都設置客房服務中心這一專門機構。客房服務中心是客房部的資訊中心，其基本職能是統一調控對客服務工作；收集和處理客情資訊；正確顯示客房狀況；保管和處理客人的遺留物品；領取和分發客房部所需物資；協助有關管理人員進行人力和物資調配；與相關部門進行聯絡和協調等。客房服務中心通常設有主管或領班、聯絡員等職位。

客房樓層。客房樓層是客房部的主體，其職能是負責客房及客房樓層公共區域的清潔保養和對客服務工作；管理客房及客房樓層的設施、設備等。客房樓層可設置主管、服務員和輔助工等職位。

公共區域。公共區域管理機構的職能是負責飯店公共區域的清潔保養以及飯店的一些專業性、技術性較強的清潔保養工作。在部分飯店裡，它還負

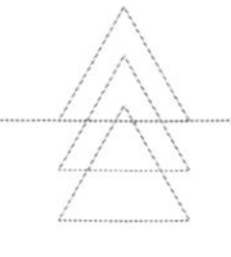

責飯店的園林綠化。目前，一些大中型飯店的公共區域管理機構都已成為可以對外服務的專業清潔公司，在保證完成店內清潔保養工作的前提下，開展對外經營業務，為飯店增加收入。

布草房。布草房是飯店必備的設施。負責全飯店布件及員工制服的收發保管和修補工作。如果具備設備和技術條件，它還可以加工製作部分布件，為飯店的正常運營提供布件及員工制服等。布草房通常設置主管或領班及布草收發員等職位。

洗衣房。洗衣房負責飯店布件、員工制服的洗燙，為住客提供洗衣服務，有條件的還可承攬對外營業項目。

四、客房部與其他部門的業務關係

飯店是由多個部門組成的一個有機整體，其運行與管理的整體性、系統性和協作性很強。飯店經營管理目標的實現，有賴於所有部門及全體員工的通力協作和共同努力。對於各個部門而言，它們都是飯店的一部分，雖然各有任務和目標，但都不是獨立的。要完成其任務、實現其目標，部門之間就必須相互支持、密切配合。因此，客房部在運行管理中，必須高度重視部際關係。一方面，要利用自身條件，像對待賓客一樣地為其他部門提供優質服務;另一方面，要與其他部門保持良好的溝通，爭取他們的理解、支持和協助。在處理部際關係過程中，要有全局觀念和服務意識，發揚團隊精神，加強溝通、相互理解、主動配合。

1. 客房部與前廳部的關係

飯店的客房部和前廳部是兩個業務聯繫最多、關係最密切的部門。從經營角度講，客房部是客房產品的生產部門，前廳部是客房產品的銷售部門。兩個部門之間能否密切配合，直接影響飯店客房的生產與銷售。在很多飯店裡，已不再分設客房部和前廳部，而是由這兩個部門組成房務部，便於統一管理、減少矛盾。

客房部與前廳部之間的業務關係主要包括以下內容：

(1) 為前廳部及時提供保質保量的客房，滿足前廳部客房銷售和安排的需要。客房部在安排客房的清掃整理工作時，應儘量照顧前廳客房銷售和為入住客人安排客房的需要。在住客率較高時，要優先清掃整理走客房、預訂房和控制房，從而加速客房的周轉，避免讓準備入住的客人等候太久，這樣既能提高客房的出租率，又能提高客人的滿意度。

(2) 相互通報和核對客房狀況，保證客房狀況的一致性和準確性。對於前廳部來說，要銷售客房，並能快速、準確、合理地為入住客人安排客房，就必須準確地顯示和瞭解每一間客房當時的實際狀況，否則就會出現差錯。對於客房部來說，要合理安排客房清掃整理工作、保證對客服務的質量，也必須準確地瞭解每間客房的狀況。為此，前廳部和客房部要適時地通報和核對客房狀況。

(3) 相互通報客情資訊。由於前廳部在客房銷售和接待服務過程中，所瞭解和掌握的有關客房及客人的資訊比較及時、全面，這些資訊不僅有利於前廳部本身的工作，也有利於其他部門的工作，因此，前廳部應將這些資訊及時通報給各有關部門。前廳部通報給客房部的資訊主要包括：當日客房出租率、次日及未來某一時期的客房預訂情況；重大接待活動及重要接待任務；哪些客房進客、走客；哪些客人入住、退房；客人的個人資源及其特殊要求等。客房部可根據這些資訊合理安排和調配人力、物力，設計和調整對客服務方案，以加強工作的計劃性、服務的針對性，有效控制人力、物力消耗，保證服務質量。

由於客房部要為住店客人提供很多具體服務，有與客人直接接觸的機會，對客人的具體情況及要求瞭解得比較全面、準確，因此，客房部不僅在自己的工作中要很好地利用這些資訊，而且還應把這些資訊及時地通報給前廳部。前廳部根據這些資訊為住客提供針對性服務，並把這些資訊記入客戶檔案。

(4) 客房部為前廳部的對客服務工作提供方便和協助。客房部協助前廳部做好行李服務、留言服務、郵件服務、叫醒服務等工作。

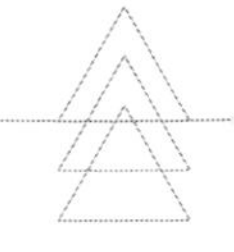

（5）兩部門與工程部等共同安排客房的大清潔和大維修工作。客房的重大清潔和維修保養工作往往會影響客房的銷售和安排，同時也會牽涉到前廳、客房、工程等各個部門，因此，要會同相關部門一道協商安排。

（6）兩部門之間進行人員的交叉培訓。在前廳部和客房部之間進行人員的交叉培訓，一方面可以使員工之間相互瞭解和熟悉對方的業務，以加強溝通、增進理解、便於合作；另一方面，可以全面提高員工的業務能力，當人手緊張時，可在部門之間進行臨時性人員調配。

2. 客房部與工程部的關係

客房部與工程部的關係非常密切，相互之間的矛盾往往也較多。它們的關係好壞，能否很好地協調與配合，對於飯店的運營都可能產生很大的影響。

客房部與工程部之間的業務關係主要包括以下幾點：

（1）相互配合，共同做好有關維修保養工作

發生在客房部與工程部之間的有關維修保養方面的矛盾主要有：責任不清、維修不及時、質量不過關、費用不合理等。為此，兩部門應分別做好以下幾點工作：

①客房部負責對其所轄區域和所管的設施、設備進行檢查，發現問題盡可能自己解決，不能自己解決時，須及時按規定程序和方式向工程部報告。

②工程部在接到客房部報告後，須及時安排維修，確保質量，嚴格控制費用。

③當工程維修人員進場維修時，客房部的有關人員應盡力協助和配合，並對維修結果進行檢查驗收。

④工程部須對全飯店的設施、設備，包括客房部所管轄的設施、設備進行常規的維修和保養，以保證其處於正常完好的狀態。

⑤共同制定維修保養的制度和程序，明確雙方的責任、權利和獎懲措施。

（2）交叉培訓

①工程部對客房部員工進行維修保養方面的專門培訓，使他們能夠正確使用有關設施、設備，並能對設施、設備進行檢查和簡單的保養和維修。

②客房部對工程部有關員工進行客房部運行與管理業務的培訓，使他們對客房部的基本業務有所瞭解，從而提高協作配合的自覺性和責任感。

（3）共同審核有關維修保養的費用

目前，很多飯店都有內部核算和費用承包制度。維修保養必然要發生費用，這些費用由誰承擔，是否合理，相關部門之間須一道審核。

3. 客房部與採供部的關係

通常，飯店各部門所需的物資都由採供部統一採購，因此，客房部與採供部的關係主要集中在物資的採購與供應方面。

（1）客房部要瞭解本部門所需各項物資的現存量，預測未來一段時期的需求量，及目前飯店貨倉的盤存量，並根據這些情況提出未來某一時期的物資申購報告，然後將報告送財務等部門審核，再由飯店有關領導審批。

（2）採供部根據經審批的物資申購報告，經辦落實具體的採購事宜。

（3）客房部參與對購進物資的檢查驗收，把好質量和價格關。

（4）相互通報市場及產品資訊。

4. 客房部與餐飲部的關係

儘管客房部與餐飲部在業務內容及業務範圍上有很大差異，但兩個部門之間也有很多業務聯繫。

（1）客房部為餐飲部的經營場所提供清潔保養服務。飯店的餐飲場所也有大量的清潔保養工作。為了保證餐飲服務人員集中精力做好餐飲服務與推銷工作，節省清潔設備及用品的分散配置等，餐飲場所的清潔保養工作，最好由客房部統一負責。為了避免因這種做法而造成的餐飲工作人員清潔保養責任心不強等負面影響，飯店應制定內部結算和費用包乾等制度，即餐飲部

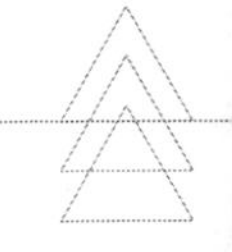

應承擔清潔保養費用，並將費用控制在預算之內，如果超過預算，超出部分則由相關部門和人員承擔。

(2) 客房部為餐飲部洗燙、修補布件及員工制服。餐飲部在運營中，需要大量的布件和員工制服。這些布件通常都由客房部的洗衣房、布草房負責洗燙、修補、保管與收發。

(3) 兩部門配合做好一些大型活動的接待服務工作。飯店的一些重要接待任務和大型活動須由多個部門共同參與並密切配合才能完成。其中，餐飲部和客房部常常作為主要部門而承擔大部分接待服務工作。因此，兩部門須密切配合，在事前、事中、事後全過程相互支持。

(4) 兩部門配合做好客房小酒吧的管理、貴賓房的布置、房內送餐服務等工作。

①客房小酒吧的管理。目前，大多數飯店的客房小酒吧都由客房部負責管理，這是從方便工作角度考慮的。其實，小酒吧經營應屬餐飲部的業務範疇。如果純粹從專業化的角度考慮，客房小酒吧也應由餐飲部經營，這種做法在國外酒店就很普遍。不過，客房小酒吧無論由哪個部門來經營管理，客房部與餐飲部兩個部門都須相互配合，一般由客房部負責管理，而一些即將過期的飲料、食品，則須由餐飲部負責調換，這樣，才不至於造成飲料、食品的浪費。如果由餐飲部管理客房小酒吧，那麼客房部則須為有關人員檢查補充小酒吧提供方便和幫助。

②貴賓房的布置。按飯店的普遍做法，貴賓房大多配備水果，有的還會配一些點心，這些水果、點心通常由餐飲部負責提供，並按一定的標準在客房內布置擺放。因此，凡有這些要求的貴賓房，都須由餐飲部參與布置。

③房內送餐服務。房內送餐服務由餐飲部負責，但客房部也要做些協助配合工作。如在客房內擺放訂餐牌和菜單、收拾餐具餐車等。

(5) 交叉培訓。客房部和餐飲部之間也有必要進行人員的交叉培訓，透過交叉培訓可以達到以下目的：

①增進相互瞭解。

②擴大員工的產品業務知識，便於飯店開展全員推銷。

③必要時為跨部門員工調配創造條件。

5. 客房部與財務部的關係

客房部與財務部也有很多業務聯繫：

（1）財務部指導和幫助客房部做預算，並監控客房部預算的執行。

（2）財務部指導、協助並監督客房部做好物資管理工作。

（3）客房部協助財務部做好帳單核對、客人結帳服務和員工薪金支付等工作。

6. 客房部與公關營銷部的關係

現代飯店都提倡全員公關和全員推銷，要求各部門、全體員工都參與公關營銷活動。因此，客房部也必然要與公關營銷部發生很多業務聯繫。

（1）客房部配合公關營銷部進行廣告宣傳。

（2）客房部參與市場調研及內外促銷活動。

（3）公關營銷部及時將有關資訊回饋給客房部，為客房部提高客房產品及服務質量提供指導和幫助。

（4）公關營銷部與客房部進行交叉培訓。公關營銷部對客房部員工進行飯店公關營銷的專項培訓，以提高其公關營銷能力；客房部對公關營銷部人員進行客房產品知識的培訓，使其對客房設施、設備及客房服務有全面的瞭解。

7. 客房部與人力資源部的關係

客房部與人力資源部的關係主要包括下列內容：

（1）人力資源部審核客房部的人員編制。

（2）相互配合做好客房部的員工招聘工作。

（3）人力資源部指導、幫助、監督客房部做好員工培訓工作。

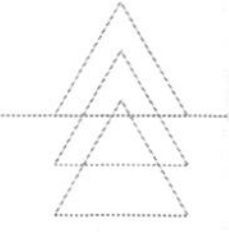

(4) 人力資源部對客房部的勞動人事管理有監督權。

(5) 人力資源部負責審核客房部的薪金發放方案。

(6) 人力資源部協助客房部進行臨時性人力調配。

8. 客房部與保安部的關係

保安部是負責飯店安全保衛的職能部門，但做好安全保衛工作是各部門和每一員工應盡的責任和義務。在安全保衛工作中，客房部與保安部必須通力協作。

(1) 保安部對客房部員工進行安全保衛的專門培訓，以增強客房部員工的安全保衛意識，提高客房部員工做好安全保衛工作的能力。

(2) 保安部指導幫助客房部制定安全計劃和安全保衛工作制度。

(3) 客房部積極參與和配合保安部組織的消防演習等活動。

(4) 客房部和保安部相互配合做好客房安全事故的預防與處理工作。

第三節 客房部職位職責描述

客房部是由若干分支機構和工作職位組成的。每一分支機構都有其專門的職能，每一工作職位也都有其特定的職責。前面我們已經介紹了各分支機構的職能，下面我們將重點介紹如何描述職位職責。

一、職位職責描述的規範

制定和描述職位職責應該講究一定的格式規範。一套完整、規範的職位職責描述必須說明職位名稱、層級關係、基本職責、工作內容和工作時間等。

職位名稱。又叫職務。組織機構中的每個職位都有其專用的名稱，每個員工都有其明確的職務。在選擇或確定職位名稱或職務名稱時，應注意以下幾點：

①職位名稱應能準確反映該職位的性質和基本職責。即從職位名稱上就能對該職位是什麼樣的職位、是幹什麼工作的職位有基本瞭解。

②職位名稱對求職者具有一定的吸引力，使任職者有一定的榮譽感。

③職位名稱要符合行業及多數人的習慣。

層級關係。飯店實行嚴格的統一指揮和層級管理制度，在描述職位職責時，必須說明各個職位的上司和下級，必要時還應說明與之有直接業務聯繫的相關部門和職位。

基本職責。是指某職位在組織中扮演何種角色，主要承擔什麼樣的責任，擁有哪些權力。

工作內容。就是各職位在其責任及權力範圍內所應承擔的具體工作任務。

工作時間。飯店應本著節儉、高效的原則，根據飯店的業務特點、經營方式及某職位的職責規定各職位的工作時間。

在很多飯店的職位職責描述中，往往還有職位任職資格的內容。嚴格地說，任職資格要求通常應在「職務描述」中說明。另外，也有一些飯店在職位職責描述中還說明該職位的工作重點，這對管理層來說是有一定意義的，可以明確管理人員應如何分配自己的時間和精力，以避免主次不分、職責不清。

二、客房部職位職責描述範例

由於一套客房部職位職責描述內容較多，需占大量篇幅，在本章內我們只提供一套「客房部經理職位職責描述」，以作為範例，供學習和模擬參考。

客房部經理職位職責描述

1. 職位名稱 客房部經理

2. 層級關係

（1）直接上司：飯店房務總監或分管客房部的副總經理。

（2）直接下級：客房部副經理、客房部祕書等經理室人員。

3. 基本職責

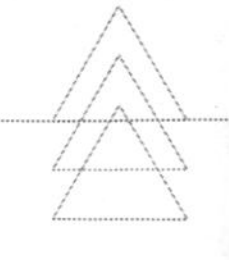

客房部經理是客房部的最高級管理者，主持客房部的工作。其基本職責是全權負責客房部的運行與管理，帶領客房部全體員工保質、保量地完成客房部的各項工作任務，全面實現客房部的管理目標。

4. 工作內容

（1）根據飯店經營方針和總經理室下達的任務和目標，制定客房部工作計劃。

（2）在總經理室和其他有關部門的指導和幫助下，制定客房部的預算，並嚴格執行。

（3）負責制定客房部的各項規章制度。

（4）負責制定客房部的職位職責和工作程序。

（5）在有關部門的指導、協助下，做好本部門員工的招聘、培訓和評估等工作。

（6）負責客房部的資產管理。

（7）參與客房的設計和更新改造工作。

（8）負責制定客房的裝飾布置方案。

（9）負責客房部的質量管理和安全保衛工作。

（10）處理賓客及員工投訴。

（11）負責與店內其他部門及店外有關方面的聯絡協調。

（12）注重學習、勇於創新，不斷提高業務能力、管理水平及服務質量。

5. 工作時間

服從工作需要和總經理室的安排。

本章小結

1. 客房部是飯店的一個重要的經營部門。

2. 客房部是負責客房產品生產和為內外部顧客服務的部門。

3. 客房部既是創利部門，又是消耗部門。

4. 清潔保養和服務是客房部的基本職能。

5. 保證客房產品質量、保證飯店的清潔保養水準、增收節支是客房部的管理目標。

6. 組織機構的形態因飯店的類型、規模、檔次、客源市場、建築設計、設施的功能布局、服務模式、員工素質等諸多因素的不同而各異，但組織機構的設置必須符合現代化管理的要求，即小型化、扁平化。

7. 客房部與其他各部門之間都有著密切的業務關係，正確處理好這些業務關係，對於部門及整個飯店的正常運行都是十分必要的。

8. 職位職責描述的基本內容通常包括職務名稱、層級關係、基本職責、工作內容、工作時間安排等，也有將「任職資格」作為職位職責

複習與思考

1. 現代飯店客房部與傳統意義上的飯店客房部在性質、地位、職能、管理目標等方面有哪些異同？

2. 什麼樣的客房才能真正滿足賓客的需求？

3. 客房部的組織機構如何設計才能適應飯店現代化管理的需要？

4. 透過考察，瞭解客房部與其他部門之間的主要業務關係、在日常運行中部門之間可能發生哪些矛盾以及避免和處理這些矛盾的措施與方法。

5. 按照規範要求，整理一套客房部「職位職責描述」。

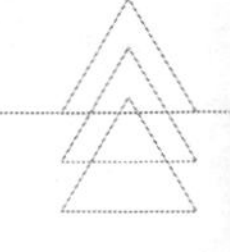

第 2 章 客房的設計

導讀

客房是飯店的主要產品之一，也是賓客在飯店的主要活動空間。在顧客需求不斷變化，市場競爭日趨激烈的商品經濟時代，如何用現代化的理念、科學化的原則和方法設計出具有鮮明個性特色和競爭力的客房產品是本章的重點。

閱讀重點

瞭解客房設計的理念和原則

瞭解客房空間安排與布局的基本方法與要求

掌握客房裝飾布置的美學知識

能夠運用相關知識，根據實用性和藝術性相結合的要求對客房進行裝飾布置或提出客房裝飾布置的具體操作方案

第一節 客房設計的理念與原則

客房設計的基本目的是為住店賓客創造一個良好的室內環境。

客房設計的內容主要分為兩個方面：一是客房空間處理。空間處理包括在建築設計的基礎上，進一步調整客房空間的尺寸和比例，決定空間的虛實程度，解決空間之間的銜接、過渡、對比、統一等問題；二是客房裝飾布置。客房裝飾布置主要是，在室內選擇和配置各種合適的家具、織物、壁掛、擺件等各種工藝品、綠化以及照明燈式等，旨在美化居室。

一、客房設計理念

1. 客房設計要體現賓客至上的理念

客房設計要以客人為中心，以客人的需求作為客房設計的出發點。離開了這個中心，客房設計得再好也是沒有意義的。賓客至上不僅是從事飯店服

務的一個基本態度，而且應當貫徹到飯店的各項工作中去，當然也包括客房設計。

2. 客房設計要能夠體現客房等級規格和個性特色

作為高級消費場所，飯店要提供優質服務，總是以一定物質設施和藝術環境為基礎的。不同的星級有不同的等級規格。如五星飯店要求設備豪華，環境優雅，室內裝飾美觀典雅，富於藝術風格。客房設計要能夠體現飯店的等級規格，設計上盲目追求高標準、高規格，只能增加資金投入，從某種程度上說是一種浪費。要因地制宜，盡可能用最少的錢做最多的事，減少客房的投入，而又能達到同等級的規格標準。同時，客房設計要充分體現飯店的個性特色，從而達到吸引客人的目的。

二、客房設計的原則

1. 美感與功能相統一的原則

美感是指人對美的領悟和體會。客房是賓客在飯店中主要的活動和休息場所，因此，客房設計中注重客房優美環境的創造，使客人在客房得到充分的美感，不僅有利於休息，而且也能使客人的情操在不知不覺中得到陶冶。狹義的美感指屬於視覺的形式美（即點、線、面和色的組合），如空間的組合，家具、燈具的造型，色彩、織物的裝飾效果，觀賞品的外觀以及各類物品在整體中的協調等等。廣義的美感除了形式還包括抽象的內容，如室內的氣氛、意境等等。對於美感，人們有不同的理解。這與人們的經歷、修養、習慣、信仰有著密切的關係。在客房設計中，要以大多數人能接受的美為出發點，只有對待特殊賓客時才考慮他們的不同審美特點。

如果說美感側重於人的感觀，那麼功能就是相對於「使用」而言的。客房的功能設計涉及人體工程學、材料學等專門學科。人體工程學對客房設計的影響包括建築空間的處理、家具的製作和擺放、工藝品的選擇、照明的投射範圍以及各類電器的開關位置等等。在客房的功能設計中，對材料的選擇也有其特別要求，不僅要強調安全，而且要易於清潔和保養。客房中的易燃物品如木質家具、布件織物較多，因此，保障賓客的安全是客房功能設計的

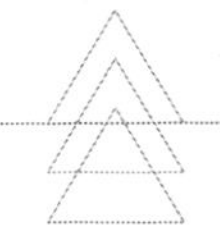

重要一環。在選擇這些用品的材料時，應盡可能具有防火性能，如防火的牆面隔板、牆紙、地毯、窗簾、床罩等；還要易於清潔保養，無論室內牆面、地面、家具、燈具還是其他擺設，其材料都要易於清潔和保養。

客房設計不僅要注意美觀，更要注重功能，有時美觀和功能為一對矛盾，需要我們精心設計、妥善處理。美感和功能是客房設計工作的兩個基本出發點，孰輕孰重？一般來說，功能應該是第一位的。合理的功能是設計的前提和根本；充滿美感的視覺效果，則是設計的深化，是思想性、藝術性的體現。在具有相同規格和使用功能的房間中，經過藝術構思、符合審美法則的設計和不經籌劃、隨意湊合的設計，其效果是完全不同的，這也正是人們在客房設計中強調把科學性和藝術性相結合的原因所在。

2. 感性和理性相統一的原則

客房設計從某種意義上說是對客房的一種藝術創造。這種創造能夠直接反映到人的視覺中，使人在感性上有一種美感，進而引起人們理性的共鳴。人的這種理性，表現為一種心理活動。滿足客人感官的審美是一個方面，更主要的是滿足客人的心理，得到客人理性的認同。只有使客人真正從內心充滿了愉悅，客房才能給客人留下美好和難忘的印象。因此，要創造一個美好的環境，離不開對客人的心理和行為習慣的研究。

人的心理分為兩部分，即人的心理過程和心理特徵。

心理過程包括認識過程、情感過程和意志過程，即所謂的知、情、意。其中，認識過程是基本的，因為人們要弄清各種事物必須先要看、聽、摸、聞，以產生感覺和知覺。除感覺、知覺外，記憶、想像、思維等都屬於認識過程。人們在認識客觀事物的過程中，會產生滿意、厭惡、喜愛、恐懼等情感；伴隨著這種情感，還會產生意願、慾望、決心和行動，這就是心理過程的情感過程和意志過程。人的認識過程、情感過程和意志過程是密切相關的，只有認識了事物，才能產生情感和意志，如客人預訂客房，先要看看客房，當他看到舒適的環境、優雅的布置、服務員良好的素質，就會產生一個良好的初步印象，這屬於認識過程。在這個基礎上，客人又會產生信任和滿意的感覺，這就是心理過程中的情感過程。其後，客人可能會產生是否入住的慾望和行動，這時客人心理就由情感過程進入到意志過程。

人的心理特徵即興趣、能力、氣質與性格等。心理過程是人們共有的東西，但具體到每個人，又會表現出許多差異。例如，有的人愛動，有的人愛靜，有的人喜歡亮麗的裝飾，有的人偏愛淡雅幽靜的環境。心理表現在一個人身上典型的、相對穩定的特點，在心理學上稱之為個性，又稱為心理特徵。

設計客房必須注意研究人的感知和理知之間的關係，設計出的作品須符合人們的認識特點及其規律性，同時又符合人的情感和意志。

3. 文化傳承與時代精神相統一的原則

一定的客房設計離不開一定的文化積澱，這種文化性能夠體現出客房設計的高品位，這是當今客人所努力追求的一個內容。

世界上不同的地區和民族有著不同的歷史和文化。文化是多種多樣的，在客房裝飾布置中，體現這一歷史傳承和文脈是十分重要的。人類社會的發展具有延續性，反映在裝飾布置中也是如此。尊重歷史、瞭解歷史，是創造特色室內環境的必要條件。鄉土氣息、地方風格、民族特色都體現著一定的歷史文脈。客房內的一幅畫、一個擺設、一種裝飾，都會引起賓客對一定歷史和文化的聯想，從而加深對環境內涵的認識。中國是一個具有五千年歷史的文明古國，強調中國的歷史和文化有許多有利的條件。例如：建築和家具都明顯區別於其他國家；繪畫、書法和雕塑也別具一格；民間工藝更是豐富多彩，如剪紙、漆畫、蠟染、扎染等，形式之多、圖案之豐在世界上獨樹一幟。

文化的繼承性在於它的發展性。隨著時代的發展，任何國家和地區的文化也在進步。在當代，尤其是受科學技術的影響，人的行為模式、價值觀念都發生了深刻的變化，客房設計中所反映的這一變化也正是所謂的「時代感」和「時代精神」的體現。文化繼承和時代精神是客房設計中對立統一的兩個方面，過分強調或忽視其中的一個方面都是不可取的。

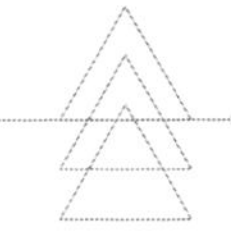

第二節 客房的空間設計

客房設計得好壞首先取決於對客房空間的設計。飯店客房的種類一般有標準間和套間兩大類。按其室內空間分配，有單間、雙間套、三間套和多間套之分；按其空間的幾何圖形，又有長方形、正方形、多邊形和其他不同的形狀。客房室內空間構圖就是在建築結構已經確定的條件下，採用不同的藝術處理手法創造出美好的空間形象，給客人提供親切、舒適、美觀的住宿環境。

一、客房空間的構圖

高低、大小不同的空間，能給人以不同的精神感受，如大空間使人感到宏偉開闊；低矮小巧的空間，只要設計得好，也能使人感到溫暖、親切。客房空間比較狹窄，空間構圖應重點考慮充分運用客房的設施、設備，營造科學的室內氛圍，既避免壓抑感，又做到親切、細膩。由於人們對空間的主觀印象，即對客間高低、大小的判斷，主要是憑藉對視野所及的牆面、天花板、地面所構成的內部空間形象的觀感來體察的。客房室內空間構圖可以採用不同的藝術處理手法來豐富空間形象。

1. 圍隔

「圍隔」的處理手法一般適用於雙套、三套和多套間客房。室內空間比例尺度大，圍隔的手法便多種多樣。為了給客人營造一個舒適、典雅、親切的空間構圖形象，可以根據需要，採用牆壁、帷幔、折疊門，將臥室和會客室隔斷；也可以用屏風、家具、花草、燈光等手法，造成一個獨立的空間氛圍，便於客人促膝談心。三套間客房可以用家具、屏風將會客室和書房的某一局部空間圍起來，使會客、讀書寫字的空間分隔。同時注意和牆面、天花板、地面的藝術處理手法結合起來，以便形成一個溫馨、舒適的空間。

2. 滲透

「滲透」的處理方法一般適用於單間客房和浴廁等小尺寸的空間。一般透過借用鏡子的照射功能等手段，給人以空間擴大的錯覺。如浴廁面積較小，室內空間有壓抑感，可以在牆面安裝大鏡子，室內空間就似乎增加了一倍，給客人以開闊、舒適的感覺。標準間客房在寫字臺前安裝較大的鏡面，不僅方便客人梳妝，而且也將室內局部景物加以「滲透」，豐富了室內的空間構圖。

3. 抑揚

「抑揚」的處理手法一般適用於室內空間構圖的過渡。客房空間較小，為了給客人造成寬暢的感覺，可以將客房樓層過道設計較低矮的天花板，裝上較暗淡的燈光。客人透過樓層過道進入客房後，會有一種突然變大、變亮的感覺，先抑後揚、由小變大、由暗變亮，能夠在客人心理上產生一種積極的效果。

4. 延伸

「延伸」的處理手法可以使低矮空間的客房獲得較為開闊的視野。客房一般可以利用窗戶將室外景物和室內環境結合起來，不僅開闊了室內空間，而且能使客人在客房內欣賞到美妙的風景。近年來，新建的客房一般採用大玻璃窗戶，原因就在這裡。同時，還可以憑藉牆面、天花板和地面的延伸感，改變室內空間比例尺度。延伸的具體處理手法很多，其重點是儘量利用牆面、天花板、窗戶，形成一個誘導視野的面，把室內空間延伸到室外，或把室外的景緻延伸至室內，使室內外景物互相延伸，豐富觀賞層次，形成美好的空間構圖形象。

二、客房的重點空間設計

在進行客房室內空間設計時，為了強調室內功能，常常要透過某些藝術處理手法突出重點空間，形成空間的特殊氛圍。客房臥室空間設計的重點在客人的睡眠區和靠窗的客人起居活動區。睡眠空間主要有床和床頭櫃，不僅要做到舒適，而且要均衡、美觀，兩個床位之間的通道尺度要合理。起居空間往往是客人休息、閱讀、談話的地方，因此要留出一定的空間，擺上茶几、扶手椅，再配上落地燈，形成一個溫馨、舒適的氛圍。衛生空間設計的重點在洗臉臺。洗臉臺設計要合理、美觀，牆面安裝大玻璃鏡，一方面方便客人梳洗化妝，另一方面使浴廁寬大、舒朗。

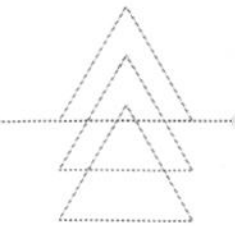

三、客房空間的分區和均衡

根據功能不同，客房室內空間設計可以分為幾組不同的活動區域。它們既有自己局部的藝術特色，又互相聯繫，成為一個完整的空間構圖形象。這樣既有利於提高內部空間使用效率，又可以使幾個空間交隔布局。

客房室內空間設計在功能分區的基礎上要注意各個分區之間的均衡感。由於各個分區之間的面積較小，因此，空間均衡感的構成有賴於室內空間各個分區面積的分配，以及各個分區家具的形體、色彩、質感等所表現出的輕重、體量及陳設布置是否適當；有賴於各種家具設備本身形體的均衡；也有賴於整個風格、結構體系的一致性。它們都以整體的存在作為自身存在的基礎，同時又以本身的體量作為總體空間構圖的一部分。也就是說，在功能分區之前首先要根據面積的大小、分區功能的需要，從整體室內構圖形象出發，設計出各個分區所占用的面積、需要配備的家具設備和陳設用品擺放的藝術手法。

四、客房空間圍護體的處理

客房室內空間圍護體的處理是客房室內空間設計的重要內容。它們對於形成不同的室內裝飾風格，完善室內功能、加強空間藝術效果有十分重要的作用。

空間圍護體的處理多側重於空間的流通和變化，注重圍護體面的形狀、線條、層面、質感和裝飾物品等的襯托和呼應，運用對比和調和的手法來處理體重、線條、色彩、質感和紋理等的關係。客房室內空間圍護體的處理，包括天花板、牆面和地面處理。

1. 天花板的處理

天花板是客房室內空間形象的一個圍護面。它與牆面、地面相結合，形成室內空間構圖。客房的天花板主要有平天花、斜天花和不規則天花三種：平天花最為廣泛，斜天花一般在頂層客房，是順應屋面斜度構成的；不規則天花是由幾何圖形構成，並結合照明、音響、空調管道等經複雜曲面處理後而形成的天花。

客房室內天花板的處理以簡潔、明快為宜，常常結合燈具和各種裝飾手段的運用，形成特定的空間氣氛，以造成對整個室內空間構圖形象的控制和美化作用。

2. 牆面的處理

牆面是客房室內空間分隔的主要層面。它與天花板、地面相互襯托，形成不同的空間氛圍。一般說來，客房空間低，生活氣息較濃，牆面處理宜簡潔，以利於與家具陳設的映襯。客房牆面處理有以下幾種方法：

(1) 牆面的橫向處理可用踢腳線、牆裙。牆裙的高度一般不超過 1.2 米，上部向天花板過渡段為牆身。

(2) 牆身貼壁紙。壁紙的選擇要注意圖案、紋樣、色彩和質地，一般以簡潔、明快為宜。

(3) 正面牆上配備裝飾畫。油畫、水彩畫、國畫均可。豪華客房還可配備條幅、壁毯等來美化牆面。裝飾字畫、條幅、壁毯的位置要適中，便於客人欣賞。

(4) 牆面上門、窗、電器開關的設置要合理，並要美化。如門的顏色、質地，窗框的材料、形狀等，都要和室內空間構圖形象協調。

3. 地面的處理

地面是客人直接接觸的客房空間圍護體，除需要堅固、耐磨、防滑和易於清潔外，還要具備保溫、隔音、防潮等特性。客房臥室一般滿鋪地毯，浴廁鋪設大理石或瓷磚。地毯圖案的形狀、尺度、方向等要符合整個客房空間的格調。一般來說，棱角尖銳的圖案可產生粗獷有力的印象，圓潤流動的圖案容易給人以活潑自由的感覺，細密的格子能擴大空間感，大塊的格子易使空間顯得更侷促，中心突出、左右對稱的圖案最好用在家具、設備較少的地面，以顯示圖案的完整性，反之，在家具、設備較多的空間內，則可選用連續展開的幾何圖案，使地面與陳設的結合更自然。客房地面一般宜選擇鋪設簡樸大方、色調淡雅的地毯。

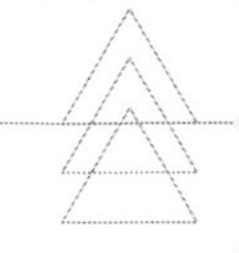

第三節 客房的裝飾布置

客房裝飾布置涉及的內容有：照明的設置、家具的配備、室內觀賞品的陳設、綠化植物擺放等。要做好客房的裝飾布置，必須要有一定的美學知識以及裝飾常識。

一、裝飾布置的美學法則

1. 對稱與均衡

對稱與均衡是產生視覺平衡的兩種表現形式。

對稱有中軸線，其兩邊是相對應的。自然界中大部分生物形體結構是對稱的，人類之所以把對稱看作是美的，就因為它是生命體的一種正常狀態。

均衡主要是指空間構圖中各要素之間相對的輕重關係。空間的均衡則是指空間前後左右各部分使人產生的安定、平衡和完整的感覺。均衡最易用對稱的布置方式來取得，它體現了嚴肅，能獲得明顯和完整的統一性。但也有不對稱的均衡，容易取得輕快、活潑的效果。室內空間的均衡，一方面是指整個空間的構圖效果，它和物體的形狀、色彩、質地、體量有關；另一方面是指室內四個牆面上的視覺均衡，牆面構圖因素集中在一側，牆面不均衡。同樣的家具、陳設，經過適當的調整之後牆面構圖較為平衡。

2. 比例與尺度

任何物體不論其形狀如何，都存在著三個方向的尺度。

比例就是研究物體本身三個方向量度之間的關係。只有和諧的物體才會引起人們的美感。比如 1 ： 1.618 的「黃金分割」被公認為是和諧美的比例關係，它已廣泛應用於建築藝術領域。但是，隨著社會的進步，審美觀念和其他條件的變化，功能的需要對比例的影響更為重要。一個空間的大小、形狀和比例關係，往往根據功能的需要而定，如果把房間隨意拉長或壓偏，不僅影響使用功能的充分發揮，其空間比例也不會給人留下美感。除此之外，不同的民族、不同的藝術素養、不同的生活習慣，也會影響到比例的關係。

尺度是研究整體和局部以及感覺上的大小和真實大小之間的關係。整體空間由局部空間組成，只有解決局部和整體之間的尺度關係，才能得到適當、合理的尺度感。局部愈小，愈可襯托出整體的高大；反之，過大的局部則會顯得整體窄小。如臥室空間中，如果床或櫃櫥的尺寸過大，就顯得臥室空間擁擠，變得矮小。所以，處理好室內空間的尺度關係非常重要。

3. 節奏與韻律

節奏是一種有規律的反覆，建築與室內陳設的高低錯落、疏密聚散，都能產生類似於音樂中的強弱、徐疾的節奏感。

韻律原指詩詞中的平仄格式和押韻規則，表現在視覺中主要為條理性和重複性。韻律感是環境構圖和形態是否優美的關鍵因素。中國傳統繪畫「六法」中的「氣韻生動」也正是指的韻律。客房裝飾布置中對陳設的形態、色彩的選擇、排列，都是產生韻律感的條件。一般來說，產生韻律感的方法有以下幾種：

連續。室內空間有多種線型，其中連續線條最為常見，它具有行雲流水的動感，如踢腳線、掛鏡線等具有明顯的條理性。

漸變。是指室內空間中的線條、形狀、明暗、色彩有序地逐漸變化。如線條的漸變，它由密變疏，由長變短。這種漸變的韻律美更為生動、更富吸引力，並克服了由於連續重複過多而產生的單調感。

交錯。室內空間的各種組成要素按一定規律交織穿插，一實一虛、一黑一白、一冷一暖、一長一短交錯重複地出現，因而產生自然生動的韻律美。

4. 對比與調和

對比是強調構圖的差異性。它可以借助互相拱托與陪襯求得變化。在客房裝飾布置中利用裝飾物之間在線形、色彩、大小、直曲、質感，以及虛實等方面的對比，可使室內環境豐富並具有層次感和力度感。

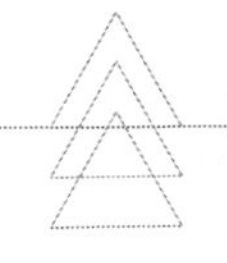

調和指差異性很小，借助構圖要素之間的協調及連續性，以取得和諧美感。室內環境的調和可以避免雜亂並產生舒適感。對比與調和是形式美學中「多樣統一」的兩個基本表現形式。

5. 主導與層次

任何整體，其各部分的要素都存在著主和從的關係，如線形是圓曲線還是方折線，色調是深或淺、冷或暖，質感是硬或軟等等。作為牆面裝飾，四面牆也一定有主次之分，主導部分應該突出。層次包含了序列、主從和漸進的關係。客房裝飾布置中，空間的功能序列安排、陳設的主和從、色彩和其他成分的漸進等等，都是層次的反映，沒有層次感的室內裝飾布置，不是呆板就是雜亂。

6. 點綴與襯托

點綴是採用少對多的對比，以造成畫龍點睛的作用，使本來平淡的形態構圖變得豐富而有精神。室內一些小的擺設與繪畫就具有點綴的作用。

襯托同樣是一種美化裝飾手法。它採用外圍的對比，使主體更突出。由於襯托具有一定面積的量，所以對氣氛也有影響。如在客房裝飾布置中，陳設品的襯托是櫥架、裝飾織物或牆面。

二、客房裝飾布置的色彩知識

在客房建築的室內，色彩是一個能強烈而迅速被人感知的因素。它不只是一個抽象的概念，而且與室內每一物體的材料、質地緊密地聯繫在一起。在室內設計中，色彩占有重要地位，因為室內設計涉及的空間、家具、燈具、織品、裝飾品等，最終都是以其形態和色彩為人們所感知。色彩使用得好壞，除了對視覺環境產生影響外，還對人的情緒、心理有影響，是一種最實際的裝飾因素。

1. 色彩概念

（1）三原色、間色與複色

色彩是光作用於人的視覺神經後引起的一種感覺反應。光是物體顏色的唯一來源，沒有光的作用，就沒有顏色。自然界可以用肉眼辨別的顏色不下幾十萬種，但基本的只有三種——紅、黃和藍色，色彩學稱之為三原色。原色之間按一定的比例可以調配出各種不同的色彩，而其他色彩無法調配出原色。

僅兩種顏色調出的色彩稱為間色，如紅加黃產生橙色，紅加藍產生紫色，黃加藍產生綠色。

三種原色成分都包含的色彩稱為複色，如棕色、土黃、橄欖綠等等。自然界中大部分是複色。

（2）色彩的屬性

色彩有色相、明度、彩度（純度）三種屬性。三者在任何一個物體上都同時顯示出來，不可分離，故稱為色彩三要素。色彩三要素是區別和比較各種色彩的標準。

色相是指色彩呈現的相貌及不同色彩的面目。彩虹中的紅、橙、黃、綠、青、藍、紫就是七種色相，它反映了不同色彩各自具有的品格。

明度是指色彩的明亮程度。接近白色的明度高，接近黑色的明度低。不同色相的色彩，其明暗程度也不同。在彩色系列中，黃色明度最強，紫色明度最低，由黃色向兩端發展明度逐漸減弱。在室內配色中，一般天花板明度要最高，牆面次之，地面明度最低。

彩度是色彩的飽和度，即純淨程度，因此也稱純度。一種色彩越接近於某個標準色，就越醒目，彩度也越高。標準色加白，彩度降低而明度提高。標準色加黑，彩度降低，明度也降低。一個標準的紅彩度為 14，標準的青彩度為 6，而室內彩度一般不超過 4。過高的彩度容易使人眼睛疲勞，唯有點綴物和標牌除外。

2. 客房室內色彩的功能

（1）色彩的物理作用

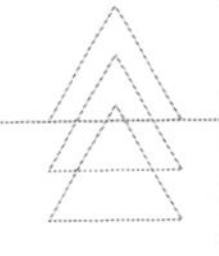

色彩透過視覺器官為人們感知後可以產生多種作用和效果。其中，色彩的物理作用在客房設計中起著積極的作用。

①溫度感。不同色相的色彩，按色性分為暖色和冷色，如同人們看到太陽會感到溫暖，看到田野、森林、水會感到涼爽。人們常把橙、紅之類的顏色稱為暖色，青類顏色稱為冷色，介於兩者之間的紫、綠色稱為溫色，既不屬於暖色也不屬於冷色的黑、白、灰稱為中性色。

色彩的溫度感與色彩的明度有關，明度越高越具有涼爽感，明度越低越具有溫暖感。色彩的溫度感還與色彩的純度有關，在暖色範圍內，純度越高溫暖感越強，冷色範圍內，純度越高涼爽感越強。

為了更好地創造特定的室內空間氣氛，在客房設計中可利用色彩的溫度感確定主色調，再利用中性色起調和作用。

②距離感。色彩可給人進退、凹凸、遠近的不同感覺，這種感覺就稱為距離感。色彩的距離感與色相、明度、純度有關，一般暖色和明度、純度高的色彩，具有前進、凸出、接近的效果；而冷色和明度、純度較低的色彩，具有後退、凹進、遠離的效果。色彩的距離感用於客房設計中，可改善室內空間的大小和形態。

③重量感。色彩的重量感取決於色彩的明度和純度，明度和純度高的顯得輕，如檸檬黃；明度和純度低的顯得重，如青紫。在客房設計中，常利用色彩的輕重感，平衡和穩定室內構圖。

④體量感。色彩具有膨脹感和收縮感。也就是說，如果物體表面具有的某種顏色看上去好像增加了體重，該顏色屬膨脹色；反之，看去像是縮小了物體的體量，該顏色就屬收縮色。色彩的體量感與色相和明度有關。暖色和明度高的色彩在視覺上具有擴散作用，顯得物體的體量擴大，而冷色和暗色具有內收作用，因而顯得體量縮小。在客房設計中，可以利用色彩的體量感來改善空間尺度和體積，協調室內各部分之間的關係。

(2) 色彩的心理與生理作用

人們的生活經驗、利害關係以及由色彩引起的聯想，決定了人們對不同色彩表現出的好惡感和心理反應。同時起作用的因素還有人的年齡、職業、性格、素養、民族習俗。

①色彩的心理作用。色彩的心理作用表現為兩個方面：一方面色彩能給人以美的享受；另一方面色彩能影響人的情緒，引起聯想。如人看到紅色，可聯想到太陽、火光，也可抽象地聯想起某一事物的品格和屬性。如人看到黑色，就聯想到喪事中的黑紗，從而使人感到悲哀、不祥、絕望等。

紅、橙、黃、綠、藍、紫等六色從色相的角度稱為標準色。應該指出的是，標準色是很少作大面積使用的。室內裝飾布置中大面積使用的，往往是偏向某一色相的複色，如土黃、土綠、土紅、棕色、奶油色和各種含灰色，這類顏色有一個重要特點，即樸實、渾厚、不矯揉造作，並給人以穩定感，人們生活的環境大多選擇這類顏色。

色彩學除了要研究彩色，同樣也要研究無彩色。所謂無彩色是指黑色、白色以及介於其間的各種灰色。

黑色幾乎吸收一切光亮，給人以沉重、莊嚴和肅穆的感覺。在室內設計中僅有少量家具、門、窗框使用黑色，與其他色彩搭配，可以產生更加鮮艷和明快感覺。

白色基本不吸光，意味純潔、神聖。純白色在室內不宜大面積使用，因為對眼睛刺激太強。各種奶白色在室內可以使環境變得輕盈、高雅。白色與其他色彩在一起，可以減低其他色彩的彩度。

灰色是一種極穩定的色彩。灰色有深有淺，正灰很少使用。室內大多採用含有某一彩度的灰色，如綠灰、紅灰、米灰等。含灰色有助於減輕人眼的疾勞，尤其是人們逗留時間比較長的場合，如客房、辦公室等處經常使用。

②色彩的生理作用。主要表現在它對人的視覺產生刺激後引起的視覺變化。這種視覺變化稱為色適應。當我們觀察有色彩的物體時，其背景應為物體顏色的補色，使眼睛在背景上獲得平衡和休息。色彩的生理作用還在於它對人的脈博、心率、血壓等有明顯的影響。

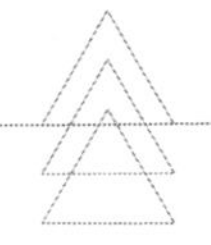

3. 色彩在客房中的應用

(1) 色調的確定

一幅畫、一個景或任何一組色彩，如果帶有明顯的色彩傾向，就稱為色調。如夕陽下的一片曠野，通常就是橙紅色的色調；秋收前的稻田，則是金黃色的色調。色調可以色相區分，也可以明度、彩度或冷暖度區分。例如深調（低調）、淺調（高調）就是以明度區分；純調、灰調就是由彩度區分；冷調、暖調則由冷暖度區分。

色調是一門藝術。色調包含了規律、節奏的法則，透過色調使色彩達到多樣的統一。色調的確定與室內的功能有關，也與室內建築條件（如空間大小、接受陽光的多少以及季節、氣候等）有關。

飯店的門廳常採用暖色，給賓客以熱情的感覺；休息廳採用活潑、明快的色調，給人以清醒感；客房採用柔和、幽雅的色調，給人以文靜感；浴廁多用冷色系的藍、綠、紫等色調，給人以清潔感。

為使客房室內空間具有寬敞感，可選擇冷色調，而要使過於空蕩的室內變得小而親切，則可採用暖色調；缺少陽光的房間宜用暖色調，而陽光充足的房間則宜用冷色調；季節的影響主要是透過室內色彩織物、繪畫和其他點綴的更換來調節，即夏季採用冷色系和冬季採用暖色系。據實驗證明，同一環境用冷色和用暖色兩種不同的處理方法，會使人主觀感覺的室溫相差 3℃ 左右。

(2) 色彩的搭配

色彩搭配的方法也與功能有關，同時還與人的不同階層、素養、習俗等有關。中國古代的宮殿、府第、衙門喜歡用「朱門金釘」和紅、黃、藍、黑、白等強烈對比的彩畫，以顯示其富貴尊嚴的政治地位；而民居或士大夫的園林則以淺灰色的彩畫，上著纖細的木紋和點綴淺藍色花草圖案，以表現其恬靜的效果。而室內色彩的搭配一般以「大調和，小對比」為原則。這「大」，即在客房牆面和天花板，這「小」，即點綴物（如擺件、掛飾和沙發靠墊等），而家具是介於大小之間的。大調和即指整個室內大面積用色的文靜、低彩度，也指整體色彩的調和（或稱其為整體色）；小對比既指小面積用色的大膽、高彩度，也指畫龍點睛的作用（或稱其為重點色）。整體色和重點色之間在色彩之屬性上，應該是呈現對比的。

色彩搭配的方法主要以下四種：

①同類色搭配。同類色，是指色相相同，而明度、彩度不同的色彩組合在一起，如淺灰綠的牆畫、墨綠的地毯、翠綠的窗簾。這種搭配就屬同類色搭配。同類色是典型調和色。這種搭配樸素、單純，大多用於寧靜、高雅的空間。如起居室、臥室和書房等。同類色的搭配很容易掌握，其不足之處是有時讓人覺得過於沉悶、單調。通常彌補的方法是利用質地、紋理、光影的差別，造成變化，或有目的地選擇與基調相對比的掛飾、盆花、擺件等點綴物，以造成提醒作用。

②類似色搭配。類似色（也稱近鄰色），是指色相環 90°範圍內的色彩組合在一起，如黃、黃綠和綠，紅、紅紫和紫等。這種搭配就屬類似色搭配。類似色搭配有一個明顯的特點，即一組色彩中的每色都含有相同的原色成分。類似色搭配也是一種調和色搭配，但比同類色搭配更富有層次變化。類似色搭配在當今室內布置中運用較廣。

③對比色搭配。對比色，是指色相性質相反或明暗相差懸殊的色彩，如紅與綠、黃與紫、藍與橙、黑與白等等的搭配。色相環上相對應的色彩，即互為補色的兩種色彩的搭配，稱為補色搭配。補色的搭配是一種典型的對比色搭配，與此相對非補色的對比搭配，則稱弱對比搭配。對比色搭配具有鮮明、強烈、跳躍的特點，在搭配方法上需要有一定的技巧。如對比色所占面積要有明顯的主次，古人曰：「萬綠叢中一點紅」，這萬綠就是基色，亦即主色；一點紅是補色，亦即點綴色。對比色彼此要交錯、滲透，用中和色幫助調和。如對比色本身很不穩定，但穿插了黑、白、金、銀的任何一色，都會使整體變得穩定起來。

④有彩色與無彩色的搭配。有彩色是活躍的，而無彩色則是平穩的，這兩類色彩搭配在一起，可以取得很好的效果。在室內黑、白、灰的東西並不少，它們與彩色物品擺在一起別有一番情趣，很具有現代感。

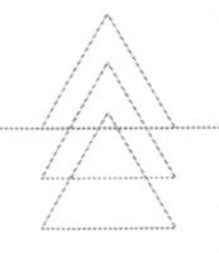

三、客房室內照明

客房裝飾布置應充分考慮到自然採光與室內照明的設置，室內照明也是客房裝飾布置的一個很重要的內容。

1. 客房照明的作用

(1) 提供光照，創造意境。室內照明的主要作用是為人們提供良好的光照條件，獲得最佳的視覺效果，使室內環境具有某種氣氛和意境，增強室內環境的美感和舒適感。

(2) 組織空間，改善空間感。在客房內照明方式、燈具種類不同的區域，各有一定的獨立性，同時，照明方式、燈具種類、光線強弱、光線顏色可以明顯地影響空間感。例如：直接照明時，燈光比較耀眼，容易給人以明亮、緊湊的感覺；用燈光照射到天花板、牆壁等界面之後再反射回來，容易使空間顯得更開闊；吸頂燈或鑲嵌在天花板內的燈具，可使空間顯得高一些；暖色的燈光可使空間顯得溫暖；冷色的燈光則使室內顯得涼爽。

(3) 渲染氣氛，體現特點。燈具與燈光有形有色，用它們來渲染客房內的氣氛，往往可以取得非常顯著的效果。燈光角度配置得當，會使客房內部景物更加生動耐看；燈光角度的變換，會使物體的顯現更具魅力。不少東方國家特別是日本，常用竹子、木材、紙等做燈罩，使燈具有一種自然美；中國的宮燈也是很有特色的。在客房的設計中，恰當地使用這些燈具，會使客房更具特色。

2. 客房常見的照明方式

(1) 按活動布置的照明類型，可分為直接、半直接、漫射、半間接和間接五種

直接照明。就是全部燈光或 90% 以上的燈光，直接照射被照的物體。露明裝置的日光燈和白熾燈就是屬於這一類。直接照明無間隔、不靠反射，其特點是發光強烈、投影清楚，使物體產生鮮明的輪廓，對一些藝術品的光照可以產生特殊效果，但作為生活照明，應避免直接照射人的眼睛。

間接照明。90% 以上的燈光先照射到牆上或天花板上，再反射到被照的物體上，就是間接照明。間接照明的特點是光線柔和，不刺眼，沒有較強的陰影。客房使用這種照明方式較多，因為它有利於創造一種安靜、平和的氛圍。

漫射照明。漫射即燈照射到上下左右的光線大體相等。這種照明，其燈罩常用乳白色磨砂玻璃，光線無定向、感覺柔和，通常無明顯陰影，但燈光利用率較低。

半直接照明。60% 左右的燈光直接照射被照物體，在燈具外側，用半透明的玻璃、塑料、紙等做傘形燈罩，這種照明方式就稱之為半直接照明。

半間接照明。是指大約 60% 的燈光首先照射到牆和天花板上，只有少量光線直接照射到被照物體上。

（2）按照燈具的布局方式，可分為整體照明、局部照明和混和照明

整體照明。即使室內整體達到一定亮度、滿足室內基本的使用要求。其特點是光線比較均勻，能使空間顯得明亮和寬敞，如客房內頂燈和吊燈均為整體照明。

局部照明。即對某些部位的局部採用加強照明度，來滿足具體的功能需求。局部照明能使空間層次發生變化，增加環境氣氛和表現力，如客房內的檯燈、落地燈、射燈等均為局部照明。

混合照明。即在整體照明的基礎上設置局部照明。這種方式在客房豪華套間較為多見。

3. 客房常見的燈具

吸頂燈。直接固定在天花板上的燈具稱為吸頂燈。吸頂燈的形式相當多，有各種帶罩或不帶罩的白熾燈，也有各種帶罩和不帶罩的日光燈。以白熾燈做光源的吸頂燈，大部分採用乳白玻璃罩、彩色玻璃罩和有機玻璃罩，開關有方、圓、長方等多種，常用於客房套間的起居室或走道等處。以日光燈作

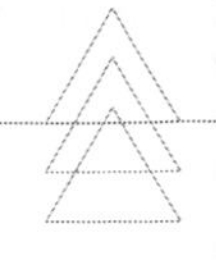

光源的吸頂燈，大部分採用帶有晶體花紋的有機玻璃罩和乳白玻璃罩，外形多為長方形。

吊燈。就是用燈線或導管把燈具從頂棚上吊下來，大部分吊燈都是帶罩的。燈罩常用的材料有金屬、玻璃和塑料，還有木、竹、紙等也可用來做燈罩。吊燈多數用於整體照明，極少數用於局部照明。吊燈的用途很廣泛，客房的豪華套間也常用吊燈。由於吊燈位於室內的上半部，容易為視線所接觸。它的形式、大小、質地、色彩等很能左右室內的氣氛，而且有可能成為室內的主要裝飾物。因此，對於吊燈的選擇應認真考慮，一定要使它與空間的大小、形狀、功能、特點相適合。

鑲嵌燈。將燈具埋入天花板之內，有全嵌式、半嵌式兩種形式。若用日光燈一般都須附加遮罩或天窗隔。鑲嵌燈的特點是看起來很簡潔，而且可以減少頂棚較低而產生的壓抑感，多見於客房浴廁。

壁燈。將燈具固定在牆面上，既具實用性，也有很強的裝飾性。壁燈光線柔和、造型精巧而別緻，多用於客房和浴廁，也有裝在梳妝鏡上端的。最常見的是用做床頭燈，可調控燈光的明暗。

檯燈。主要用於局部照明。它不僅是照明用具，也是很好的裝飾用品。檯燈的光源可以是白熾燈，也可以是日光燈，通常由燈座、燈頭和燈罩幾個部分組成。燈座由金屬、陶瓷、木板或其他材料製成，燈罩由紙、絹、紗、塑料、玻璃、金屬等製成。檯燈主要用於寫字臺上，也可用於茶几和床頭櫃上的局部照明。

立燈。又叫落地燈，是一種局部照明的燈具。客房內常放在沙發和茶几附近，為賓客閱讀、會客、休息提供方便。立燈通常由燈架、燈頭和燈罩幾個部分組成。燈頭和燈罩與檯燈相似，從外觀上看，可以分為皺紋式和圖案式。皺紋式素潔高雅，可與比較艷麗或花面的沙發搭配組合；圖案式以人物、花鳥、山水為圖案，絢麗多姿，適合與單色素雅的沙發搭配組合。立燈的燈桿一般是金屬拋光電鍍的，也可以是竹製的、旋木的或帶雕飾的。帶有木、竹燈桿的立燈易與竹、木、籐製家具相協調，從而使室內陳設更加有情趣。

軌道燈。是一種局部照明的燈具，主要特點是可以透過集中投光以強調某些需要特別強調的東西，如壁畫、工藝品等。軌道燈由軌道和燈具組成。燈具可沿軌道移動，燈具本身也可以改變投光的角度。軌道可以固定或懸掛在天花板上，必要時還可布置成十字形或口字形。這樣，燈具就能在很大的範圍內移動位置。軌道燈在有些客房豪華套間內可以看到。

4. 客房照明設計的基本要求

(1) 實用性。客房照明設計首先應有利於客人的生活和休息。燈具的類型、照明的方式、照度的高低、光色的變化等，都應與使用要求相一致。

(2) 藝術性。客房照明應有助於豐富空間的深度和層次，明確顯示家具、設備和各種陳設的輪廓，在一般情況下，燈光的角度應使家具、設備和各種陳設更有立體感，陰影的大小都要仔細推敲，力求產生最佳效果。

(3) 統一性。這裡說的統一性主要指照明設計要與空間的大小、形狀、功能及性質相一致，要與客房的家具及其他陳設相一致，要符合總體要求，而不能孤立地考慮照明問題。

(4) 安全性。現代照明一般都用交流電，因此，線路、開關、燈具的設置，都要採取可靠的安全措施，以確保客房的安全。

5. 客房照明設計的主要內容

客房照明設計的主要內容有四項，即決定照度的高低、確定燈具位置、確定照明範圍、選擇燈具等。

(1) 照度的高低。所謂照度，是指單位面積上接收到的光通量，其單位是勒克司（LX）。照度合適，人才會感到舒適，照度調整不當常使人感到疲勞，影響健康。客房照度應當符合客房功能要求和有利於營造一個親切、寧靜、輕鬆的環境氛圍，如客房床頭燈，一般照度在 60W，並有明暗控制開關。

(2) 燈具位置。燈具的正確位置應按照賓客在客房內活動的範圍和家具的位置來安排。燈具的設置往往是多層次、多形式的。客房內有專門用於看

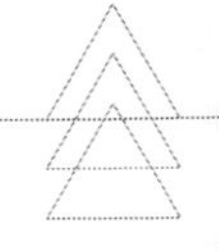

書寫字或梳妝的專用燈、進入房間的過道燈、有衣櫃內的燈和供客人睡眠用的床前燈等。

(3) 投光範圍。是指達到照度標準的範圍有多大，這取決於人們在室內特定空間的活動範圍、被照物的體積和面積。即使是裝飾性照明，也應根據裝飾面積的大小進行設計。投光面積的大小與發光體的功率強弱、燈罩的形式和大小有關，同時與燈具的高低及投光角度有關。照明的投射可使空間內部形成一定的明暗區，產生一種特定的氣氛。如談話時，可以從人的背面投光，但看書時，燈光應該正好投射在書頁的範圍。對於繪畫作品和其他藝術品所用的射燈，應以覆蓋被照物為準。

(4) 選擇燈具。由於現代照明工業的發展和製造技術的進步，燈具的種類和形式日新月異、品類繁多。選擇燈具的形式固然重要，但燈具的實用效果更不可忽視。首先，燈具要符合客房空間的環境，適合客房的體量和形狀，大空間要用大燈具、小空間要用小燈具，不可以把大吊燈掛在小小的房裡；其次，燈具要符合客房的功能和裝飾風格，並不是越豪華越好；第三，選擇燈具還應注意體現民族風情和地區特點。

四、客房的家具布置

家具是客房室內陳設的主要內容。在諸如會客室、辦公室等房間中，家具的占地面積約為房間面積的 35% ～ 40%，而在飯店一個標準間客房，家具的占地面積往往達到 50% ～ 60%。現代飯店建築設計，尤其是客房室內設計大都考慮家具的因素，在尺度、數量、位置，乃至風格上都經過精心的計劃。從某種意義上說，家具的布置反映了廳室的功能，不同的區域需要選擇不同的家具。同時，家具還有其精神方面的功能，當家具用來限定空間，增強私密性，或透過配備不同樣式的家具，來反映不同民族文化傳統時，家具的作用就不僅僅是實用了。

1. 客房家具的種類

客房家具的種類按使用功能可以分為：坐具、臥具、承具、櫃具、架具和屏具；按性質又可分為重實用的家具和重裝飾的家具。客房內大部分家具屬實用性的家具，如床、床頭櫃、沙發、茶几、寫字（梳妝）臺、行李架、壁櫥、琴凳等。重裝飾的家具主要有：琴桌、條案、古玩櫥（架）、花架及套幾等。屏風從作用上看，也可歸為重裝飾的家具。

家具的用材主要有木、藤、竹、石、陶、瓷、塑料及各種軟塑。不同材料的家具有不同的特點：木質家具使用最普遍，因為木質家具的加工方便，品種規格多，紋理優美，導熱性小，具有親切感，其中紫檀木、紅木、柚木、核桃木等家具比較名貴；藤竹製的家具常用於庭園、中庭、曬臺、花園、茶室等處，優點是質地堅韌，色澤淡雅，造型多曲線；竹製家具的優點是清新涼爽；金屬家具是隨著工業化程度的提高而不斷發展的一種家具，適合於成批生產，給人的感覺是精巧流暢。

2. 客房家具的選擇

家具是一種實用工藝品，既是物質產品，又是精神產品；既有使用功能，又有精神功能。因此，選擇客房家具應從兩個方面來考慮：

（1）從功能上選擇家具

①實用舒適。家具的配備必須考慮功能所需。客房有不同的功能設計，為滿足客人的睡眠需要，需配備床和床頭櫃；為滿足客人起居的需要，需配備茶几和扶手椅;為滿足客人儲存的需要，客房須配備壁櫥、保險箱等。同時，配備家具還必須注意尺度合理。例如椅子的座高，正常應在 420mm 左右，椅背高度在 720mm ～ 760mm 之間等等，尤其是配套家具，如沙發與茶几、床頭櫃與寫字臺都有相應的比例。

②質地堅實。配備家具必須保證質量，客房用床須堅實而又較輕。如果配備的床或座椅質量不好，不僅會發出吱嘎聲或彈簧聲，而且會給客人帶來不安全的隱患。

③滿足客人需要。以床為例，目前飯店使用的主要是軟墊床，但有些人卻喜歡用棕床、藤床或木板床，這就需要我們在個別樓面或幾個樓面適當予以配備，以應付特殊客人的需要。還有一些客人對家具的尺度有特殊要求，如身高過高，客房應提供接床凳。

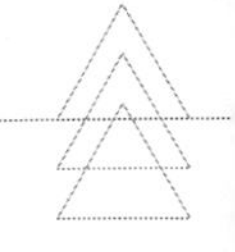

④區分等級規格。客房有不同的類型，有單人間、雙人間，還有套間和特套間（豪華套間、總統套間）之分。不同規格的客房對家具的數量、質量、類型的要求都不相同，如標準間客房功能全，集睡眠、會客、閱讀、書寫於一體，在其僅有的一室之內，家具的配備只能滿足必要的功能。與此相比，套間客房家具的配置就顯得較為充裕，臥室、起居室分別配備不同的家具。至於特套間客房，除了滿足功能需要以外，在質量和藝術性方面也都與眾不同，如古玩櫥、琴桌之類重裝飾家具往往配備於其間。

（2）從美觀上選擇家具

選擇家具要考慮的另一個必要因素是家具的美觀性。家具的美觀表現在：

①色彩和諧。成套家具的色彩是一致的，不成套的家具在色調上要看如何搭配。另外，家具的顏色一定要與室內環境的用色協調起來，牆面、地面是家具的背景和襯托，彼此的色調應能構成一個整體。

②式樣一致。在一個房間裡，家具的樣式應該是一致的。有時家具雖然是同一種風格，但可能在式樣上存在一些差異，如家具的腿、腳、拉手和圖案形狀不一等，這種細節的差別也會影響整體的完美。

③風格協調。家具的美觀不僅是造型、色彩和裝飾紋樣等方面的美，更重要的是整體風格的協調統一。要求家具與家具配套、家具與環境協調，形成統一的風格。如：客房是中國古典式風格，應選擇中式家具，而不應擺放西式家具；客房是古典西式建築，就不應擺放中式家具。

3. 客房家具的布局

家具擺位是家具陳設的最後環節，也是關鍵的環節。客房家具的擺放必須選擇合理的布局並解決平面和立面協調等問題。

家具的布局有兩種：一為規則式，二為自由式，不同的布局有不同的特點。

規則式。多以對稱的形態出現，其特點是室內明顯體現空間的軸線及其對稱狀態。規則式的格局給人以莊重、嚴肅和平穩的感覺，中外古典建築的室內家具布局基本採用這一格局。

自由式。是以一種既有變化、又有規律的不對稱均衡安排家具的形式。它是由一種不明顯的空間軸線來支配室內各個部分布局的。這種布局給人的感覺是活潑、輕鬆而又親切，往往能與室內空間相結合，有效地解決功能的問題，並適合當今建築特點。現代客房的家具布置主要採用這一方式。

（1）家具的平面布局

家具的平面分布不僅要注意視覺上的美觀，更要注重使用功能上的便利，因此需注意以下幾個方面：

①家具位置。為便於使用，家具的位置應落在實處，如衣櫃要離浴室近些，書櫥要放在寫字臺附近，行李架要放在進門的地方等等。

一個客房通常可以分為三個區域，即寧靜區（睡眠空間）、明亮區（起居空間）和通道區。不同的區域應布置相應的家具。寧靜區布置睡眠用的床和床頭櫃，明亮區布置會客起居用的沙發和茶几，通道區布置行李架和寫字（梳妝）臺。

②進出線路。家具擺好以後，留出的空間應方便客人在室內走動。如標準間兩床之間的距離不少於 60cm。擺放沙發和扶手椅以後，注意是否影響到客人的進出路線。

③疏密有致。家具的分布過於平均，往往會使室內布置的格局顯得平淡鬆散，過於集中又會破壞平衡，因此正確的做法是有疏有密，合理分配，使視覺舒展。

④處理建築凹凸。不少飯店客房室內四周並非全是平面。凹凸是建築中常有的事，家具的擺放不能因凹凸而束手無策，而應該巧妙運籌，如凸出部位，一般不在其前面擺放家具，而在凹陷部位選擇合適的家具予以填補，以求平面整齊。有時還可以利用凹凸來達到一種特殊的藝術效果。

（2）家具的立體布局

家具擺放的立面效果，主要表現在協調高低起伏和門、窗、壁飾的關係上。

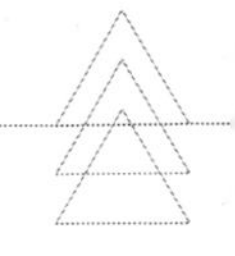

①錯落感。家具應有高有低，過平會顯得單調，合理的起伏會產生良好的立面節奏，顯得輕鬆活潑。

②與門、窗、壁飾的關係。客房立面的門、窗、壁飾有其功能和裝飾作用，在家具布局中具有背景效果，擺放家具應顧及這些因素，以保持客房空間構圖的完美。

五、客房的室內陳設

客房室內布置除家具外，還包括裝飾織物、觀賞物和綠化等幾大部分。客房的陳設布置構成了客房各區域的內部環境，並形成了與其使用功能相一致的氣氛和意境。

客房陳設布置的幾大部分在其表現形式和作用上各有特點，然而無論是何種場合，作為一個整體，彼此又是不可分割的。

1. 織物

織物是人們生活必不可少的物品，也是客房室內陳設的重要內容。由於織物在室內的覆蓋面積大，因此對室內的氣氛、格調、意境等起著很大的作用。在飯店的一些公共空間，織物往往是點綴。而在客房（尤其是臥室）等私密性較強的空間內，織物則大面積使用，給人以親切和溫馨的感覺。

客房的織物主要有地毯、窗簾、床罩、沙發蒙面、靠墊及其他織物，其原料構成分為兩類：一類為天然製品，如棉、麻、絲、毛做成的織物；另一類為人造製品，如聚脂、人造絲、玻璃絲、腈綸和混紡織物。其織法和工藝又可分為編織、編結、印染、繡補和繪製等。

由於原料、織法和工藝的不同，織物的品種豐富多彩，其特性和用途也有很大差異。為此，室內織物的選擇與設計必須有整體觀念，孤立地評價織物的優劣是沒有意義的，關鍵在於整體的搭配。選擇不同類的織物以適合不同的用途是客房室內織物陳設的重要內容之一。其具體表現在質地、色彩和圖案花紋三個方面。

（1）質地。織物原料和織法的不同，使人對織物表面的視感和觸感均不相同。以視覺而言，粗紋理往往給人以豪放的感覺，細紋理則給人以文靜的感覺，兩者的裝飾效果截然不同。為了顯示不同質感，布置中常用對比的方法，即光潔的物品以粗糙的織物襯托，而粗獷的物品則以光滑的織物襯托；麻毛織物、土布、草編品可以襯托家具的光潔，並和簡練的家具構成一種自然、素樸的美；絲、綢、緞等物可以襯托出陶砂製品的粗獷，並和古老的陳設品相映成趣。以觸感而言，直接接觸皮膚的料子，適宜選用質地細密、平滑的織物（如床上用的絲、綢、緞等）；經常摩擦的場合，可用堅固的粗紋理的織物（如沙發套、踏腳毯等）。

（2）色彩。織物的色彩必須從室內的整體出發，同時兼顧各個局部。大面積的織物（如地毯、窗簾、床罩等），其自身的彩度要低，在客房布置中宜選用同類色或類似色；小織物（如靠墊、襯布、腳墊等），其色彩純度可偏高，在整體中以對比色為宜。

（3）圖案。織物圖案的花紋有單獨紋樣、二方連續或四方連續等。客房內的牆布、窗簾、滿鋪地毯等較多為四方連續紋樣。織物圖案紋樣的格式可分為規則式和自由式兩種。規則式紋樣莊重，常在古典式的室內和正規、隆重的場合採用這種圖案格式；自由式紋樣較活潑，現代織物主要是這種格式。織物圖案的內容可分具象和抽像兩類。具像是根據自然物象的花鳥、草木、山水、人獸繪製而成；抽象則不易分辨描繪的內容。另外，幾何圖案和格子條紋等非具象圖案更是強調形式，較適合於現代風格的裝飾。

此外，選擇織物時，還應考慮其阻燃性、防蛀、防靜電等安全防火因素。

2. 觀賞物品

觀賞物品不是生活的必需品，主要用以滿足客人精神方面的需求。客房內的客用品一般是客人的生活必需用品，但它們同時也具有觀賞的功能。

客房觀賞物品取材頗廣，有出自名人手筆的書畫，有來自民間傳統的圖案花紋，有高級精細的現代工藝品，也有粗獷古樸的古代實用品。客房之所以要陳設觀賞物品，其主要作用是烘托氣氛，增加情趣，點綴空間，調整構圖，提高文化品位。

客房觀賞物品按其布置特點，可以分為牆飾品和擺件。

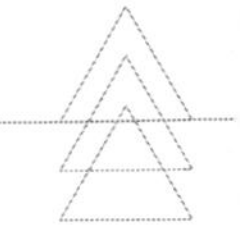

(1) 牆飾品。也稱掛飾或補壁。所謂補壁，就是在空蕩冷落的牆面上進行某種補充。牆飾品是客房整個布置的一部分，其形式與內容應該與室內環境相和諧。

一般來說，形式的確定主要看客房建築、家具的風格和陳設狀況，如傳統中式房間要用中國書畫和民族傳統的工藝類飾品布置；古典西式房間用油畫等西式有份量的畫或名畫布置；現代式房間則用現代派繪畫、裝飾畫及水彩畫布置。至於牆飾品的橫或豎、單或雙、多或少、大或小，應根據客房建築的格局及家具的擺放等情況來確定。

客房的功能和場合是確定牆飾品內容的關鍵。書房可選擇意境雋永、清新淡雅的作品，而臥室可以用嫻雅秀麗、恬靜柔和的作品來點綴。

此外，賓客的嗜好、忌諱和宗教信仰是確定牆飾內容的主要依據，以體現「賓客至上」的宗旨。牆飾品的內容選擇不當，會對賓客造成不良的印象。

牆飾品種類主要有：

①中國書畫

中國書畫是中國書法和繪畫的統稱。中國書、畫雖為兩門藝術，但歷來書畫同源，密不可分，兩者均以筆、墨、紙、硯為基本工具和材料，且畫幅形式相同，如壁畫、屏障、捲軸、冊頁、扇面、手卷等等。

中國書畫的裝裱形式，在世界上是獨樹一幟的。書畫經過裝裱可使畫面平整，並使筆墨層次更加清晰。中國書畫所用鏡框，傳統型的一般為紅木或楠木框。現代型的鏡框除簡潔的淡色木框外，近來也有用鋁合金製成的。中國書畫在選框和裝框時應注意畫心的位置以及與畫框的比例關係。

②西畫

西畫有多個畫種，其中油畫、水彩畫、版畫在布置中使用得較多。西畫在國際上有統一的畫框規格。

油畫。古典寫實的油畫通常採用比較厚實的鏡框，有的華麗、有的古樸。現代內容的油畫則以簡潔的畫框為主。油畫畫框通常不用玻璃，這樣可避免不必要的反光，以充分顯示油畫的真實效果，同時也可避免油畫畫面與玻璃粘連。個別的油畫也有採用玻璃鏡框的，但一定是雙層框，畫面與玻璃有間隙。

水彩畫。大多採用簡潔、精巧的畫框，如細邊木框、鋁合金框等，以顯示水彩畫輕鬆、明快的特點。水彩畫也有十分寫實的類似油畫效果的畫法，這種水彩畫可用華麗厚實的畫框。現代西式風格的客房常以水彩畫作為室內主要牆面裝飾。

客房用版畫。主要是套色木刻，其採用的畫框與水彩畫相似。銅版畫、素描等單色畫配以簡單的畫框，在室內布置中也顯得很高雅。

丙烯畫。西畫中還有一種採用丙烯顏料作畫的丙烯畫。它既可取得油畫、水彩畫、水粉畫的效果，也可用做裝飾畫。畫在畫布上的丙烯畫，可像油畫一樣裝飾。丙烯畫是現代室內布置的理想畫種之一。

③工藝類裝飾

牆上裝飾品除中國書畫和西畫等純藝術作品外，還有工藝性較強的品種，如鑲嵌畫、浮雕畫、藝術掛盤、織物壁掛等等。它們不僅在工藝製作上各具特色，在藝術表現形式上也往往比普通繪畫更富裝飾趣味。

鑲嵌畫。是用玉石、象牙、貝殼或有色玻璃等材料鑲嵌而成的畫，在形式上，有古典風格，也有現代風格。

浮雕畫。是用木、竹、銅等材料雕刻而成的各種凹凸造型，嵌入畫框進行布置。

壁掛。主要指室內牆壁上所掛的織繡品，包括刺繡壁掛、毛織壁掛、棉織壁掛和印染壁掛。刺繡壁掛包括傳統的「四大名繡」和屬於新興工藝的絨繡（用彩維絨在特製的網眼麻布上進行繡刺，能表現油畫、國畫、攝影等藝術效果）；毛織壁掛即掛毯，有表現民間題材的，也有表現現代派繪畫裝飾性內容的；棉織壁掛和印染壁掛大都表現傳統題材，其中扎染、蠟染具有質樸的西南風情。此外，還有一些物品可以用做壁掛的，如陶、瓷掛盤及弓箭、提琴、草帽、漁網、樂譜、風箏、摺扇等等，主要用於特色布置。

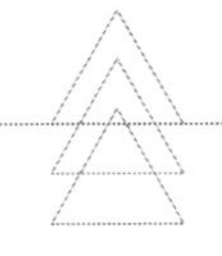

(2) 擺件

擺件是一種相對掛飾而言的平面安放物品。其中有純屬觀賞性質的，有兼實用價值的。客房客用品也是一種擺件，當然主要是實用，但也具有裝飾效果。

擺件的品種按內容分為：古玩、珍貴的自然物、現代工藝品、玩具、紀念品、文房四寶等。按其質地可以分為：象牙雕刻、玉石雕刻、竹木雕刻、貝雕、螺鈿、翡翠、琥珀、瑪瑙、青銅器、景泰藍、黑陶、瓦當、唐三彩、清花瓷、竹編、布娃娃等。

布置擺件時需要考慮品種、色彩和質地的配備以及空間的構圖效果等。

①品種及風格的選擇

擺件的品種很多，應該選擇什麼樣的擺件進行布置，要充分考慮客房功能、裝飾風格及客人的興趣愛好。作品的風格應與客房的風格相一致。客房一般擺放各種小巧粗湛的藝術品。對於常客或重要來賓，應根據其愛好進行布置。如客人喜愛中國書畫，可在客房擺設文房四寶等。

②色彩、質地

擺件作為室內的點綴，其色彩應該選擇室內之所需，或者以對比色起畫龍點睛的作用，或者以某一部分的相同色起呼應作用。陳設櫥裡的擺件色彩除了考慮室內效果，還要注意擺件與櫥的關係，簡單的方法可用明度對比來進行布置。如深色櫥選淺色擺件，淺色櫥則選擇深色擺件。櫥架與擺件色彩相近時，或以襯墊，或加不同色彩的托盤予以分隔。

擺件的質地在布置中也十分重要，一般光滑的物品如瓷器、玻璃器等採用粗糙的背景能取得較好的視覺效果，而粗糙的物品如陶器、草編、絨毛娃娃等則採用光滑的背景，以顯示各自的質感特點。

③空間構圖

擺件的空間關係主要指擺件在空間的位置與構圖關係。一個碩大的花瓶放在一個很小的幾架上，或者一個很小的雕刻品放在一個很長的條案上，都會覺得比例失調。

在條案上一左一右放兩件不同的擺件，就應注意平衡。這種平衡與擺件本身給人的視覺輕重感是分不開的。擺件的輕重感除了體積因素外，顏色、質地等都會對人的視覺產生影響。不同輕重感的擺件並列陳設，可以透過左右前後的移動來求得構圖的平衡。如果在較大的陳設櫥裡陳設擺件，則擺件的空間關係主要體現為櫥面構圖的疏密和虛實變化。平均擺放容易顯得呆板，但無章法的擺放也會使空間混亂。按視覺美的法則應該是在規整中求變化，變化中求規整。

此外，擺件的空間關係，還表現在與牆飾品的關係上。擺件與掛飾無論從高低、寬窄還是從風格、色彩上，都只能是相互映襯而不能是彼此排斥。如擺件不能過高，不能檔住畫幅。

六、客房的綠化飾品

綠化飾品是客房布置的一大品類。隨著人們消費觀念的變化，綠化飾品在客房越來越受到客人的歡迎。

1. 客房綠化飾品的作用

（1）調節室內氣候。透過植物自身的生態特點，改善室內氣候條件，從而造成淨化環境的作用。透過室內綠化，調節室內溫度，既經濟實惠又易於實現。乾燥季節，綠化可以使室內濕度增加 20% 左右；而雨季，由於植物的作用，又可減低室內濕度。由於植物有較好的吸音作用和吸收熱輻射能力，可以造成減弱噪音、調節室內溫度的作用。

（2）提高客房的環境質量，滿足客人的心理需求。繪畫和裝飾品雖能美化室內，但畢竟缺少花草樹木那種充滿生機的力量，尤其在高度都市化的城區裡，室內綠化飾品可以給人幽靜、寬鬆和無限美好的遐想。如在家具或沙發的轉角和端頭、窗臺周圍，以及一些難以利用的空間死角布置些綠化飾品，可使這些客房空間充滿生機。

此外，綠化還可以造成內外空間的過渡與延伸、暗示與指向、限定與分隔及柔化空間硬質感的作用。並有提高禮遇規格、表達各種情誼的作用。當賓客進入客房時，看到桌上的鮮花和綠化飾品，一種親切感會油然而生。

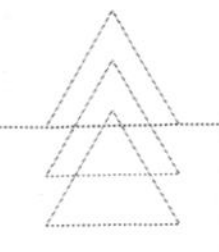

2. 客房綠化飾品的種類

（1）盆栽

是將植物栽種於盆內的一種綠化形式。盆栽取材頗廣，根據品種和觀賞習慣，大致可分為盆樹、盆草、盆花和盆果四類。

盆樹。是盆內栽種的木本類觀賞植物，如各類松柏、鐵樹、棕竹、天竹、龜背竹、南洋杉、袖珍椰子、橡膠樹等。

盆草。是指盆內栽種的草本類觀葉植物，如冰水花、文竹、網紋草、鴨跖草、萬年青、吊蘭、抽葉藤、鐵線蕨等。其中，鴨跖草、吊蘭、抽葉藤是理想的吊盆植物。

盆花。是指盆內栽種的以觀花為主的植物，有木本也有草本。如杜鵑、八仙花、茉莉花、桃花、山茶、月季屬木本類；蘭花、水仙、鐵線蕨、君子蘭、櫻草、天竺葵、紫羅蘭、鳳信子、海棠、菊花、百合花等屬草本花。盆花布置重在選配顏色和花形。

盆果。是指盆內栽種的以觀果為主的植物，如石榴、金桔、葡萄、佛手、天蘭果、香櫞等。用這類植物布置室內，給人以豐收、吉祥的聯想，從而增添快樂的氣氛。

盆栽的管理，主要是植物保養，不同的植物有不同的習性，如果不掌握水分、溫度、陽光的要求，將影響盆栽植物的正常生長。無論何種盆栽，在室內都應避開暖氣管道、空調等設備。此外，放在室內花架、窗臺或其他家具上的盆栽，為避免泥水玷汙家具或臺墊等，都應在盆底外加套盆、碟子。

（2）盆景

即盆中之景，是用植物、石塊等材料在盆中再現自然景色的一種藝術。盆景分為樹樁盆景和山水盆景兩種。盆景作為中國的傳統藝術，有著悠久的歷史。

樹樁盆景。簡稱樁景，泛指觀賞植物根、幹、葉、花、果的色澤和風韻的盆景。樹樁盆景的特點是枝葉細小、莖幹粗矮、虬曲、蒼老而優美。樹樁盆景透過剪切或借助其他材料，可按人的主觀設計生長。它的長勢可分為直乾式、蟠曲式、橫枝式、懸崖式、提根式、叢林式、垂枝式和寄植式等多種形式，選用的樹種主要有五針松、福建茶、石榴樹、黃楊樹、檜柏、羅漢松、榆樹、雀梅、九里香等。

山水盆景。又叫水石盆景，其特點是透過栽枝點石、效仿大自然的風姿神采、奇山秀水，塑造逼真的小景，給人以「一峰則太華千尋，一勺則江湖萬里」的感受。「丈山尺樹寸馬分人」說的正是盆景中的比例關係。所用石塊要有良好的吸水性能，以保持石塊整體的濕潤，如太湖石、鐘乳石、砂積石、珊瑚石等等。山水盆景的造型可分為獨立式、開合式、散置式、重疊式等。

盆景用的盆種類很多，一般為陶製或瓷製，也有用石塊磨製的大理石盤和水磨石盤等。陳設盆景的幾架有古色古香的紅木幾架、輕巧自然的斑竹幾架和根制幾架。布置中要注意樹石、盆鉢和幾架之間的對比與和諧（即「一盆二景三架」之說）。大型盆景通常放在琴桌、條案或專門的桌子上，小型盆景通常放在茶几、花架和博古架上。

（3）插花

插花是一門剪切植物枝葉進行重新組合和造型的藝術。插花藝術的興起源於人們對花卉的珍愛，人們從花之純真美艷的生命，體驗到了一種生命的真實與燦爛。插花作為客房綠化的一個方面，既能給客人一種美的享受，又體現了對客人的一種高規格的禮遇。

①插花的花材

●花材的選擇

傳統的插花材料有限，據初步統計，有牡丹、芍藥、玉蘭、荷花、芙蓉、山茶、月季、梅、水仙、桃、海棠、蘭、秋葵、松、竹、繡球、百合等二三十個大的品種，卻忽視了一些小花。其實，許多小花、野草，在形、色、結構組合等方面都是很獨特的，特別是它們表現的旺盛生命力和悠然野趣，較之名花、佳花更有情調。現代插花對花材的選擇可謂不拘一格。芽體、葉片、花、果、枝條甚至老乾枯枝，只要生機勃勃，有美感，並能表現一定藝

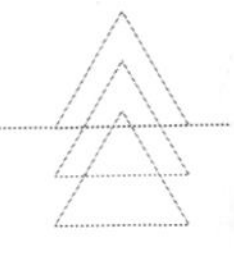

術主題或象徵意義的，均可作為花材。植物材料具有很強的季節性，依時季不同，選擇種類亦有差異。

●花材的整形

花材必須透過整形才能充分展示它的魅力。因此，對花材必須進行必要的藝術加工，以使它的長短、疏密關係更加和諧。整形的方法有以下幾種：

修剪。修剪花材應除去過多葉片，對玫瑰等帶刺花枝要除去枝刺，除去殘敗的花瓣；木本花材要剪掉重疊枝、下垂枝、交叉枝、胸突枝等雜亂枝條，頂部枝條不能並立，應有高下之分。為充分顯示枝條的線條美，可適量剪去過密的枝葉。

曲枝。除利用花材本身的姿態，有些還要進行彎曲整形，達到「雖由人作，宛如天成」的造型美，這就需要一些技巧。對草本和木本植物應採取不同的曲枝方法。

●花材的保養

插花雖然好看，然而「紅顏薄命」。要使一件插花作品最大限度地延長觀賞期，應注意如下一些保養要素：

水。插花用水以雨水最佳，如果用自來水，則應貯存一兩天后再用。水質應保持潔淨，夏季每日換水，冬季三四天換一次水。盛水量多並非最好，遵循原則是：水和空氣保持最大接觸面積，增加水體的空氣流通。

花型的高低。花型的高低應根據花材本身吸水能力的強弱而變化，吸水力強的花朵可高插，如唐菖、百合等；吸水力弱的花材可低插，如玫瑰。

另外還可借助輔助手段增加花木的吸水能力。

②插花的器具

「工欲善其事，必先利其器」，做好一件插花作品的前提是要有完備的用具。

●劍山、花泥

插花中用於固定花枝的器具有劍山、插花泥。劍山有多種尺寸和樣式，有方、圓、菱形之分。使用時應根據花器大小和花材多少決定所用形式。使用後必須清除汙垢，校正歪斜的針，並收藏於乾燥處以免生鏽。插花泥有綠色和淡豆沙色。淡豆沙色花泥是用來插乾花的。花泥外型頗像海綿，故又有人稱之為吸水海綿，是一種極為方便的固定基座，通常吸水時間短，吸水量大，保水性能好。

使用花泥應按一定的程序進行。要按需用的大小尺寸切割一塊花泥，然後將其平放在水中吸水（不要從花泥上方沖水，以免吸水不完全），待其吸足水分完全沉至水中即可撈出，再放入花器中，注意在花器內固定時切勿用力擠壓，以免因破壞花泥密度而影響花枝固定，用花泥插花時應儘量避免將插下的花材拔起再插。

●花器

在插花藝術中，花器不僅僅是盛水插花的用具，同時也能襯托花型。花器的種類很多，質料各異，有陶、瓷、銅、銀、木、藤、草編、玻璃、塑膠、漆器、鮮貝、玉器，還有合成材料器皿、樹根等。選擇花器應根據使用場合不同和主題內容的差異而定。花器在形狀上也有許多種，有瓶、盤、盆、壇、罐、籃、杯、香爐以及各種造型迥異的異形花器。

花器作為插花器具，也是一種工藝品，有其不同的時空美學要求和功能要求。在空間較小的客房，可選擇形式玲瓏小巧的花器，使其既能與室內空間和諧，又能點綴出「室雅何須大」的精緻。此外，花器還要與環境中的其他擺設和裝飾相協調，諸如家具、掛畫、窗簾、臺面、牆壁等都是應該考慮的因素。如一套中式的房間陳設，配以傳統風格的陶瓷器，可更顯古雅的風貌;而在現代風格濃郁的房間內，則沒有太多的限定，若能將古典的、現代的、手工的、非手工的各式花器合理布置安排，從不一致中求得協調，也都能體現出它們獨特的精神和內涵。

③插花造型的基本原理和方法

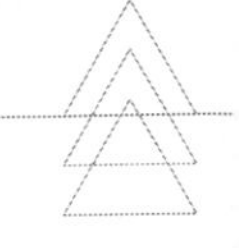

插花藝術有兩種特性：一是素材的麗質性，二是造型的寓意性。它多取法自然而高於自然，以藝術昇華為目的，追求自然的再現，取素材本質之瑰麗，抒自我才情之逸志，以點、線、面、塊等造型符號為手段，賦予不同作品以擬人化的性格，構成一幅幅生機盎然的畫面，表達心靈的感受和對生命的詮釋。插花藝術可使人居於室內而享田野之趣。

●插花造型的基本原理

插花構圖的關鍵是在有限的空間將各種素材巧妙合理的布局。要求主題突出、賓主呼應、枝條疏密、穿插得宜、虛實相生。

主題突出。作品必須突出主體。花材形態千變萬化，要使賓主有序，可借助於色彩。一般陪襯枝的色彩比較淺淡，高度低於主枝，動態要應和於主體，從而產生一種導向主枝的向心力。

虛實相濟。虛實結合的思想是中國傳統藝術的一個特性。插花所用的材料均為實物，似乎很難「虛」，其實插花中的虛，是指花、枝、葉的疏、簡、散和色輕；實，是指花材的密、繁、聚和色重。只要運用恰如其分，依然能使每種花材該虛則虛、該實則實，達到畫面層次清晰、錯落有致，有景深的效果。絲石竹、孔雀草等碎花型花卉，適於表達虛空朦朧的情景。有些花如芍藥、牡丹的一些品種和洋水仙、波斯菊等，雖花型較大，但其質地輕薄、花色柔和，也適合作虛材表現。各式藤蔓更是勾勒空白的絕佳素材。在中國式的插花中，特別注重留空白，有時只要用很少的兩三枝花，精心布局，亦能以少勝多。有些花材色彩凝重、花形規整，比較寫實，如菊、香石竹、唐草蒲等，易作為「實」體花材。然而虛實是一對相對的關係，在不同搭配關係、不同構圖條件下，能使其各自的角色發生轉換。比如用大捧密集滿天星插於粗陶罐中，內插兩朵鮮紅扶郎，此時紅色被白色所掩映，白色的滿天星在幾點紅色的映襯下，則顯得群星璀璨，美麗異常，這就是虛實角色的轉換。

疏密穿插。枝條的疏密要合理安排，才不顯得零亂，密的部分要儘量集中，疏則可力求稀鬆。明代袁宏道說：「插花不可太繁，亦不可太瘦，多不過兩種三種，高低疏密，如畫苑布置方妙。」所論即是插花前後枝葉交錯適宜，左顧右盼，俯仰有態，畫面緊湊而有生氣。若一盆有數枝花枝，不能成簇插入完事，而是將數枝分成幾組，成組安排，切忌等分。

●插花造型的幾種方法

三角形構圖。通常以三主枝為骨架，構成正三角形、不等邊三角形，最高主枝即第一主枝高度為花器的 1.5 倍，右方第二主枝為第一主枝高度的 2/3，第三主枝約為第一主枝高度的 1/2。在三主枝之間填插花卉，不可高於第一主枝。結構均勻，比較簡單。

圓形構圖。將花朵造型構成圓形，可顯豐滿圓潤。將花插成圓形後，為避免單調之感，再填插葉片襯托，討個「團團圓圓」的口彩，是人們喜愛的花型。

新月構圖。造型弧線如一彎新月，新奇簡潔有新意，花枝不能隨意交叉，應該比較有秩序，選擇柔軟易於成弧線的花枝。

球面構圖。花型成球體平臥的圓弧，較平緩，主花插成低矮的圓弧，線條柔和，輔花、配葉應低於主花，填插在其周轉的空間。要點是圓弧面要均衡。通常用於餐桌擺花。

S 型構圖。形如英文字母 S，也稱蛇行線條，是西方人士認為的美麗線條，其實，國畫的三點構圖也包含了 S 形在內。線條柔美抒情，近年不但有豎向 S 構圖，還發展了水平狀的 S 構圖，是一種新潮的構圖形式。

直上型構圖。第一主枝直立，與盆、瓶成垂直角度，第二、第三花枝均有不同角度的傾斜，花型清疏挺拔。

傾斜型構圖。第一主枝以 70°傾斜插在水盆裡，其他二枝花或直立或傾斜較為隨意，要點是主枝傾斜，動勢較強。

下垂型構圖。第一主枝倒掛呈下垂勢，第二主枝也是由上垂下，第三主枝視整體動態而定，每每不下垂，下垂長度視整體構圖而定。

水平型構圖。該構圖形式較新穎，花枝水平橫伸，角度在 10°～ 20°之間游移，呈水平動勢，花枝長度依具體情況而定。

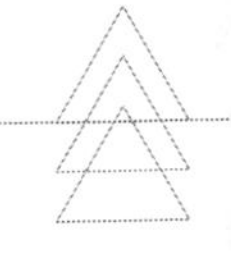

以上所述九種構圖形式，前五種通常稱為西方式插花造型，後四種常稱為東方式插花造型，但在插花實踐中已不將其截然分開。各花型為達到藝術美的極致，需仰仗於花材的聚散組合、色彩節奏、和諧對比、賓主呼應及花器的搭配，在對立統一中尋找美的諧和。

本章小結

1. 以人為本、賓客至上是客房設計的基本理念。

2. 美感與功能相統一、感性與理性相統一、文化傳承與時代精神相統一是客房設計的基本原則。

3. 客房設計得好壞，很大程度上取決於客房空間的設計。

4. 按照美學法則的要求，客房的裝飾布置必須處理好對稱與均衡，比例與尺度、節奏與韻律、對比與調和、主導與層次、點綴與襯托等各種關係。

5. 色相、明度、彩度（純度）是色彩的三種屬性。色彩的功能包括物理作用和心理與生理作用。在實際應用當中，必須正確地確定色調，合理地選擇和搭配色彩，才能真正達到裝飾美化的目的。

6. 照明具有功能性與裝飾性。在客房的裝飾布置中，照明也需要設計，按照實用性、藝術性、統一性、安全性的要求，選擇照明的方式、設定照度的高低、安排燈具的位置、確定投光範圍、選擇適當燈具是客房照明設計的主要內容。

7. 客房家具的選擇與布置是否合理、是否得當，直接影響客房的使用與裝飾效果。

8. 客房的陳設布置構成客房各區域的內部環境，並形成與其使用功能相一致的氣氛和意境。

9. 將植物花草用於客房室內裝飾，可以達到調節室內氣氛、提高環境質量、柔化空間質感和提高禮遇規格等目的。

複習與思考

1. 客房設計的理念和原則是什麼？

2. 豐富客房空間形象有哪些藝術處理手法？

3. 一間普通客房通常有哪些功能性空間區域？

4. 詳述客房裝飾布置的美學法則。

5. 熟記色彩知識，包括色彩的概念、色彩的功能、色彩的搭配方法等。

6. 簡述客房室內照明的作用、方式、燈具的種類以及客房照明設計的主要內容和基本要求。

7. 從功能性和藝術性兩個方面來考慮，選擇客房家具有哪些注意事項？客房家具在布局上又有哪些要求？

8. 常用的客房裝飾品有哪些？各有什麼特點和要求？

9. 客房內的綠化飾品有什麼作用？常用的綠化飾品有哪些種類？它們各有什麼特點？使用各種綠化飾品時要分別注意什麼？

10. 插花常用哪些器具？插花造型的基本原理和方法是什麼？

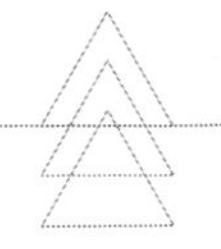

第 3 章 客房設備

導讀

客房設備是客房的重要組成部分，選好、配好、用好、管好客房設備，對於保證客房產品質量、提高賓客對客房的滿意度、創造良好的經濟效益都具有重要意義。

閱讀重點

熟悉客房常用設備的種類、用途、質量要求，並能根據飯店的實際情況為客房選擇配備設備

熟練掌握客房設備的使用與保養方法

能制定客房設備的管理制度

第一節 客房設備的配備

客房設備的配備不僅是簡單的客房家具布置和設備安裝問題，更重要的是客房產品的設計問題，包括客房應該配置設備的種類、樣式等。客房設備的配置直接影響客房的功能、檔次和特色。因此，飯店必須從產品設計的角度來配置客房設備。具體應考慮以下幾方面的問題。

客房檔次。要依據經濟合理的原則，選擇配備與客房檔次相適應的設備。檔次高的客房，配置設備的種類多，規格也高。如浴廁的衛生潔具，普通檔次的客房一般配備「三大件」，即浴缸、洗臉盆、坐便器，而豪華客房浴廁往往配有「四大件」（三大件加淨身器），甚至五大件（四大件加淋浴器），浴缸內還帶有能產生漩渦的水療裝置。有些高檔次的客房，浴廁除配有電話分機外，還增設小電視和音響，方便客人隨時觀看電視節目，收聽廣播。

客房種類。一家飯店通常會設計若干不同類型的客房。因各類客房的使用功能不同，客房設備配置的要求也不同。如商務房，客人往往會將其作為第二辦公室，而且一般是單獨使用一間客房。客房內應配置一張雙人床、一

套舒適的辦公桌椅和現代化的辦公設備（或者為客人使用自備的辦公設備提供方便）。而公寓房則應考慮家庭居住的需要，配備小型的廚房、簡單的廚具，如電冰箱、微波爐等。

使用對象。不同的使用對象，對客房有著不同的消費需求。飯店應重視研究各類消費群體的特點及他們對客房的特殊需求，有針對性地配置各類客房設備，最大限度地滿足客人的需求。如有些客人對健身設施要求較高，客房內就應配備一些簡單的健身器材，如跑步器、啞鈴等。對愛好音樂的客人客房內需要配置音響設備等。

經營思想。飯店管理者的經營思想是配備客房設備的主要依據之一。如果管理者主要從節約能源方面考慮，有些客房設備及用品（如電熱淋浴器、電熱水瓶等）雖然使用方便，但耗電量較大，就不宜選用。

競爭對手。飯店應對其主要競爭對手客房設備配備的種類、規格、檔次等情況瞭如指掌。為保持在競爭中的優勢，客房設備配置應適度超前，在競爭對手中處於較為有利的地位，做到「人無我有，人有我優，人優我特」，打出品牌，創出特色，吸引客人。

第二節 客房設備的種類

根據用途，客房設備分為電器類、衛生潔具類、家具類、安全裝置、地毯等。

電器。客房內配備的電器設備主要有電視機、空調、電冰箱、燈具、音響等。空調有中央空調和分體空調之分。飯店大多使用中央空調。房內配有控制器，以調節室內溫度。一些高檔客房還配有自動熨斗和衣架，以方便客人熨燙衣物。

衛生潔具。客房衛生潔具主要有浴缸、淋浴器、坐便器、洗臉盆。高檔客房內還裝有淨身器等。

家具。客房內主要應配有床、床頭櫃、寫字臺、靠背椅、沙發、躺椅、電視機櫃、行李櫃（架）、衣櫥等家具。

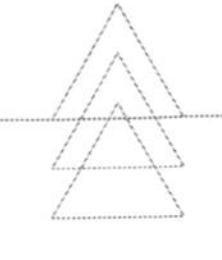

安全裝置。為了保證客人的安全，客房內必須配備安全裝置。如消防報警裝置，有煙感器、溫感器及自動噴淋，其他安全裝置有窺鏡和防盜鏈等。高檔次客房在房內還配有小型保險箱。

地毯。地毯具有保暖、隔音、裝飾、舒適等作用。飯店通常把地毯作為客房地面的裝飾材料。

第三節 客房設備的質量

客房設備的質量直接影響其使用效果、住客的滿意率及設備的使用壽命。在選擇客房設備時，應考慮其實用、牢固、美觀、協調、安全、節能、環保、便於維修保養和售後服務等因素。

1. 實用、牢固

客房內所配置的設備必須實用。每一件設備都有其特定的功能，都必須滿足客人的實際需要，並且使用方便。此外，客房設備使用率較高，使用對象更換頻繁，故應選擇操作簡便、堅固耐用的設備。

2. 美觀、協調

客人在客房內逗留的時間較長。客房設備應在實用、牢固的基礎上講求美觀、協調，使客人在使用過程中得到某種享受。首先，設備外觀要好看，給客人以美感；其次，設備的規格、造型、色彩、質地、檔次等必須與客房整體布置相協調；最後，同一客房內的設備要配套協調，給客人以和諧、舒適之感。

3. 安全

安全是住客的基本要求。客房內所有設備都必須有很高的安全係數，在布置安裝時要採取相應的預防性措施。如電器設備的自我保護裝置、家具飾物的防火阻燃性等。

4. 節能和環保

節能和環保是選擇客房設備時必須考慮的因素，這一點常常被人們所忽視。隨著人們節能和環保意識的增強，科學技術水平的提高，新的節能和環保產品不斷湧現。例如廣東某集團最近展出一種節水型衛生瓷坐便器，每次沖洗的用水量只需 4.5 升～ 5 升，比國家標準節約用水 50% 以上。飯店在配置客房設備時，應優先選擇利於節能和環保的產品，以減少消耗、降低成本，為保護環境做出貢獻。

5. 便於維修保養

無論設備質量多高、多麼堅實耐用，都有維修保養的過程，因此，在選擇客房設備時，必須充分考慮這方面的因素。客房設備本身的材料、構造要便於維修保養，另外，客房設備的布置安裝也要便於維修保養。

6. 售後服務

設備供應商有無售後服務、售後服務質量如何是選擇客房設備必須考慮的因素。飯店應盡可能多瞭解一些設備供應商的信譽、售後服務等情況，在購買設備時須與供貨商簽訂相關協議，要求其提供相應的售後服務。

第四節 客房設備的使用和保養

合理使用和妥善保養客房設備，可以保證客房處於正常完好的狀態，因此，延長客房設備的使用壽命，是客房設備管理的基本要求和重要措施。

一、客房設備使用前的準備工作

充分做好客房設備使用前的準備工作，貫徹「預防為主」的方針，是做好設備使用和保養的先決條件。

（一）重視員工的培訓

客房部員工是設備使用和保養的主要責任人。飯店必須重視員工的培訓。客房設備投入使用或新員工上崗前，飯店應安排員工接受相關的專業培訓。培訓的主要內容有：客房設備的用途、性能、保養要求和使用方法，以及簡單的維修知識等。培訓後要進行考核，新員工經考核合格後方能上崗。這項培訓工作最好由設備供貨商負責，也可由飯店有關專業人員承擔。

（二）制定操作規範和保養制度

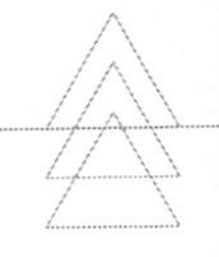

根據每種客房設備的產品說明書及售後培訓內容，制定相關的操作規範和保養制度；最好能配以圖片，張貼在樓層工作間，為實行客房設備「操作規範化、保養制度化」管理做好基礎工作。

二、客房各種設備的使用與保

客房設備主要包括電視機、空調、電冰箱、照明用具及衛生潔具。其使用與保養要求見表 3-1。

表 3-1 客房常見設備的使用與保養

使用保養 設備名稱	搬運與安裝	使用	保養	故障檢查	維修
電視機	1.應安放在通風良好處，距牆5公分以上，切勿置於高溫、潮濕、灰塵多處，一般應背對窗戶，避免陽光直射。為減少地磁對彩色顯像管的影響，電視機最好面朝南北方向。 2.切勿碰撞或劇烈震動。	1.按使用說明書調試。 2.電線、天線和插頭完好 3.使用時通風散熱良好。 4.遠離帶有磁性的物體。 5.防止水或其他物品進入機內。	1.長期不使用時，需罩好，定期將罩子取下通電，以去除機內潮氣，夏季每月通電1次，每次2小時以上；冬季每3個月1次，每次3小時以上。 2.用柔軟的乾布和中性清潔劑擦拭。		發生故障可對照說名書排查。無法排除故障時，應請專業人員檢修。

續表

設備名稱＼使用保養	搬運與安裝	使用	保養	保障檢查	維修
電冰箱	1.搬運時防止劇烈震動，否則會損壞零部件。 2.要平穩直立，與地面傾斜角不小於45°，更不能倒置。 3.背面距牆10公分以上，保證通風散熱良好。 4.嚴禁在冰箱上放置電器和其他過重物品。 5.要有獨立的電源和可靠的接地線。	**溫度調節**：通過箱內的溫度調節器調節。 製冰：在清潔衛生的冰盒內倒入4/5的涼開水或飲料、再將冰盒放入冷凍室冷凍。 **儲物**：①存放食物、飲料不宜過多，不能緊貼後壁。②瓶裝液體飲料應放在冷藏室箱門的格架上，不可放入冷凍室③冰箱內不可儲存乙醚、汽油、油漆、酒精、苯等易揮發和易燃、易爆物品。 **除霜**：當蒸發器表面結有一定厚度(約5mm)的冰霜時，即應除霜。①自動除霜。用定時器控制，24小時除霜1次，即使霜蒸發器上沒有結霜，定時器也會定時發出除霜指令。②半自動除霜。用手按下按鈕，冰箱會自動除霜。除霜結束後，將按鈕復位。③人工除霜。切斷電源，打開箱門，待冰霜融化後，用軟布沾上溫水擦拭，並用乾布擦淨。	1.長期不使用時，應拔下電源插頭，取出食品，保持箱體內外乾淨；電源不能時通時斷，要連續供電。冬季冰箱也不宜停用。 2.陰雨天氣及潮溼季節，空氣中的水分會凝結成水珠附在冰箱外殼上，這是正確現象，只須用柔軟的乾布擦拭。 3.經常清洗箱體內外，防止異味產生。內部附件及外表可用浸有溫水或中性清潔劑的軟布擦洗。塑料器件不能用開水和酸、苯等有機溶劑，以免老化變形。 4.不能頻繁開啓箱門，開門次數要少，門打開的時間要短。 5.冰箱確需停用時應採取的保護措施：①將溫控器調節置於「0」或「MAX」(強冷)位置，使溫控器處於自然狀態，延長其使用壽命；②在密封條與箱體之間墊上紙條，防止互相黏連；③每月開機一次，使壓縮機運轉30～60分鐘	**噪音過大**：①安放不平穩；②緊靠牆壁或其他物體。 **觸摸時有觸電感**：①沒有接地線或接地不良；②靜電感應。 **製冷效果不佳**：①內部物品放得過多、過緊，影響了空氣流通；②溫控器調節不當；③門沒關嚴，開關過於頻繁或門打開的時間過長；④冰箱背部的頂部通風空間不夠；⑤冷凝器上積塵過多。	應請專業人員檢修
空調		1.由專人負責管理，按季節集中供冷、熱風。 2.各房間配有控制器、送風口，可按需調節。	1.定期清潔鼓風機和導管。 2.每隔2～3個月清洗一次過濾網，保證通風流暢。 3.定期給電機軸傳動部位加注潤滑油。		

續表

使用保養／設備名稱	搬運與安裝	使用	保養	故障檢查	維修
照明	1.電源插座要牢固，以防跑電、漏電。 2.電線相對隱蔽，並整理好外露電線。		1.電源應保持表面無破損。 2.擦拭燈罩尤其是燈泡、燈管時，需切斷電源，用乾的軟布擦拭。		
衛生潔具			1.經常擦洗，保持清潔衛生。 2.擦洗時，一般選用中性清潔劑，切忌用強酸或強鹼，因爲它們不僅會破壞衛生潔具瓷面光澤，損壞釉質，還會腐蝕下水道。 3.防止水龍頭或淋浴噴頭滴漏水。發現情況及時報修。 4.定期清洗洗臉盆、浴缸下水塞及下水口，並殺菌消毒。		

第五節 客房設備的管理

客房設備管理是客房管理的重要內容，加強對客房設備的管理，有利於保證客房產品質量、延長設備的使用壽命、減少設備維修更新的資金投入。

一、客房設備的資產管理

1. 建立帳卡

購進客房設備後，客房管理人員必須嚴格查驗，建立設備登記檔案，將需用的設備按進貨時的發票編號、分類、註冊，記下品種、規格、型號、數量、價值以及分配到何部門、何班組。每個使用單位（一般以一個或若干個班組為一個單位）將所管理的設備登記在小組設備帳本上。在建帳過程中，要做到帳物相符、帳帳相符。「帳物相符」是指各類設備的品種、數量一定要與所登記的品種、數量相符，「帳帳相符」是指各小組的分帳本要與客房總帳本及飯店總帳本相符。小組帳本分類要細緻，設備通常有多少種，帳本就應有多少頁。每一頁應登記相關項目（見表 3-2）。

就客房設備還要建立相應的檔案卡，建卡時要做到帳卡相符，即檔案卡登記設備的品種、數量要與小組帳本相符，以便核對控制。客房設備在使用過程中發生維修、變動、損壞等情況，都應在檔案卡片及相關帳冊上做好登記，設備的使用狀況也要做好記錄，以便設備維修部門全面掌握。在建立客房設備檔案時，要按一定的分類法進行分類編號，使每件設備都有分類號，以便管理（表 3-3）。

表 3-2 客房設備帳卡

班組 ________

類別	名稱	編號	規格	數量	領出	餘額	建帳日期	經手人

表 3-3 客房設備檔案卡

項目	購買日期	供應商	價格
型號		編號	
出外維修情況			
日期	價格	維修項目	修理方式

2. 建立客房設備的歷史檔案

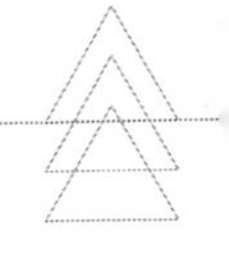

為了全面掌握客房設備的使用情況，加強對客房設備的管理，除了建立設備帳卡外，還應建立客房設備的歷史檔案。

(1) 客房裝飾一覽表。該表要求將客房家具、地毯、織物、電器、建築裝飾及浴廁材料等分類記錄，並註明其規格特徵、製造商、使用日期等。每一間客房一張表格（見表 3-4）。

表 3-4 客房裝飾一覽表

區域_____ 房號_____ 類型_____ 面積_____

設備類別	項目	數量	規格	製造商	色彩	單價	使用日期	維修保養紀錄	更新改造	備註
家具	床墊床架									
	床頭片									
	床頭櫃									
地毯織物										
電器										
建築材料										
廁所										

(2) 樓層設計圖。客房每一樓層的設計圖可表明飯店共有多少種類型的客房，其確切的分布情況和功能設計等。

(3) 地毯織物等樣品。每間客房的地毯、牆紙、床罩、窗簾等各種裝飾織物的樣品都應作為存檔資料，若原來選用的材料短缺而用其他材料作為代用品，也應保留一份替代品的樣品。

(4) 照片資料。每一種類型的客房都應保留相關的照片資料，包括客房平面圖、床和床頭框的布置，浴廁的布置裝飾及套房的起居室、餐室、廚房等布置。

(5) 客房號碼。根據客房的類別和裝飾特點，分別列出客房號碼的清單。

建好客房設備檔案後，還應根據新的變化做好補充和更改工作，確保記錄常更常新。

二、客房設備的日常管理

1. 做好設備使用培訓工作

客房部要加強對員工的技術培訓，提高他們的操作技能，培養他們良好的職業道德及責任心，教會他們掌握客房各類設備的用途、性能、使用和保養方法。

2. 制定保養制度

應就客房所有的設備制定保養條例，定期進行檢查維護，使其處於正常工作狀態。如定期清潔空調網罩、上家具蠟等。應注意各種設備防潮、防鏽、防腐蝕、防超負荷使用。存放在庫房的備用設備或維修、報廢的設備，必須擦拭乾淨，擺放整齊，並有防護措施。

3. 建立定期檢查制度

為保證客房設備運行良好、及時發現隱患，對各類客房設備應實行定期檢查制度，責任到人。如美國假日飯店管理集團公司採用萬能工的方式，定期對客房進行檢查及計劃維修。

下面是某飯店萬能工的工作安排：

(1) 對客房檢修

①每年對客房全面檢修 4 次。②每個萬能工每天負責檢修 4 間客房，每季度要求檢修 264 間客房（共 66 天）。③每個萬能工負責 4 個樓層客房及

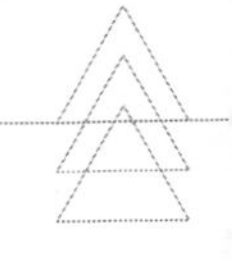

樓層區域，共負責 252 間客房（63 天）。④每個萬能工全年必須檢修 1008 間客房。

(2) 每季度檢修公共區域（3 天）。

(3) 將每天的檢修結果填寫在登記表中（見下表），每月將工作報表填好，上報存檔。

設備維護檢查表

設備編號：

<table>
<tr><td rowspan="2">設備名稱：</td><td rowspan="2">作業</td><td>開始：</td><td rowspan="2">科目：</td><td rowspan="2">承擔部門：</td></tr>
<tr><td>完成：</td></tr>
<tr><td colspan="3">說明：</td><td colspan="2">地址：</td></tr>
<tr><td colspan="2">檢修項目</td><td>情況</td><td>檢修項目</td><td>情況</td></tr>
<tr><td colspan="2"></td><td></td><td></td><td></td></tr>
<tr><td colspan="2"></td><td></td><td></td><td></td></tr>
<tr><td colspan="2"></td><td></td><td></td><td></td></tr>
<tr><td colspan="2"></td><td></td><td></td><td></td></tr>
<tr><td colspan="5">日期：　　簽名：</td></tr>
<tr><td colspan="5">意見及說明：</td></tr>
</table>

4. 做好相關記錄

客房設備不能隨意搬進搬出。在一些管理嚴格的飯店，搬動或更換客房設備都須辦理相關手續。所有需要出門維修的設備，即使是從客房部拿到工程部，都必須做好記錄，填寫維修單（見表 3-5），同時要在原設備擺放處打上維修標誌或用備用品代替，直到維修的設備送回原處。

5. 制定報損、賠償制度

如果住客不慎損壞了客房設備，應根據飯店有關賠償制度索賠，如無法修復，應按有關程序報損或報廢。若是員工損壞設備，則根據具體情況做出相應的處理。

6. 定期盤點

要對客房設備定期盤點，以免因日久或交接頻繁出現誤差，發現帳物不相符的要找出原因，及時處理。

表 3-5 設備維修單

維修卡 No	維修附卡(2) No	維修附卡(1) No
日期____	物件名稱	物件名稱
物件名稱	收件部門(人)	收件部門(人)
取自　收歸	收件日期	收件日期
需維修內容	送修部門(人)	送修部門(人)
	送至	送至
	送修日期	送修日期
	備註	備註

三、客房設備的更新改造計劃

為了保證飯店的規格和檔次，保持並擴大對客源的影響力，滿足客人不斷變化的需求，飯店要制訂客房設備的更新改造計劃，並根據市場情況，對一些設備進行強制性淘汰。客房部雖然不是客房設備更新改造工作的直接承擔者，但須參予此項工作，根據市場情況及客人需求提出有關設想和建議。

1. 客房設備的常規修整

客房設備的常規修整一般每年至少進行一次，其目的是對相關設備進行促新，以保持客房的基本標準，如電器設備的全面保養、家具的維修上漆等。

2. 部分更新

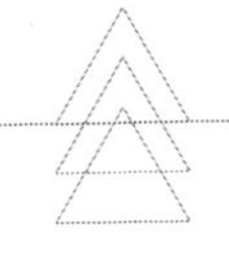

客房使用 5 年左右，即應對部分設備進行更新。如更換地毯、燈具等。由於飯店業競爭日趨激烈，客人需求不斷變化，飯店客房設備更新的期限有越來越短的趨勢，有些飯店幾乎年年都在部分更新。

3. 全面更新

客房設備的全面更新往往 7 年～ 10 年進行一次，主要項目包括：家具的更新，照明燈具、鏡子的更新，地毯的更新，浴廁設備的更新（包括衛生潔具、燈具等）。

客房設備更新尤其是全面更新改造前，飯店一定要做廣泛的市場調研，瞭解中外同行業的情況，根據飯店自身的經濟實力，既不能貪大求全，又要有一定的遠見性、超前性；要合理調整客房設備，注意增添一些方便客人享用的新功能、新科技設備；要有新觀念、新思維，敢於突破傳統習慣，形成自己的特色。

本章小結

1. 客房的設備主要依據客房的檔次、客房的類型、顧客的需求、經營指導思想以及市場競爭的需要等因素來配備。

2. 客房設備包括電器、衛生潔具、家具、安全裝置等類別。

3. 客房設備必須符合實用牢固、美觀協調、安全、節能環保、便於維修保養、具有良好的售後服務等要求。

4. 訓練有素的員工、健全的制度、嚴格而科學的操作規程是保證設備能夠得到正確使用和適當保養的必備條件。

5. 建章建制、建帳建卡、計劃周全、責任到人、加強檢查、賞罰分明是做好設備管理的主要方法。

複習與思考

1. 配備客房設備時必須考慮哪幾個方面的問題？

2. 客房通常配備哪些設備？

3. 從總體上講，客房設備的質量要求有哪些？

4. 制定客房設備的使用與保養規程。

5. 制定客房設備的管理制度。

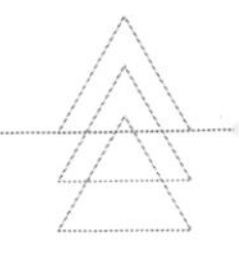

第 4 章 客房紡織品

導讀

紡織品是客房內必不可少的物品，掌握紡織品的基本知識，具備選擇、配備、使用、洗滌、管理各類紡織品的能力，是成為專業管家的必備條件。

閱讀重點

熟悉纖維、紗線、織品的類別與特性

能夠根據客房的類型、檔次規格與特色為客房選擇配置實用性和裝飾性紡織品

熟悉各類紡織品的洗滌要求和洗滌程序與方法

熟悉客房紡織品管理的各個環節及具體要求和方法

第一節 紡織品纖維的鑑別

紡織品的纖維是紡織品的最原始的形態，纖維的種類及其特徵決定著紡織品的質量及用途。

一、纖維的種類

纖維是細而長、呈線狀結構的物體，其長度比寬度大千倍，柔韌且易於彎曲。可用來織造紡織品的纖維稱為紡織纖維。

紡織纖維可分為天然纖維和化學纖維兩大類。天然纖維是自然界生長形成的。化學纖維是經過化學加工形成的，其中，以自然界的物質為原料，加工成適於紡織應用的纖維為人造纖維；天然原料經過合成，然後加工而成的纖維稱為合成纖維。詳見紡織纖維分類表（表 4-1）。

表 4-1 紡織纖維分類

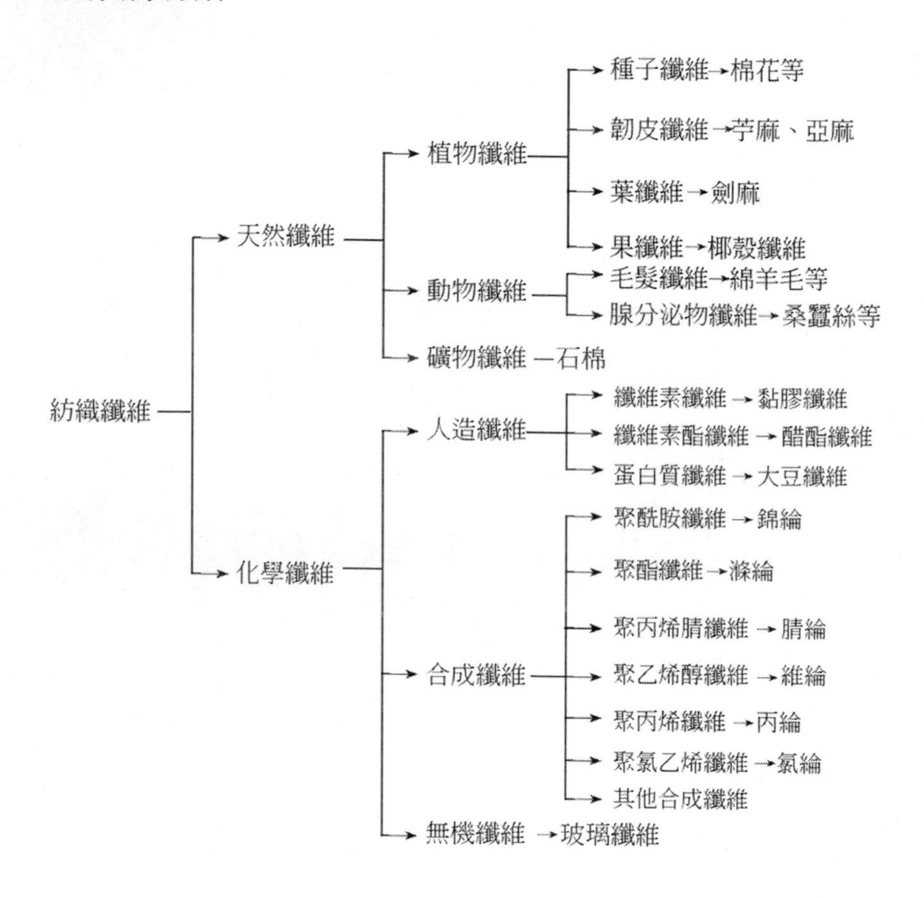

二、紡織纖維的性能

纖維的種類很多，作為紡織原料的纖維，應具有使用所需要的性能以適應紡織加工的條件。各種纖維都有其特定的性能，下面介紹一般纖維最基本的性能。

1. 吸濕性

紡織纖維的吸濕性是客房紡織品所必須具備的性能。吸濕性好的纖維，水分子大量進入纖維內部的空隙後，纖維可發生膨脹。這種特性有利於染料分子的進入和吸附，增強染色效果。

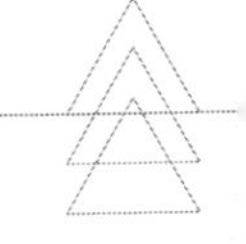

天然纖維和人造纖維都有優良的吸濕性能，吸濕性低則是合成纖維的共同特性。彌補合成纖維吸濕性低的方法是：將合成纖維與天然纖維和人造纖維混紡或交織。現在，這樣的混紡產品在客房中被廣泛使用。

2. 熱塑性

合成纖維加熱到一定程度便會軟化，溫度再升高便熔化成為流體，這時透過拉伸或折疊加壓等方法，便能使織物變成所期望的各種形狀。當除去外力時，這種形狀不會消失且長期存在，即定形。纖維的這一性能稱為熱塑性。

天然纖維和人造纖維沒有熱塑性，即便是在濕熱條件下，定形效果仍比合成纖維差許多，難以達到永久定形的效果，如全棉床單、枕套，雖經熨燙，但仍容易起皺，影響外觀。

3. 彈性和強度

柔軟且具有彈性是評價織物優劣的一個重要標誌。羊毛和蠶絲的彈性好，製成地毯或起絨織物，絨毛不倒伏、絨面平整，但因其吸濕性高，在附著較多水分子時，彈性回覆能力變差。合成纖維的彈性很好，經定型處理後，彈性回覆能力更強。

纖維的拉伸強度是決定纖維堅牢程度的主要因素。合成纖維的拉伸強度大於天然纖維，因此，客房內的耐用、耐磨紡織品大多為合成纖維產品。

4. 可紡性

除蠶絲外，天然纖維都是短纖維，合成纖維既有短絲也有長絲。將這些長絲或短絲經紡紗加工製成細紗、線、織物等。

纖維要有一定的長度才能紡製成連續的細紗。纖維越細，紡成的細紗就越細而且均勻。因而纖維的長度和細度是決定紡紗工藝和細紗品質的重要因素，也是評定纖維可紡性能的重要指標。

5. 纖維改性和變形

天然纖維和化學纖維各有其長處和弱點，除了可透過混紡和交織的方法來彌補其缺陷外，現代的高科技還可對各種纖維進行改性和變形，從而提高其性能。例如，改性後的全棉織物既具有良好的吸濕性，又具有良好的熱塑性和彈性，反覆洗滌和使用後仍不起皺、變形。這種免燙全棉織品現在已被廣泛使用。

天然纖維容易起火燃燒，因此，新型的經過防火處理的天然織物也早已問世。例如，大多數飯店使用的阻燃毛毯、床罩和窗簾等，就是經過防火處理後的產品。

合成纖維吸濕性差，改變其性質的方法有兩種：一是研製新的合成纖維，二是改進合成纖維的形態結構，使纖維能吸附較多的水分。美國杜邦公司的化學紡織產品，已具備了天然纖維織物良好的吸濕性，同時仍兼具合成纖維的其他優點。

當代高科技已廣泛涉足紡織品領域。杜邦、道康寧和 3M 公司的新技術，開創了紡織品市場的新紀元。新型的合成纖維和改性的天然纖維層出不窮。如：抗菌紡織品、環保型紡織品、防蟲抗蛀羊毛織物等科技含量高的紡織物，已越來越多地被運用到客房作為裝飾織物、床單、毛毯和毛巾等。

第二節 紡織品織造的鑑別

一、紗線

1. 紗線產品的分類

紗線有多種多樣，不同的纖維、不同的紡紗工藝，可產生不同的紗線，用不同的紗線製成的紡織物也不一樣。現代紡紗工藝的迅猛發展，使我們越來越多地接觸到新型織物（見表 4-2）。

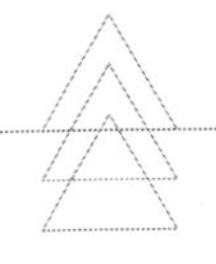

表 4-2 現代紡織工藝分類表

分類依據	分類
使用的原料不同	純棉紗線、純化纖紗線、純毛紗線、棉型混紡紗線、毛型混紡紗線、純麻紗線等
紡紗的方法不同	環錠紡紗線、轉杯紡紗線、靜電紡紗線、自捻紡紗線等
紡紗的工藝不同	梳棉紗線、精梳紗線、燒毛紗線、包芯紗線、花色紗線等
加捻的方向不同	順手紗線(S捻)、反手紗(Z捻)
產品的用途不同	織布用紗線、針織用紗線、起絨用紗線、窗簾裝飾布用紗線

2. 紗線的鑑別

不同的織物選擇粗細不一的紗線。例如，床單選擇的紗線較細、毛巾選擇的紗線較粗。紗線粗細鑑別方法詳見下表（表 4-3）。

表 4-3 紗線粗細分類表

類別	號數	英制支數
特細號紗	10tex及以下	60英支及以上
細號紗	10～20tex	58英支～29英支
中號紗	21～30tex	28英支～19英支
粗號紗	32tex	18英支及以下

註：tex 指紗線粗細程度的單位，通常以英制支數表示紗線粗細的較多。

3. 紗線名稱

各種紗線名稱有其特定的規律和標準。純紡紗線的名稱是在品種前面標明純紡原料的名稱，如純棉紗、滌綸紗、粘纖紗等。混紡紗線在品種前面標明原料名稱時，則按比例的大小順序排列，比例大的在前，如果混和比例相等則按天然纖維、合成纖維、纖維素纖維的順序排列，如：65/35 滌 / 棉混紡紗，是指 65% 的滌綸與 35% 的棉混紡紗，以此類推。

二、織造方法及特點

纖維紡成紗線，再透過不同的織造方法便可形成各種類型的紡織物。就客房所使用的紡織品而言，通常採用的織造方法有針織（編織）、紡織和粘結等三種。

1. 針織

針織是使用單紡線，內呈環套而成（見圖 4-1）。

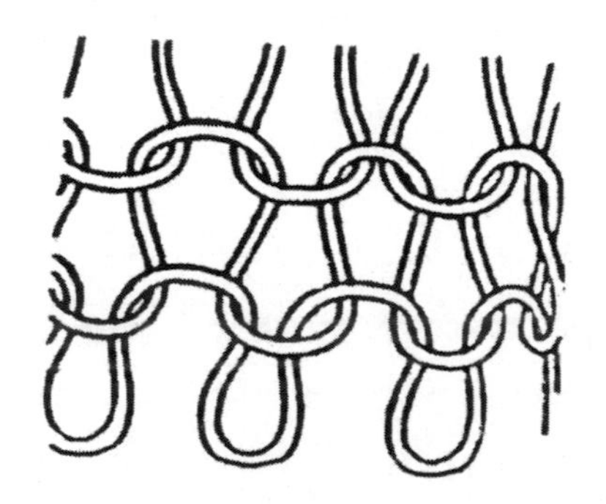

圖 4-1 針織單紡線環套示意圖

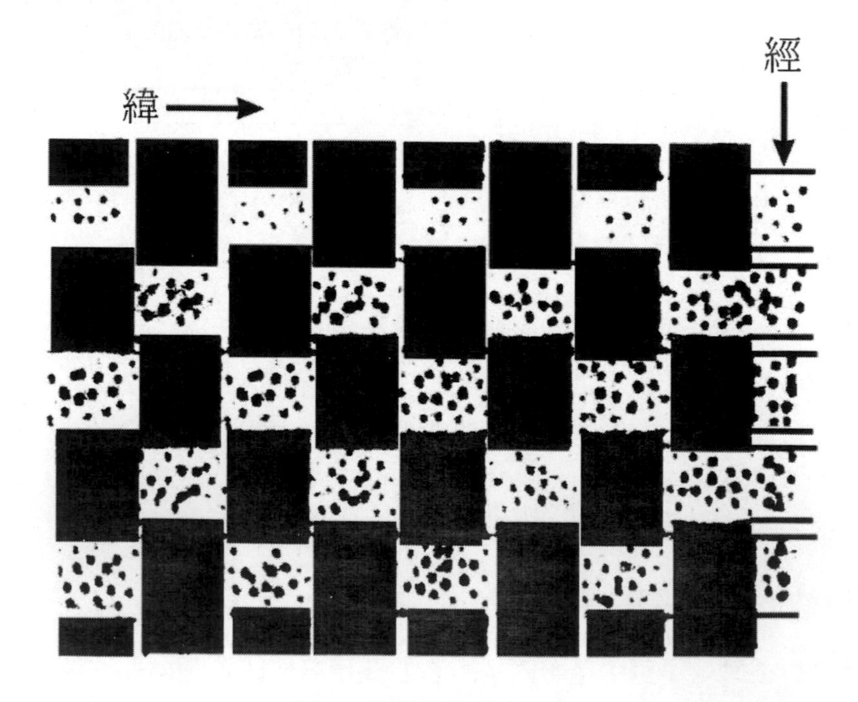

圖 4-2 平織經緯線示意圖

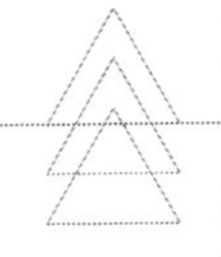

針織的特點是織物彈性好，柔軟、舒適。因此針織織物多作為客房毛巾類織物、員工制服面料。針織物的缺點是洗滌後容易變形或抽紗，從而影響美觀和使用效果。

2. 紡織

紡織是織造方法中應用最為廣泛的一種織造方法。紡織又可分為平織、斜紋織和緞紋織三種。

平織。是紡織中最簡單的織法，通常將經線和緯線平衡交織（見圖 4-2）即可。平織織物可用於客房的所有紡織品，尤其是用作床單、枕套。平織物較柔軟，手感舒適；缺點是容易撕裂，但修補也比較方便。

斜紋織。斜織織物的特點是質地堅實，與平織相比不易走形和撕毀。其織法細密，因此使用壽命較長。客房厚窗簾、沙發面料等多為斜紋織物。斜紋的織造方法詳見下圖（圖 4-3）。

圖 4-3 斜紋織經緯線示意圖

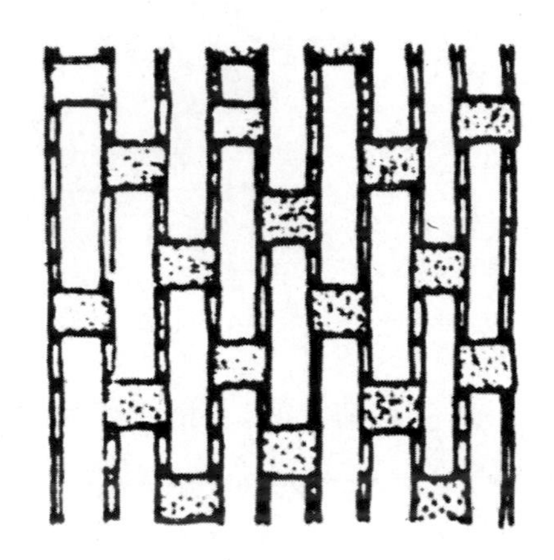

圖 4-4 緞織經緯線示意圖

緞織。緞織的特點是織物表面平滑、外觀華麗；缺點是容易撕裂。其織造方法主要是以經線為主織就而成（見圖 4-4）。

3. 粘結

粘結法在客房織物中已不多見，原因是粘結物不太結實，經不住多次洗滌。其織造方法通常是將動物短纖維反覆搓揉，使纖維聯結，再經壓制而成，因此粘結織物又稱為氈，主要用做底墊以增加厚度。

第三節 客房紡織品的配備

能否合理配備客房紡織品，一方面影響客房的產品質量，另一方面影響客房部甚至整個飯店的正常運營，再一方面還會影響飯店的形象和經濟效益。因此，飯店要重視並做好客房紡織品的配備工作。

一、客房紡織品的種類及用途

1. 床上紡織品

客房床上紡織品可分為實用和裝飾兩部分。

實用紡織品。是確保客人睡眠休息所需，具體包括：床單、枕套、枕芯、毛毯或被縟、床褥。

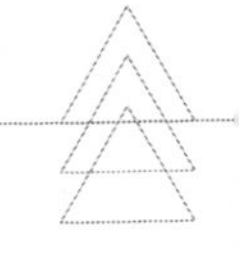

裝飾紡織品。主要用途是美化房間、保護寢具，使房間保持整潔，具體包括：床罩、床上靠墊（不是必備物品）、床裙。

2. 浴廁紡織品

浴廁配置紡織品的基本作用是滿足客人的洗浴所需，具體包括：浴巾、臉巾、小方巾、地巾、浴袍、浴簾。

3. 遮光及裝飾用紡織品

這類紡織品主要是指房內窗簾，窗簾的功效是遮光、保護隱私、裝飾美化房間、隔音隔熱，還可彌補窗戶在設計施工中的不足。

窗簾有厚窗簾和薄窗簾之分：薄窗簾又稱紗簾，主要作用是減緩陽光的照射強度、美化客房等；厚窗簾則具有窗簾的全部功效，標準的厚窗簾除有一層裝飾布層外，還有一層遮光背襯。

二、客房紡織品的配置

（一）客房紡織品的配置依據

為了統一客房織品配置標準，利於行業管理，依照《星級飯店賓館用品標準》。其中對客房紡織品的配置標準做了詳盡的要求。

1. 行業標準

行業標準的確定對指導飯店合理配置客房織品造成了很好的作用。行業標準中對一至五星級飯店客房織品的配置逐一明確闡述，各飯店可對號入座，省卻了很多設計和準備工作。但是，如果簡單照套行業標準，也會帶來一定的負面影響。主要表現在這種配置缺乏個性，千篇一律，是個性化飯店的一大忌諱。所以，行業標準只是一個參照，各飯店還應結合自身的特點來確定具體的配置標準。

2. 飯店的定位與特色

星級只有一至五星之分，而越來越多的特色飯店，無論是在硬體還是在軟體上，都正游移於這一至五星之間，有時凌駕於星級之上，有時也會棄之不顧。這些飯店的經營宗旨是：人無我有，人有我也有，力求創造自己的標準和特色。究其原因，真正吸引客人的主要還是飯店的特色。每位客人的需求都不一樣，對紡織品亦是如此。一些客人會對某種織物過敏，或偏愛，或反感某種織物的色彩、圖案、造型等。這種個性化的需求，正是客房管理者們要力爭解決的問題。倡導飯店管理和服務的個性化，即是為了迎合不同類型客人的個性需求。紡織品的配置要在保證滿足實用的基礎上，做到與眾不同，突出個性特色。

（二）客房紡織品的配置標準

客房紡織品的配置數量必須以滿足客房正常運轉的需要為前提，同時考慮突發事件時的添加補充。

1. 總量標準

飯店開業前所核定的紡織品採購量即為總量標準。確定總量標準要考慮以下因素：

(1) 飯店應有的紡織品儲備量。應有的織品儲備量是指飯店按 100% 出租率營運時對紡織品的需要量而配備的紡織品數量。此為基礎總量。

(2) 飯店洗衣房工作運轉是否正常。確定紡織品的配置數量必須考慮洗衣房的運作情況，即重點看洗衣房設備的完好情況、能源環境情況是否會影響正常的洗滌，保證正常周轉。

(3) 紡織品是否送專營店洗滌。現在送專營店洗滌紡織品的飯店呈增長趨勢。專營店的服務也在不斷完善。但是由於運送路途等方面的原因，凡送專營店洗滌紡織品的飯店，儲備總量也應有一定比例的增加。

(4) 根據星級標準衡量，預計更新補充的週期。星級高、標準高的飯店，紡織品的更新週期相對較短，因此，儲備總量也應適量增加。

(5) 貯存條件和資金占有的益損分析。紡織品的貯存要求很高。飯店是否具備良好的貯存條件，也是確定總量的因素之一。另外，在確定總量時，還必須權衡資金占用的利與弊，一般應在對資金占用進行益損分析後再做決斷。

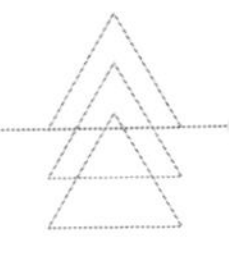

上述五點只是在確定織品總量標準時應考慮的主要因素。最終確定總量還應廣泛地進行調研，以避免少了不夠用、多了有煩惱的情況。一般情況下，床單、枕套、毛巾等，通常所需更換洗滌的紡織品配置量為3套;毛毯、被縟、枕芯的配置量為 1.5 套；窗簾、床罩為 1.1 套。

2. 分點配置標準

飯店正常運轉後，紡織品的存放點有布件房、樓層工作間和客房，將總量標準合理分配至上述分點，以利管理，方便使用。

(1) 布件房的配置量。布件房是紡織品的存放中心，除存放在樓層工作間、客房以及洗衣房外，剩餘的均存放於此，一般來說，每日需更換的紡織品應有 1.5 套以上方為合理。

(2) 樓層工作間的配置量。樓層工作間除存放一些備用紡織品，如毛毯、枕芯、被縟等外，主要存放日常更換的床單、枕套和毛巾等，存放的目的是為了保證日常清掃客房時使用，通常為 0.5 套～ 1 套（與出租率有關）。

(3) 客房的配置量。客房紡織品的配置量與客房的出租率無關，屬全套配置。

第四節 紡織品的洗滌

飯店紡織品的洗滌質量直接影響紡織品的使用壽命，影響客房部、餐飲部等部門的運轉效率。客房部對此應予以足夠的重視，做好紡織品的洗滌工作。

一、紡織品的洗滌要求

飯店紡織品主要可分為幾大類：床單、枕套、毛巾、臺布、口布、窗簾和毛毯。洗滌要求見（表 4-4）。

表 4-4 飯店紡織品的洗滌要求

種類	洗滌要求	耐洗次數
床單、枕套	潔淨、無汙斑、無破損、殺菌消毒、平整、舒適度號，pH值6～6.7	全棉床單250次～300次 全棉枕套150次
毛巾	潔淨、無汙斑、無破損、殺菌消毒、色澤明朗、手感柔軟	150次
桌布、餐巾	潔淨、無汙斑、無破損、殺菌消毒、平整、挺直	250次
毛毯	潔淨、無汙斑、無破損、殺菌消毒、色澤明朗、平整、手感舒適度好	
窗簾	潔淨、無汙斑、無破損、平整、色澤明朗	

二、紡織品的洗滌程序

要將紡織品洗滌乾淨，並達到高效低耗，就必須講究洗滌方法，科學合理地設計各類紡織品的洗滌程序。

（一）洗滌程序的設計原則

在設計洗滌程序時，必須考慮與之相關的一系列問題，但必須盡可能地遵循以下原則：

（1）充分利用洗滌用品。

（2）最大限度地清除被洗物上的汙漬。

（3）盡可能減少對被洗物的損傷。

（4）最大限度地保持織物的色彩。

（5）注重環保、設法節約能源、減少設備及人力資源的損耗。

（二）影響洗滌程序的因素

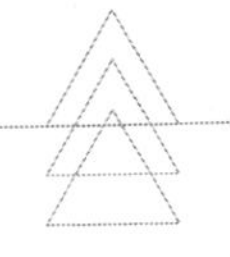

在設計洗滌程序時，必須對包括洗衣設備、水質、被洗織物的種類、被洗織物上的汙垢類型與汙染程度、紡織品洗滌工作要求等問題進行深入的分析。因為這些問題直接關係到程序的可操作性，影響最終的洗滌效果。

1. 洗衣設備

目前，用於飯店紡織品洗滌的主要設備有半自動型和全自動型之分。機器的類型決定了洗滌過程中所產生的最大機械力及可控制程度。因此，在設計洗滌程序時，必須考慮洗衣設備的因素。半自動洗滌設備受人為因素影響較大，在設計洗滌程序時應將程序做一些綜合性的簡單化處理。如在不影響洗滌質量的前提下，將洗漂分離，變成洗漂同時進行。全自動型洗滌設備自由調節範圍大，可精確控制程度高，為在設計程序時追求最佳方案提供了有利的條件。

2. 水質

水質對洗滌效果影響很大。在設計洗滌程序時，必須充分考慮當地的水質狀況。水質好壞表現在兩個方面：一是水的硬度，二是水中鐵離子的含量。

水的硬度是指水中鈣、镁離子的含量。在洗滌過程中，鈣、镁離子在紡織品上沉積，會使紡織品產生變灰的現象，影響白度、色度和手感，而且這種狀況一旦形成，就很難再改變。因此，為取得良好的洗滌效果，必須控制水的硬度。水的硬度越低越好，通常優良的洗滌，要求水質硬度在 100PPM 以下，如果超過這個標準，在設計洗滌程序時，就應採取相應的措施。

3. 被洗織物的特徵

若要設計出最佳洗滌程序，必須考慮被洗織物的特點：

(1) 紡織品的質地

不同質地的紡織品因其纖維性能不同，對洗滌有不同的要求。飯店紡織品的質地以全棉、滌棉混紡為多，還有一些高檔餐廳使用麻織物以及新型化纖織物。

棉。是星級評定標準中明確要求使用的纖維種類。棉的耐鹼性好，可以使用鹼性較高的洗滌劑。但棉的耐酸性較差，在使用酸劑進行處理時，需要慎重選擇酸的種類並控制好酸的濃度；棉的耐熱性非常好，100℃以下的溫度不會影響其牢度；棉的吸水性好，需要較長的過水和脫水時間。

滌。具有較高的強度，耐熱性良好。但其耐鹼性受鹼的濃度及溫度的影響，在常溫濃鹼或稀鹼高溫的情況下可能發生水解；在溶解 pH＜5 的條件下，對氧化劑的抵抗力明顯下降。因此，在設計洗滌程序時，要注意考慮以上因素。另外，滌的吸水性較差，因此過水和脫水時間較短。

滌棉混紡纖維。性能介於滌和棉之間，並因混紡比例不同而略有差異。

麻和棉。同屬於纖維素纖維，其性能相似。兩者相比，麻的耐鹼性、耐熱性及耐酸性均稍強於棉。但麻對氧化劑敏感，在高濃度漂液中受到的損傷比較大，在設計洗滌程序時，應避免使用高濃度漂液。

(2) 紡織品的顏色及染色牢度

紡織品的顏色及染色牢度與氧漂劑的關係密切。白色織物可以採用氧漂，也可以採用氯漂；而彩色織物尤其是染色牢度不高的織物，最好採用氧漂。如此安全性較好。另外，鹼性溶液對彩色織物染色不利，因此，在設計洗滌程序時，應考慮如何盡可能消除使用鹼性洗滌劑的不利影響。

(3) 汙垢類型及程度

設計洗滌程序時，須分析被洗織物上的汙垢類型及程度，以求有針對性地採取有效的洗滌方法。

紡織品上的汙垢根據其可溶性，可分為水溶性汙垢、鹼溶性汙垢、溶劑性汙垢、酸溶性汙垢及不可溶性汙垢。

水溶性汙垢。可以透過沖洗的方式去除，包括血、尿、排泄物及某些食物等。如果紡織品上此類汙垢較多，在設計洗滌程序時，可考慮編入一至三個沖洗步驟。

鹼溶性汙垢。包括食物、脂肪、油脂汙垢等，可以用鹼性洗滌劑在主洗時去除。在設計洗滌程序時，需要針對具體汙垢情況設定洗滌溫度。

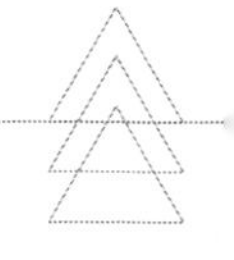

溶劑性汙垢。是水洗過程中最難去除的汙垢，因此，在程序設計時，應編入一個浸泡或預洗的步驟。並配以含溶劑的預洗浸泡劑做處理，或在主洗階段配上潤濕劑做處理。

酸溶性汙垢。主要是鈣、镁、鐵等礦物質在洗滌過程中可透過加酸去除。

不可溶性汙垢。包括沙、泥土、煙灰及碳等，在沖洗、主洗過程中比較容易去除。因此，在設計洗滌程序時，無需為之做特殊的安排。

（4）紡織品洗滌工作要求

洗衣場的生產必須滿足飯店對紡織品洗滌的工作要求，有些飯店因織品配備套數較少，使洗衣場業務的定量供應時間或員工工作時間受到限制，因而加快了紡織品的洗滌速度。有些飯店由於能源緊張或出於節能方面的考慮，有可能會限制洗滌織品的最高溫度。這就要求洗衣場在設計紡織品洗滌程序時，必須根據工作要求，透過靈活調整洗滌步驟、合理搭配來保證洗滌效果。

（三）飯店紡織品的洗滌程序

飯店常用的紡織品可分為以下幾類：床單、枕套、毛巾、臺布、口布、窗簾、床罩。下面分別介紹這幾類紡織品的洗滌程序。

表 4-5 床單、枕套洗滌程序表

步驟	時間	水位	熱水	冷水	溫度	用料要求
1.沖洗	2	高		√	38℃	
2.主洗A	2	低		√	40℃	洗衣粉
3.主洗B	5	低	√	√	80℃	
4.漂白	6	中	√	√	60℃	漂白劑
5.脫水	1					
6.過水	2	高	√		50℃	
7.過水	2	高	√	√	40℃	
8.過水	2	高		√	35℃	
9.過水	2	低		√	35℃	酸劑
10.脫水	6～10					

表 4-6 毛巾洗滌程序表

步驟	時間	水位	熱水	冷水	溫度	用料要求
1.沖洗	2	高		✓	36℃	
2.沖洗	2	高		✓	38℃	
3.主洗A	3	中		✓	40℃	洗衣粉
4.主洗B	6	中	✓	✓	85℃	
5.漂白	7	中	✓	✓	60℃	漂白劑
6.脫水	1					
7.過水	3	高	✓		60℃	
8.脫水	1					
9.過水	2	高	✓		50℃	
10.脫水	1					
11.過水	2	高	✓	✓	40℃	
12.脫水	1					
13.過水	3	低		✓	35℃	酸劑/柔軟劑
14.脫水	8～12					

表 4-7 臺布、口布洗滌程序表

步驟	時間	水位	熱水	冷水	溫度	用料要求
1.沖洗	2	高		✓	38℃	
2.沖洗	2	高		✓	40℃	
3.沖洗	2	高		✓	40℃	
4.脫水	1					
5.預洗	4	中	✓	✓	42℃	潤濕劑或 鹼性洗滌劑
6.主洗A	4	中	✓	✓	50℃	洗衣粉
7.主洗B	7	中	✓	✓	85℃	
8.過水	1	中	✓		60℃	
9.漂白	8	中	✓		60℃	漂白劑
10.過水	2	高	✓		60℃	
11.過水	2	高	✓	✓	50℃	
12.脫水	1					
13.過水	2	高	✓	✓	40℃	
14.上漿	3	低	✓	✓	40℃	漿粉
15.脫水	8～12					

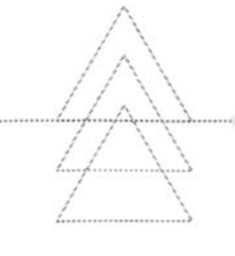

飯店窗簾有厚窗簾和紗窗簾之分，通常均為化纖面料。

表 4-8 紗窗簾洗滌程序表

步驟	時間	水位	熱水	冷水	溫度	用料要求
1.主洗	4～7	中	✓	✓		洗衣粉
2.過水	2	高	✓	✓	40℃	
3.過水	2	高		✓	35℃	
4.過水	2	高		✓	30℃	
5.脫水	0.75～1.5					

註：可根據紗窗簾的具體情況延長主洗時間。

表 4-9 厚窗簾洗滌程序表

步驟	時間	水位	熱水	冷水	溫度	用料要求
1.沖洗	2	高		✓	37℃	
2.主洗	8～10	中		✓	40℃	洗衣粉
3.過水	2	高		✓	40℃	
4.過水	2	高		✓	35℃	
5.過水	2	高		✓	30℃	
6.脫水	3～6					

註：可根據厚窗簾的具體情況延長主洗及脫水時間。

飯店客房使用的毛毯質地有全羊毛、混紡及化纖等，毛毯洗滌通常採用乾洗的方法（見表 4-10）。

表 4-10 毛毯洗滌程序表

步驟	做法及要求
1.分類	根據被洗毛毯的質地、顏色進行分類。
2.檢查	對毛毯進行檢查，如有污漬，應用相應的去汙劑作特別預去汙處理。
3.準備溶劑	①將適量的清潔溶劑抽到筒體，根據毛毯狀況加入大於毛毯重量0.25%的水和大於毛毯重量0.4%的乾洗洗滌劑。 ②開啓小循環30秒，再將溶劑抽回工作缸內備用。
4.裝機	①將毛毯放入乾洗機（注意嚴禁超載）。 ②開啓泵，將準備好的溶劑抽進筒體達高液位。
5.洗滌	①正反轉洗滌，洗液經過濾器循環，時間6分鐘～8分鐘。 ②將洗液抽進蒸餾缸，並高速脫液2分鐘。 ③將清潔溶劑抽進筒體達高液位。 ④正反轉洗滌，洗液經過濾器循環，時間3分鐘～4分鐘 ⑤將洗液抽進工作溶劑缸
6.脫液	高速脫液3分鐘～4分鐘。
7.烘乾	烘乾溫度60℃～65℃，時間爲25分鐘～35分鐘。
8.冷卻（排臭）	冷卻時間爲3分鐘～5分鐘。

三、紡織品的去漬

臺布、口布上沾的食物、油滴，床單、枕套上沾的口紅、墨水等沾在紡織品上的異物都稱為汙漬，汙漬是汙垢的一類。它們的區別是：汙垢可以在常規的水洗或乾洗過程中去除，而汙漬必須經過特別的技術處理才能去除。去漬，就是運用適當的物質（水、洗滌劑、有機或無機溶劑等）、適當的技巧與方法，將吸附在紡織品表面、常規水洗或乾洗無法洗掉的汙漬去除的過程。

（一）汙漬的種類

紡織品上的汙漬種類多樣，為達到良好的去漬效果，在去漬前，應首先判斷汙漬的種類，以便於對症下藥。通常汙漬可分為以下幾大類。

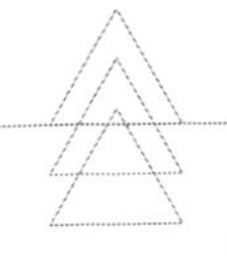

水基汙漬。紡織品上的水基汙漬比較普通，通常可以用普通洗滌劑或含溶劑的水溶液去除。

油脂類汙漬。紡織品上主要的油脂類汙漬是動植物油漬。對此類汙漬，要針對性地使用有機溶劑，如汽油、松節油、香蕉水等，也可用表面活性劑類洗滌劑，如洗衣粉等。

油基色素質。圓珠筆油、油墨、複寫紙墨等都屬於油基色素漬。這類汙漬通常可採用有機溶劑（汽油、四氯化碳、香蕉水等）去除，也可用洗衣粉水溶液與氧化劑配合洗滌。

果酸色素漬。果酸色素漬有水果、果汁、西紅柿等汁漬，可採用有機酸作溶劑的溶解方法去除，也可使用洗衣粉水溶液處理。

蛋白質類汙漬。肉湯、奶油、雞蛋、血、汗等漬都屬於蛋白質類汙漬，通常可用含 2% 氨水的皂液去除，也可用蛋白酶處理。

其他類汙漬。紡織品受到某些化學藥品的汙染或其表面顏色與化學品反應留下的汙漬。這類汙漬通常因紡織品受到損傷而成為永久性汙漬，不易去除。

（二）去漬劑

對不同汙漬應使用不同的去漬劑，飯店常用的去漬劑可分為四大類：濕性去漬劑、乾性去漬劑、氧化劑和還原劑。

1. 濕性去漬劑

中性洗滌劑。指含表面活性劑的洗滌劑，pH 值為 7，在起漬過程中造成潤濕、分散、乳化汙漬的作用。

鹼性蛋白酶。主要用於清除肉漬、奶漬、血漬、汗漬等蛋白質類汙漬。

甘油。甘油滲透性極強，特別適用於去除墨水和染料汙漬。

醋酸。是去漬臺上所用的最弱的酸，其作用主要是中和汙漬中的鹼性成分，去除咖啡漬、果漬、軟飲料汙漬等。

草酸。可用於去除鐵鏽、墨水漬。使用時應加水稀釋，使用後應徹底沖洗紡織品，不能有殘液。

氨水。可用於去除汗漬、某些墨漬、染色及藥漬，可中和因酸引起的變色，使紡織品恢復原色。

氫氧酸（除鏽劑）。是去漬臺上最強的酸，有毒，使用時必須小心。可去除墨漬、藥漬及鏽漬等。

肥皂酒精溶液。由肥皂、酒精、水及少量氨水組配而成，主要用於去除一些墨水漬、化妝品漬、油漬等。

2. 乾性去漬劑

香蕉水。可用於去除指甲油漬、油漆漬等。香蕉水為易燃品，使用時應遠離火源、避免暴露。

乙醚。是一種有機溶劑，能溶解蠟質、油脂、樹脂等汙漬。

松節油。是一種良好的溶劑，可溶解油漆、樹脂、油脂等汙漬。

汽油。可用於去除動植物油、礦物油、油漆和其他油性汙漬，使用時應小心，遠離火源。

四氯化碳。為有機溶劑，有良好的脫脂作用，可去除口紅、油漆、圓珠筆油等汙漬。

四氯乙烯。即乾洗溶劑，能去除油漆、礦物油、動植物油、化妝品等汙漬。

3. 漂白劑

漂白劑與紡織品上的汙漬發生反應，可造成掩蓋汙漬或使汙漬呈現無色的作用。漂白反應可從汙漬中吸氧或加氧，吸氧稱之為還原劑，加氧稱之為氧化劑，一般情況下氧化漂白比還原漂白穩定性強，氧化漂白多用於去除有機汙漬，還原漂白多用於去除色漬。

氧化漂白劑有雙氧水（過氧化氫）、過硼酸鈉、次氧酸納、高錳酸鉀（不常用）等。還原漂白劑有亞硫酸鈉、亞硫酸氫鈉、硫酸钛等。

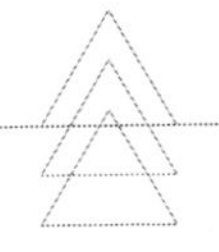

（三）去漬的方法

不同種類的汙漬去漬方法不同，去漬時應根據汙漬的具體情況，選擇合適的去漬方法。紡織品常用的去漬方法有噴射法、擦拭法、浸泡法等。

1. 噴射法

水基可溶性汙漬可採用噴射法去除或部分去除。使用時應注意：使用前先放水，防止積水或水鏽弄髒紡織品；使用的角度要合適。

2. 擦拭法

擦拭是去漬時常用的方式。擦拭有刷式及刮板式兩種方式。

（1）刷式。對汙漬表面加注化學藥品後，用刷子輕刷，直至汙漬脫離紡織品。使用毛刷要注意力度和角度，要順經逆緯刷洗。

（2）刮板式。對汙漬表面加注化學藥品後，要使其滲透溶解，然後用刮板輕刮汙漬，至汙漬刮離紡織品。使用刮板時，應注意將有汙漬的部位展平，然後再用平刮板來回刮動，刮時要掌握力度，不可強行刮除。

3. 浸泡法

浸泡法是指將紡織品的汙漬部位浸泡在裝有化學藥品的器皿內，使化學藥品有充分的時間與汙漬起反應。經過浸泡後，再用刷式法去除汙漬。

（四）去漬的注意事項

紡織品去漬是一項細緻而又慎重的工作，如果處理不當，輕者會影響紡織品的色澤和美觀，重者會磨損紡織品，縮短其使用壽命，紡織品去漬應注意以下事項：

（1）紡織品受到汙染後，應儘早對其採取去漬處理，以提高去漬效果。

（2）根據理論和經驗判斷汙漬的種類。

（3）仔細鑑別紡織品的染色度和纖維成分等。

（4）不熟悉的面料或未接觸過的汙漬，應先在紡織品襯裡或邊角處做去漬試驗。

(5) 使用去漬藥品應從弱到強、從少到多，不能一開始就大量使用。

(6) 對時間長的汙漬可少量多次地使用去漬藥品。

(7) 使用兩種或兩種以上的去漬藥品時，應先將第一種漂淨後再使用第二種（僅限於水洗）。

(8) 為防止汙漬擴散，使用去漬劑時，應從汙漬周圍向汙漬中心滴注，擦拭時同樣如此。

(9) 去漬時，汙漬面宜向下，放置在毛巾或吸水紙上，從紡織品背面施加去漬劑，儘量少用強力擦搓。

(10) 用同一方法處理汙漬兩至三次後，如效果仍不明顯，應考慮改用其他方法。

(11) 任何水洗去汙的紡織品，去漬後要及時將化學藥品洗淨，避免化學藥品的殘留對紡織品造成損害。

第五節 客房紡織品的管理

紡織品的管理是客房管理工作的中心內容之一。在客房運轉中，紡織品占有非常重要的地位，它直接影響客房的運轉乃至成敗。能表現其重要性的最顯著的特徵是，很多客房部經理的辦公室都設在鄰近紡織品庫房的地方，有的甚至就設在庫房內。加強對紡織品的管理，就是要力求減少浪費、降低成本，若能選購到質優、價廉的紡織品，管理就邁出了成功的第一步。

一、客房織品的選購與製作

(一) 客房織品的選購

選購客房織品並非是單純的採購，而是一項技術含量很高的工作。有些客房管理者不參與此項工作，飯店採購什麼，他們就使用什麼。還有一些管理者，對這方面的知識知之甚少，這不僅不利於管理工作，對客人也是不負責任的。

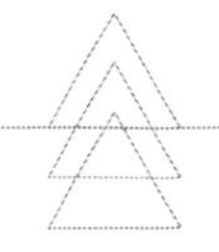

1. 選購織品的參考要素

（1）纖維質量

各類紡織纖維的性能特徵，決定了它們的適用範圍，如果盲目選用，既不能發揮各類纖維的優勢，還會影響使用效果。因此選擇紡織品時應瞭解：

①纖維的種類。關於織品纖維的性能，本章第一節已作了介紹，選擇時應根據織品的使用區域及功能要求挑選纖維。床上織品要求透氣性好，手感舒適；浴廁織品要求吸水性強、耐用，可選擇天然纖維；窗簾、床罩要求質感挺括、牢度強、下垂感好，可選擇棉和麻的混合纖維，等等。根據各類纖維的性能特點，將它們用在最適合的部位，將實用性與裝飾性有機結合便可得到理想的效果。

②纖維的長短。長纖維紡出的紗線均勻、光滑、強度好，織成織物後細膩、平滑、舒適度好；短纖維紡出的紗線粗糙、強度差，織成的織物厚重、易摩擦起球，除從裝飾效果考慮非用不可外，一般客房用織品宜選擇纖維長的織物。例如棉纖維長度一般在 27mm ～ 31mm 之間，27mm ～ 29mm 的棉纖維為次級棉，29mm ～ 31mm 的棉纖維為高級棉。因高級棉價格過高，現在很多製造商將一些合成長纖維（滌綸絲）與棉纖維混紡來提高纖維的長度，以使紡出的紗線更細緻、光滑、牢固，要注意的是，床上用織物的合成纖維含量以不超過 35% 為宜，否則會影響透氣性和舒適性。

（2）紡織方法

紡織方法不同，織物的視覺效果和觸摸效果會有很大的差異。在選擇客房紡織品時，應從使用者的角度去選擇相應的紡織方法，使之既能滿足視覺效果，又能保證使用效果。

①紡織的方法。客房床上織品多選擇以紡織方法製成的織物，紡織還可分成平紋織、斜紋織和緞織等幾種（見本章第一節），所有紡織織物的最明顯的特徵是織物表面光潔、手感舒適，其適用範圍較之其他方法更為廣泛。浴廁織物的織法較為特殊，因為吸水的需要，浴廁織物均採取先平紋再刺絨的方法。判斷此類織物優劣的方法是毛圈多而長為優，疏而短為劣。

②織物的密度。是指紡織品在同樣面積內紗線排列的疏密程度。織物密度可透過用眼觀察、手觸摸、透光性實驗、抽樣檢驗等方法來進行判斷。同樣的紗線，織物密度高的，質量優於織物密度低的。以平紋織法的床單為例，同樣面積，經線和緯紗的數量多與少、分布是否均勻，對織物的舒適度和強度有很大的影響。在 10cm2 範圍內，經線和緯線的數量由 288×244～400×400 不等的排列，這之間的質量和價格差距相當大，非專業人員在選購時，極易因此以高價購進劣質產品，使飯店蒙受損失。

（3）製作工藝

製作工藝是紡織品選擇中較易忽視的方面，然而製作工藝不僅影響使用效果，而且影響紡織品應用的品位效應。不難發現，一些質地本身很好的織物，反覆洗滌後即從邊緣、接縫等處開始破損，究其原因，皆為製作工藝粗糙所致。

①製作精細。同樣面料的織物會有不同的價格，差距是製作的精細程度不同所致，選購時要仔細查看縫製的方法、針腳的勻稱度和使用的縫線材料。粗製濫造的織物一定不能作為客房紡織品使用。

②製作的強度。客房織品均為耐洗品，反覆洗滌、熨燙、烘乾，對縫製強度的要求極高。例如，在接縫處應來回縫製，以確保強度。

（4）織品樣式

織品樣式決定了客房的檔次與品位，選擇中要從以下兩個方面進行權衡：

①是否與客房的整體風格和裝潢的檔次、品位相吻合。

②是否方便客人的使用與服務員的操作。

（5）織品規格

規格尺寸大小及織物重量的選擇，可依據行規參照執行，同時可根據本飯店的具體情況做相應調整。特別要提出的是，紡織品的縮水率應加進尺寸計算。一些飯店的床單、枕套洗滌後嚴重縮水、影響使用效果，有些甚至無法繼續使用。

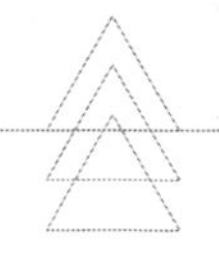

(6) 織品價格

價格因素是很多飯店決定選擇何種紡織品的關鍵，可從以下兩點做出比較：

①結合飯店的檔次，選擇與檔次相適應的紡織品。

②同樣的商品，應貨比三家，以尋求最合理的價格取向，爭取最低價。

2. 紡織品的選購過程

選購紡織品並非是簡單地看樣訂貨，科學合理地制定紡織品的選購程序，可減少浪費、節約成本，並滿足客房運轉的需要。

(1) 確定選購品種。無論是即將開業的飯店添置紡織品，還是運轉中的飯店更新、補充紡織品，首要的工作便是確定需購買的紡織品品種，根據客房運轉的需求，切實把好採購關。

(2) 合理核定採購量。新開業的飯店應根據行業配置標準及本飯店的檔次、特色、規模等，結合自身的資金情況合理確定採購量。更新補充的紡織品應在嚴格按程序進行報損手續後再確定採購量，不應盲目地加大或減少應有的配置量，從而影響客房的正常運轉或造成不必要的浪費。一些飯店考慮到一次性購量大可減少單位成本，從而大批進貨，造成庫存壓力很大，保管工作跟不上，致使紡織品因保管不當而損壞。紡織品長期庫存積壓對紡織品質量有很大影響。

(3) 檢查落實紡織品庫房。紡織品有很高的存放要求，在決定購進紡織品以前，應將準備工作做好，充分考慮是否有足夠的存放空間和貨架、庫存條件是否滿足購進紡織品的存放要求，以做到有備無患。

(4) 產品諮詢和檢驗。客房用紡織品的生產廠家很多，在眾多的生產廠家中尋求適合者是一項不可省略的工作。對一些用量大的紡織品，飯店可採取招、投標的方式，有實力的廠家也願意加入這一競爭。這有利紡織品的採購。

對耐用類紡織品可讓廠家提供樣品，由飯店對這些樣品進行技術檢測。例如：可將床單反覆洗滌 100 次後，再看質量；將床罩、窗簾進行燃燒檢測等等，以此來選出質量上乘的紡織品。

(5) 報價。在產品諮詢和檢驗的基礎上，接受最合理的報價，設法以最少的投入獲得最佳的效益，儘量減少或杜絕中介環節，將錢花在刀刃上。

(6) 填寫採購申請單。在上述各項工作的基礎上，客房部經理將紡織品採購清單填寫好，並送交帳務審核。由於前期工作均為客房部所為，為防止採購部門因業務等原因影響採購的質量，採購清單的制定與填寫應由客房部經理負責。應列出詳細的品種名稱、數量、生產廠家、規格式樣、質量要求、價格參數、供貨時間等，備註中應要求提供樣品以供檢測。

(二) 客房紡織品的製作

好的織物面料最終能否成為好的成品，製作是關鍵，好的成品必須滿足各項製作的基本要求。

1. 規格

(1) 規格包括尺寸及重量。對實用性紡織品的規格，星級標準中已有詳細的規定，一些想突顯個性特色的飯店，因硬體本身無定式，所以無法照抄，下面所提供的兩種織物尺寸參數及計算方法可供參考（見表 4-11）。

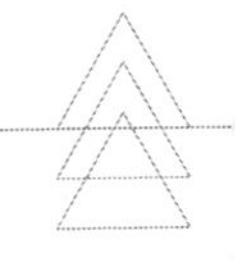

表 4-11 織物尺寸參數及計算方法對照表

類別	參考尺寸	單位	計算方法
單人床單 (床：100cm x 190cm)	160x240	cm	在床的長寬基礎上各加60cm（不含縮水率）
雙人床單 (床：150cm x 200cm)	210x260	cm	同上
大號床單 (床：165cm x 205cm)	230x270	cm	同上
特大號床單 (床：180cm x 210cm)	270x290	cm	同上
普通枕套 (床：45cm x 65cm)	50x85	cm	在枕芯的寬基礎加上5cm，長基礎上加20cm
大號枕套 (床：50cm x 75cm)	55x95	cm	（不含縮水率）

類別	參考尺寸	單位	重量(克)	備註
大浴巾	137x65	cm	400	1.重量與房間檔次有關 2.大小無絕對標準，每種規格尺寸可多達5種～6種 3.地巾的形狀可方可長。
小浴巾	100x34	cm	125	
面巾	76x34	cm	140	
地巾	80x50	cm	325	
方巾	30.5x30.5	cm	400	
浴袍	大、中、小號		不定	

（2）對裝飾性紡織品的規格尺寸要求並無定式，床罩的要求是鋪蓋成型後，兩側和床尾離地面高度為 3cm 左右，以不拖地為標準。床罩的重量越重檔次越高，一般五星級床罩採用 100 克以上定型棉，四星採用 80 克以上定型棉，以此類推。

窗簾的尺寸因造型的變化無定式可言。以最常見的普通開啟式落地窗為例，窗簾的尺寸要求是：薄窗簾的實際寬度與簾桿實際長度之比為 1.5 ： 1，0.5 部分為打褶用；厚窗簾的實際寬度與窗桿實際長度之比為 2.2 ： 1，1.2 部分為打褶用。這個尺寸做出的窗簾效果較好。落地窗簾的實際高度應是從簾桿量至地面，窗簾最終離地面約 5cm ～ 10cm，不可拖地。薄窗簾比厚窗簾再短 1 ～ 2cm。但在具體量裁即製作過程中，還要具體考慮窗戶的大小、形狀，布料的質地、條紋、圖案等。

（3）毛毯的重量以 3kg 為適中，規格應以床的尺寸為依據確定，計算方法是：

床寬＋ 2× 席夢思高度＋ 40cm ＝寬

床長＋ 2× 席夢思高度＋ 20cm ＝長

（4） 枕芯一般配長枕，長度有 80cm×45cm、75cm×45cm、70cm×40cm 不等，重量不低於 1kg/ 每只。

（5）浴簾的作用主要是防止水外濺，一般浴簾的實際高度為 180cm，寬度為簾桿長度、高度以懸掛後離地面 10cm 左右為宜。

（6）客房使用的被縟填充物有化纖棉、絲棉、羽絨之分，其中絲棉被已有逐步取代毛毯的趨勢。其優勢表現在舒適、衛生和高檔。重量以 2.5kg 為宜，被縟規格尺寸：

寬＝床寬＋ 2× 床墊高＋ 20cm

長＝床長＋ 2× 床墊高

各類紡織品規格的把握，最能反映客房工作的細微之處。一間客房的裝飾是否精緻，有時透過客房紡織物的規格就能予以判斷。研究和確定紡織品的規格是客房管理人員必備的能力。

2. 樣式

樣式所反映的是色彩、形態與風格。確定客房紡織品的樣式，應遵循以下原則：

（1）方便使用。紡織品的使用頻率很高，設計式樣應考慮到方便客人使用，不宜繁瑣。有些紡織品的設計過於唯美，而忽略了客人使用是否方便。例如，一些飯店設計的窗簾裝飾效果很好，但客人想打開窗簾欣賞外面的景色，卻無從下手，繩索拉啟設計和工藝質量太差，影響了使用效果。

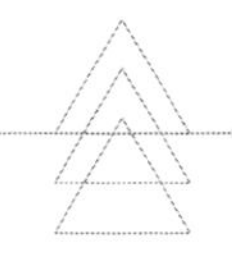

(2) 方便操作。紡織品每天都在被使用，因此也就不斷地被更換。服務員清掃房間的大量工作是換床單、枕套，鋪床罩。就床罩而言，定型床罩比較方便服務員操作，能提高服務員的工作效率。

(3) 與客房整體風格相一致。從色彩和形狀上來看，紡織品具有其他裝飾材料無法替代的優勢，色彩、圖案豐富是紡織品的特點，形狀變化萬千是紡織品的特色，客房設計的點睛之處也是紡織品。因此，紡織品的設計要配合家具設備的整體效果，而不能與之格格不入。例如，中國明清風格的客房不宜用化纖織物，而宜用天然纖維織物；不宜用現代流行色和圖案，而宜結合明清時期的特色，充分體現出明清風格。

(4) 突顯個性。客房紡織品樣式的變化可謂日新月異，不僅飯店與飯店之間已很少雷同，即使同一飯店也可能是每層一種風格、每間一個式樣。多元化的設計融入飯店紡織品，使之變幻出風格各異的客房裝飾。這是現代飯店客房紡織品設計的主流。

舉一個例子，若採用淡棕黃緞面印花面料，為一間極具民族特色的客房設計一款床罩，尾端兩側下垂部分做兩個很大的中式盤扣，並將類似的設計用於窗簾、沙發，甚至紙巾盒罩等處，便完完全全是一間讓人留連忘返的中式客房了。

3. 製作工藝

布件本身的質量和好的設計，可為高質量的成品打下良好的基礎，但如縫製粗糙，不僅影響美觀，還會影響使用壽命。製作主要是對卷邊和接縫的要求。各類紡織品的卷邊要寬窄均勻，針腳線要等距離且有一定的密度，一般要達到 12 針～ 15 針 / 每寸（布質厚薄不同，針腳緊密度要求也不相同）。對接縫的要求是：床單、枕套、床罩在實際寬度及長度上不得有接縫，否則既影響美觀，又妨礙使用。所有的接縫必須牢固，接縫處留足接縫邊料；對有色彩圖案的織物，接縫要注意花形圖案的完整，以看不出接縫為佳；對一些拐角邊延難度較大的縫製，必要時用手工縫製以保證質量；卷邊和接縫還應使用牢度強的聚酯纖維線。

二、客房紡織品的儲存與保養

對客房紡織品進行合理的儲存與保養，能夠充分發揮紡織品的使用價值。紡織物品易受環境的影響，或因使用保養不到位而縮短使用壽命。飯店在紡織品上面的投入，除開業前的一次性投資外，運轉過程中還因不斷的淘汰和更新而反覆投入。為將一些不必要的投入降低至最低限度，重視並做好紡織品的儲存與保養是不可忽視的措施之一。

（一）客房紡織品的儲存

1. 庫房條件

紡織品的共性特點是怕潮濕和長期處在高溫狀態下，因此，紡織品庫房的通風必須良好，相對濕度不大於 50%（可使用去濕機），溫度以保持在 20°C度以下為宜。紡織品屬易燃物品，雖然很多紡織品都已經做了阻燃處理，但穩定性較差，因此，庫房應嚴禁煙火，並配置必要的安全消防設施，以防萬一。

2. 存放要求

對紡織品進行分類存放，可加快發放速度，同時給盤點和檢查工作帶來很多方便，並可合理控制儲存量，提高工作效率。各種紡織品應配置相應的貨架，考慮到紡織品不宜過多重疊堆放（不利透氣，易霉變），所以貨架的每層高度應適當；存放時應按進貨的先後次序擺放，先進庫的先用，後進庫的後用，盡可能均衡每件紡織品的庫存時間及使用頻率。

紡織品除存放在總庫外，還有一些分散在樓層工作間、房間和洗衣場。這裡要指出的是，一些出租率不高的客房可能十天半個月不開房，這些房間的床上和浴廁布件雖然沒人用過，但仍然需要更換。這不僅是保護布件，也是對住客負責。

（二）客房紡織品的保養

1. 科學洗滌

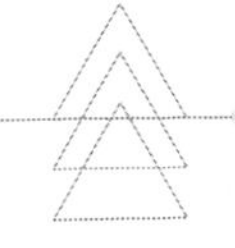

其實，對紡織品的合理儲存本身就是保養。另外，正確清洗紡織品也是保養的關鍵。

（1）洗滌紡織品時，選擇好的洗滌劑和輔助劑非常重要，因為劣質洗滌劑不僅無法達到去汙效果，還有可能損傷織物纖維，使織物褪色。我們經常看到一些飯店的床單已是灰黃色，視覺效果極差，多因洗滌劑選擇不當所致。洗滌程序中必要的輔助劑的選擇和使用也很重要，例如柔順劑、中和粉、漂白劑等，對洗滌效果的提高很有幫助，如中和粉的使用，能中和織物上殘留的鹼性洗滌劑，不僅可使織物觸感舒適，還可避免織物受鹼性的腐蝕。

（2）選擇洗滌方法，應嚴格按照紡織品上的標註執行，否則後果不堪設想。例如，棉麻混紡的窗簾和床罩只能乾洗，但由於洗滌成本高，一些飯店便以水洗替代，結果縮水、褪色、變形，使窗簾、床罩無法繼續使用。因此對於洗滌方法和程序的選擇必須特別慎重。

（3）對於新購進的紡織品，尤其像床單、毛巾等，應經洗滌後再入庫存放或使用。這類織物出廠前都經過了化學處理（漂白、染色等），以增強視覺效果，而這類化學物質對織物的腐蝕是相當嚴重的，如不洗滌就存放，會很快破損甚至腐爛。

本章第四節已對客房紡織品的洗滌做了詳細介紹，以供參照。

2. 合理使用

對紡織品做到使用合理，也是保養的一個重要環節。這一環節主要有以下幾個方面的要求：

（1）給紡織品以必要的存放期，可延長纖維壽命。如果紡織品每天使用和洗滌，纖維則一直處於強力狀態，不利於纖維恢復性能，疲勞強度的增加，勢必縮短織物的壽命。例如床單，在一個月內洗滌 15 次和在兩個月內洗滌 15 次，在使用時間相同的情況下，前者比後者要損壞得快。

（2）對於毛毯、絲棉被、枕芯等紡織品，存放時不能重壓，放在客房壁櫥內備用的這類紡織品應定期翻曬，否則會有異味並容易霉變。毛毯可透過乾洗進行清潔和保養；枕芯如果不能洗滌，清潔保養的方法可外加一個便於脫卸的防護套。

(3) 床罩、窗簾的配置。在資金許可的情況下，可採用兩套配置，優點是：兩套色彩、質感不同的窗簾和床罩，可根據季節換用，既能改變房內的設計風格，給人以常變常新的感覺，又便於對窗簾和床罩進行清潔保養。

三、客房紡織品的控制

紡織品能否按要求供應和使用，能否滿足運轉的需要，能否將浪費和流失減少到最低限度，關鍵在於嚴格控制。

1. 嚴格控制儲備定額

根據各類紡織品的配置定額標準進行存放，建立相應的存放檔案，各存放點要定期盤點、定期補充，儘量減少差錯和流失。

2. 嚴格領發手續

領發過程中最重要的是要做好發放記錄，所有部門、班組或人員領用布件時都要填寫申領單，帳物要相符，手續要清楚。

3. 定期盤點和統計分析

紡織品庫房必須建立盤點制度，對現有布件情況進行檢查統計，然後與定額標準進行比較，瞭解各類布件的損耗情況並分析原因，以利於採取相應的措施。

盤點時主管人員應在場，年終盤點須請財務部協助，在算出需要補充的數量後，可訂出採購計劃。採購計劃中除有採購品種、數量外，還應提出詳盡的質量要求和價格要求，以免購進價高質次的紡織品（見表 4-12）。

4. 加強保管

有些客房布件的損耗和流失與保管工作做得不好有關。其中的主要問題是：布件的保管責任不明確，保管人的責任心不強以及保管的措施不當。為了加強對布件的保管，客房部要制定相關制度，採取有效措施。首先，是明

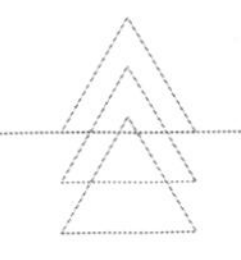

確客房布件的保管責任，原則上是誰用誰管，如果布件的損耗率高於規定標準，要追究有關人員的責任；其次，要加強對有關員工的教育和培訓，並經驗檢查督促，既要加強他們的責任心，又要使他們掌握正確的布件保管方法，對於違反布件保管要求的要進行批評和處罰。

表 4-12 布件盤點統計分析表

______部門　　______盤點日期　　______製表人

品名	額定數	客房		樓層工作間		布草房		盤點總數	報廢數	補充數	差額總數	備註
		定額	實盤	定額	實盤	定額	實盤					

5. 杜絕不正當使用

對布件進行不正當使用，會對布件造成嚴重汙損。這一現像在很多飯店屢見不鮮。一是員工對布件不正當使用，最常見的就是員工將布件當作抹布使用；二是客人對布件不當使用，如有的客人用布件擦鞋等。因此，客房部必須制定有關制度，採取相應措施。如為員工提供充足好用的清潔抹布，加強對客服務等，從而杜絕員工和客人不正當使用布件的現象。

四、客房紡織品的報損與再利用

對於不能再使用紡織品的處理，也是一項比較重要的工作，做得好，可以保證質量，減少浪費；做得不好，該處理的不處理，不該處理的反而處理掉，這種連帶反應，勢必給飯店造成巨大的損失。因此處理紡織品這項工作，應由有經驗的客房管理人員嚴格把關。通常情況下，對使用年限已到，有破損和無法洗滌的紡織品，均採取報損處理，處理時須對所有紡織品一一過目、仔細判斷，以避免不必要的差錯。對已作報損處理的紡織品仍可再利用，這方面的潛力是相當大的，可將報損的床單、毛巾等改製成抹布或其他布件進行再利用，例如：有些飯店用報損的紡織物做成精製的衛生捲紙裝飾套、洗衣袋等；將邊角損壞的大床單改製成小床單等等，變廢為寶，既符合節約原則，又不影響質量標準。

紡織品的處理與再利用工作應引起客房管理者的高度重視，致力於這項工作的研究與開發，是客房管理的高境界。

本章小結

1. 紡織品由織物製作而成，織物由紗線織造而成，紗線由纖維紡織而成，因此，研究紡織品就必須研究織物、紗線和纖維。

2. 客房內的紡織品有實用型和裝飾性兩大類。目前，從簡潔大方、美觀實用、經濟環保的要求出發，客房內的紡織品已經不再有明顯的類別之分，而更多的是一種紡織品兼有以上兩種功能。

3. 配置客房紡織品要依據行業標準和飯店自身的定位與特色，要綜合考慮多種因素。

4. 不同的紡織品有不同的洗滌要求和不同洗滌程序。除漬是保證紡織品洗滌質量的重要措施。

5. 紡織品的選購與製作、紡織品的儲存與保養、紡織品的控制、紡織品的報損與再利用是客房紡織品管理的主要內容。

複習與思考

1. 何為紡織纖維？細分紡織纖維並詳述各類紡織纖維的特性。

2. 紗線分類的依據有哪些？按照不同的依據，紗線又可細分為哪些種類？紡織品的織造方法有哪些，它們各有什麼主要特點？

3. 一間普通客房通常有哪些紡織品？配置客房紡織品的依據和標準是什麼？

4. 透過課堂教學和飯店實踐，熟悉各種紡織品的洗滌要求、洗滌程序與方法，具備清洗擦除各種汙漬的知識。

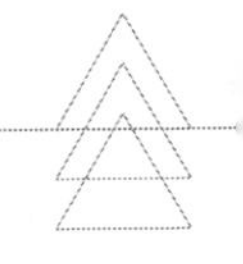

5. 選購客房紡織品要考慮哪些因素？客房紡織品的選購過程包括哪些步驟（環節）？

6. 詳細描述客房各種紡織品的規格、樣式及製作工藝要求。

7. 客房紡織品的儲存和保養有哪些要求與注意事項？

8. 怎樣才能做好客房紡織品的控制工作？

9. 在創建綠色飯店中，客房紡織品的使用與管理有哪些好的做法？

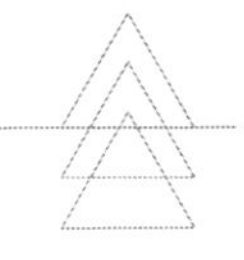

第 5 章 客房客用物品

導讀

客房客用物品的選購、儲存、配置、使用、控制等各環節的工作做得好壞，直接關係到客房的檔次高低、賓客的滿意程度以及飯店的經濟效益。

閱讀重點

瞭解客房客用物品的主要類別、保管要求與操作程序。

明確配備客房客用物品的指導思想，掌握客用物品的配置標準

熟悉客房客用物品的選購程序及各環節的具體要求

能夠透過制定合理的標準、採用科學的方法對客房客用物品的消耗進行有效控制

第一節 客用物品的配置

一、客用物品的種類

客房客用物品的品種較多，通常分為兩大類：客用消耗物品和客用固定物品。

客用消耗物品。主要是指供客人在住店期間使用消耗，也可在離店時帶走的物品。此類物品價格相對較低、易於消耗，所以，也有人稱之為客用低值易耗品，如火柴、茶葉、信封、信箋、肥皂等。

客用固定物品。是指客房內配置的可連續多次供客人使用、正常情況下短期內不會損壞或消耗的物品。這類物品僅供客人在住店期間使用，不可消耗，也不能在離店時帶走，如布草、杯具、衣架、水瓶、文具類等。

二、客用物品的配置

不同等級的飯店、不同檔次的客房，客用物品配置的種類、規格是不相同的。飯店應根據自身的情況及有關行業標準，合理配置客房客用物品。

表 5-1 普通標準間臥室客用物品配置標準

位置	物品名稱	數量	擺放要求	備註
床上	床罩	1條	床上用品須按照床的整理和鋪設要求布置	
	毛毯或被子	1條		
	枕芯	1對(大床2對)		
	枕套	1對(大床2對)		
	床單	2條或3條		
	褥墊	1條		
	床裙	1條		
床頭櫃	便條紙	5張		非禁菸房，床頭櫃上也可放菸灰缸
	筆（大多用鉛筆）	1支		
	「請勿臥床吸菸」卡	1張		
	「常用電話號碼」卡	1張		
寫字檯上	檯燈	1盞	檯燈放在左上方，服務指南可用架子立著放，菸灰缸在左邊，火柴放在菸灰缸上。檯面要整潔	服務指南也可放在資料夾內，或抽屜內
	服務指南	1本		
	煙灰缸	1個		
	火柴	1盒		
寫字檯抽屜內	服務資料夾	1本	各種用品的擺放要整齊有序，要讓客人容易找到，通常要將大的放在下面，小的放在上面。各種用品分類擺好	爲了擺放整齊，可以將一些文具用品放在資料夾內
	飯店介紹	1本		
	安全須知	1本		
	房內用餐菜單	1本		
	航空信封	2個		
	普通信封	5個		
	大信紙、中信紙	各5張		
	明信片	2張(或4張)		
	電傳、電報、傳眞紙	各2張		
	箱貼	2張		
	行李牌	2張～4張		
	客房意見卡	2份		
	針線包	2份		
	原子筆	1支		

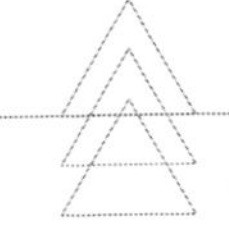

位置	物品名稱	數量	擺放要求	備註
電視櫃	電視節目單	1份		晚間可將遙控器放在床頭櫃上
	遙控器	1個		
茶檯(茶几)	茶盤	1個	茶杯、水瓶、茶葉盅放在茶盤杯內，火柴放在菸灰缸上，正面朝上。檯面整潔	1.如果房內配電水壺，就可以不配熱水瓶 2.高檔客房還可配袋裝咖啡
	茶杯	2個		
	茶葉盅	1個		
	茶葉	紅綠花茶各2包		
	菸灰缸	1個		
	火柴	1盒		
	保溫瓶	1個		
小吧台	酒杯	若干	體高的用品在裡面，較低的用品在外面，擺放整齊，布置美觀	酒水可放在酒籃內或酒架上
	開瓶器	1把		
	調酒棒	2根		
	酒水	若干瓶		
	杯墊	每杯1張		
	餐巾紙	若干張		
	帳單	2份		
	立卡	1份		
電冰箱	冷飲水瓶	1個		食品主要是佐酒食品和方便食品
	小杯子	2個		
	飲料、食品	若干種		
	冰桶	1個		
壁櫥	備用被子	2條		
	備用枕頭	1對		
	衣架	3對/人		
	鞋籃	1個		
	拖鞋	2雙		
	擦鞋器	1個		
	擦鞋布(紙)	2塊(張)		
	鞋拔	1根		

位置	物品名稱	數量	擺放要求	備註
壁櫥	衣刷	1把	各種用品擺放要整齊有序	
	洗衣袋	2個		
	洗衣單	2套		
	購物袋	2個		
衣掛櫃旁或寫字檯旁	垃圾桶	1個 (配垃圾袋)		

表 5-2 普通標準間浴廁客用物品配置標準

位置	物品名稱	數量	擺放要求	備註
洗手檯上	漱口杯	2個	用品擺放要整齊有序，擺放的位置要照顧大多數人的習慣，保證使用方便	1.為了避免用品占據台面過多的位置，最好用專用的盤子、籃子或盒子盛放用品 2.牙刷、梳子最好要有明顯的區別，避免客人之間混用
	肥皂盒	1個		
	菸灰缸	1個		
	小方巾	2條		
	牙膏牙刷	2套		
	香皂	2塊		
	沐浴乳	2瓶		
	洗髮精	2瓶		
	浴帽	2頂		
	梳子	2把		
	指甲刀(銼刀)	2把		
	棉花棒	2盒		
	面紙	1盒		
	洗衣粉	2包		
	潤膚乳	2瓶		
	刮鬍刀	2把		
洗手台下	體重機	1個	垃圾桶最好靠近馬桶	
	垃圾桶	1個		
洗手台旁的牆上	毛巾架	1個	擦臉巾懸掛端正，正面朝外	
	擦臉巾	2條		

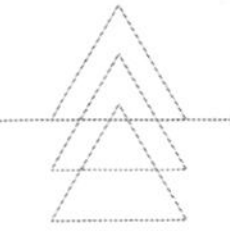

位置	物品名稱	數量	擺放要求	備註
馬桶旁	衛生紙架	1個		可多配1捲備用衛生紙
	衛生紙	1卷		
	衛生袋	2個		
浴缸上沿	腳巾(地巾)	1條	摺疊好擺放	
牆上	毛巾架	1副	小浴巾懸掛，大浴巾疊好擺放	
	小浴巾	2條		
	大浴巾	2條		
門後	掛衣鉤	2個		浴衣也可以掛在壁櫥內
	浴衣	2件		

（一）客用物品配置的指導思想

1. 賓客至上

客房客用物品的配置，必須能滿足客人日常起居生活的需要，充分體現「賓客至上」的原則，做到實用、美觀、方便。如配備針線盒時，在針線盒中加上一根小別針，可供客人應急時使用，將不同顏色的線穿好在針眼內，可免去客人「穿針引線」之累；再配上一把小剪刀，更體現了事事處處為客人著想、方便客人的服務精神。

2. 效益為本

在滿足客人實際需要品前提下，客房客用物品的配置要以「效益為本」，考慮投入與產出的關係，盡可能選擇價廉物美的產品，以降低客房費用。如小鬧鐘是多數歐美旅客所喜歡的用品，客房內配置使用電池的小鬧鐘，一定會受到客人的歡迎，其費用也不高。

3. 利於環保

環境保護已經成了全人類的共同任務，飯店應盡可能選用有利於環保和可再生利用的客用物品。如配置固定的可添加液體肥皂的容器，將容器分別安裝在洗臉臺上方和浴缸上方牆面，客人用多少按壓多少，既方便了客人，又減少了浪費。

（二）客房客用物品的配置

客房內所配備的客用物品，要以客房的類別和檔次為依據。在品種、數量、規格、質量以及擺放要求等各方面有統一的標準，並製成表格、圖片等，以供日常發放、配置、檢查和培訓時使用。飯店在制定這些標準時，要參照行業標準、競爭對手標準以及國際標準等，做到既不違反常理，又有突破創新，以獲得實效為主旨。表 5-1、表 5-2 以普通標準間為例，介紹客用物品的配置標準。

第二節 客用物品的管理

客房客用物品的管理，要從選購、保管、領發、消耗控制等四個環節入手，做到環環把關、道道控制，從而有效降低客用物品的消耗，創造良好的經濟效益。

一、客用物品的選購

選購是做好客房客用物品管理的第一道環節。選購工作，常由客房部提出採購計劃及要求，由飯店採購部承擔採購。為了避免採購中可能出現的漏洞，飯店應合理設計物品採購程序，加強採購控制，以保證購進的物品質優價廉。

1. 採購程序的設計

客房部每年都要編制年度預算，包括客房客用物品的預算。客房部應按預算的經費及項目制訂採購計劃。計劃中要寫明物品的種類、質量、規格、數量等採購要求。採購部接到採購計劃後，應在廣泛的市場調研基礎上，對各供應商提供產品的質量和價格進行比較，經過初步篩選後，至少報出三家供貨商，並要求他們分別提供試用樣品。經客房部試用、比較後，再從中選定供貨商。有條件的飯店可採用公開招標的方式，經過充分的市場調研後，設計招標書，明確每種物品的標準，向社會公開招標。經投標單位競標比較，最後選定供貨商，簽訂供貨協議。如果是屬於連鎖集團的飯店，應統一採購，以降低費用。

採購程序設計見圖 5-1。

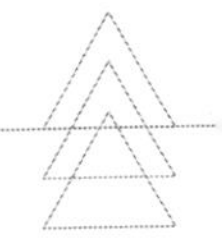

2. 採購質量的控制

客房部在採購計劃中要對物品的種類、規格、數量、質量等提出明確的要求。總的來說，客用固定物品的採購要求是牢固、實用，既方便客人使用，又便於清潔保養；客用消耗物品則要求實用、美觀，方便使用，利於環保。採購前，應要求供應商提供試用品，如床單，可將供應商提供的樣品反覆洗滌，看其是否能夠達到供應商所承諾的耐洗次數，如決定購買此產品，應將樣品封存。採購的物品進貨時必須嚴格驗收，查驗品名、規格、質量、數量、價格，並與封存樣品核對，若不符合質量要求，應作退貨處理，並追究責任。

3. 採購數量的控制

各類客房客用物品應有一定的存貨量，存貨量過多，占用資金和庫房，並增加保管費用和物品損耗量；存貨量太少，則影響客房正常運轉。飯店應在保證客用物品正常周轉使用，並考慮到各種意外因素的基礎上，科學合理地決定各類客用物品的存貨量。通常，飯店總庫房應備足三個月的存量，客房部庫房應備有一個月的存量。

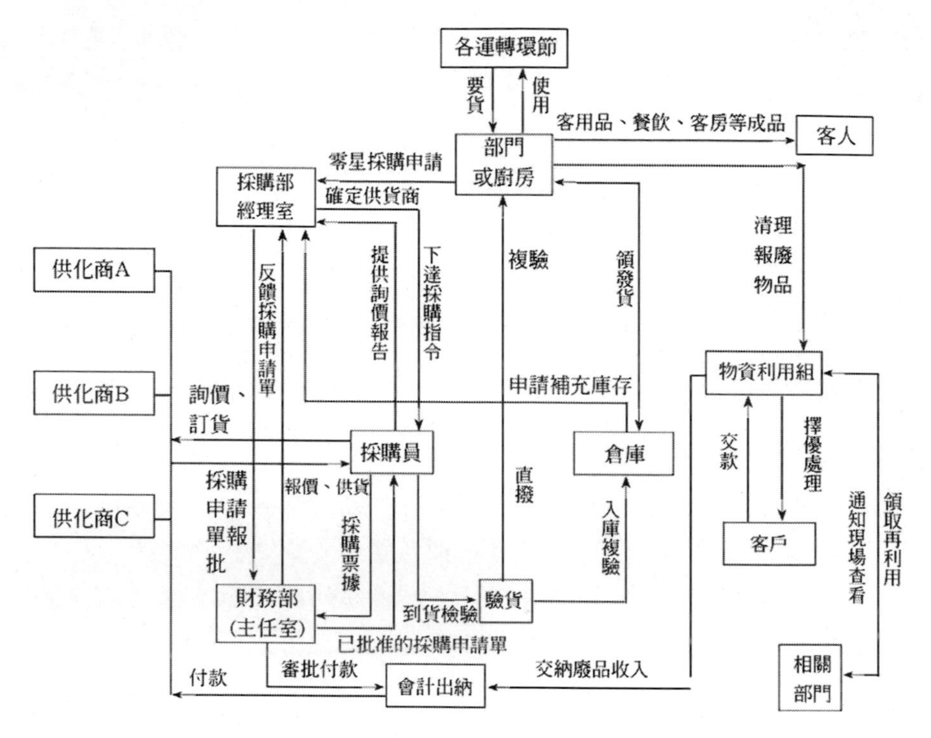

圖 5-1 飯店物資採購程序設計圖

二、客用物品的保管

做好客房客用物品的保管，可以減少物品的損耗，保證周轉。良好的庫存條件及合理的物流管理程序是做好客房客用物品保管工作的兩個必要條件。

(一) 良好的庫存條件

(1) 庫房要保持清潔、整齊、乾燥。

(2) 貨架應採用開放式，貨架與貨架之間要有一定的間距，以利通風。

(3) 進庫物品要按性質、特點、類別分別堆放，及時碼堆。

(4) 加強庫房安全管理，做到「四防」，即：防火、防盜、防鼠疫蟲蛀、防霉爛變質。

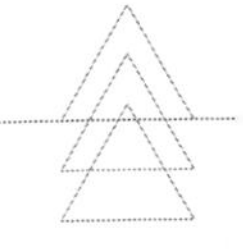

（二）合理的物流管理程序

(1) 嚴格驗收。

(2) 分類上架擺放。

(3) 進出貨物及時填寫貨卡，做到「有貨必有卡，卡貨必相符」。

(4) 遵循「先進先出」的原則，應經常檢查在庫物品，發現霉變、破損及時填寫報損單，報請有關部門審批。

(5) 定期盤點，對長期滯存積壓的物品要主動上報。

(6) 嚴格掌握在庫物品的保質期，對即將到期的貨物應提前向上級反映，以免造成不必要的損失。

三、客用物品的領發

客房客用物品須定期領用發放，做到保證滿足客房運轉需要，省時省力，減少領發環節及損耗。通常根據樓層小倉庫的配備標準和樓層消耗量等，規定領發的時間，一般是一週領發一次，並規定領發日。這樣不僅使領發工作具有計劃性，方便中心庫房人員的工作，還能促使樓層工作有條不紊，減少漏洞。在領發之前，樓層服務員應將本樓層小倉庫的現存情況統計出來，按樓層小倉庫的規定配備標準提出申領計劃，填好《客房物品申領表》，由領班簽字。中心庫房在規定時間根據《申領表》發放物品，並憑《申領表》做帳。

四、客用物品的消耗控制

（一）制定消耗定額

在實際工作中，客房部應加強對客用物品消耗情況的統計分析，積累經驗，從而制定出客用物品的消耗定額，並據此對客用物品進行有效控制。

1. 客用消耗物品的消耗定額

通常，客用消耗物品是按客房客用物品的配備標準配置和補充的。但由於客用消耗物品並非每天都全部消耗掉，因此，對這些物品的實際消耗情況要進行具體的統計分析，從中找出規律。

（1）單項客用消耗物品的消耗定額

單項客用消耗物品的消耗定額，可以用下列公式計算：

單項客用消耗物品的消耗定額＝出租客房的間天數 × 每天客房的配置數 × 平均消耗率

$$平均消耗率 = \frac{消耗數量}{配置數量}$$

例如，客房內的茶葉，每間客房每天供應 4 包，每間客房每天的平均消耗量為 3 包，平均消耗率為 3/4。即 75%。如果某一樓層本月客房的出租總數為 576 間天，那麼該樓層本月茶葉的消耗應為：

576 間天 ×4 包 / 間天 ×75% ＝ 1728 包

（2）全部消耗物品的定額

全部客用消耗物品的定額可用下列公式計算：

全部客用消耗物品的消耗金額＝出租客房的間天數 × 平均消耗率 × 每間客房配置客用消耗品的總金額

例如：客房全部客用消耗物品的總金額是 8 元，平均消耗率為 60%，某樓層某月出租客房的總數為 576 間天，那麼該樓層本月客用消耗物品的消耗總金額為：

576 間天 ×8 元 / 間天 ×60% ＝ 2764.80 元

2. 客用固定物品的消耗定額

客用固定物品的消耗定額，應根據各種物品的使用壽命、合理的損耗率及年度更新率來確定。這類物品的品種很多，各種物品的使用壽命、損耗率及更新率因質量及使用頻率等的不同而不同，因此要分別單獨制定其消耗定額。

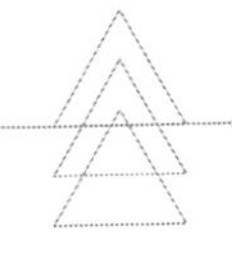

例如，客房的玻璃杯每間天的損耗率為3%，每間客房所配置的玻璃杯平均為4只，如果某樓層某月出租的客房總數為576間天，該樓層本月玻璃杯的消耗額為：

576間天 ×4只 / 間天 ×3% ＝ 69只

在控制客用物品時，要做到內外有別，即客人使用的物品，要嚴格按有關標準配備，該補充的一定要補充，該更新的必須及時更新。內部員工使用的，要厲行節約，能修則修，能補則補，精打細算，在保證對客服務質量的前提下盡可能節約。

（二）制定客用物品的配備標準

制定客用物品的配備標準，是實施客用物品消耗控制的重要措施之一。合理的客用物品配備標準，既能滿足對客服務的需要，又不過多占用流動資金，還能避免不必要的損耗。

1. 客房客用物品的配備標準

應詳細規定各種類型、等級的客房客用物品配備數量及擺放位置，並以書面形式固定下來，最好配上圖片，以供日常發放、檢查及培訓用。這是控制客用物品消耗的基礎。

2. 樓層小倉庫客房客用物品的配備標準

樓層小倉庫應該配備客房客用物品，以供樓層周轉使用。其客用消耗物品的配備通常以一週使用量為宜；對其他非消耗品，則應根據各樓層的客房數量及客情等具體情況確定合理的數量標準。配備物品的品種、數量等需用卡或表格標明，並貼在庫房內，以供盤點和申領時對照。

3. 中心庫房客房客用物品的配備標準

客房部通常設有中心庫房，儲備客房部的常用物品。中心庫房的客用消耗品儲量以一個月的消耗量為標準，其他客用物品的品種和數量則視實際使用和消耗情況及周轉頻率確定。

（三）加強日常管理

日常管理是客房客用物品消耗控制工作中最容易發生問題的一個環節，也是最重要的一個環節。

1. 專人領發，專人保管，責任到人

客房客用物品的領發應由專人負責，不能多人經手。如果必須多人經手，就要嚴格履行有關手續。儲存和配置在各處的物品，要由專人保管，做到誰管誰用，誰用誰管，避免責任不明，互相推諉。

2. 防止流失

在客房客用物品的日常管理中，要嚴格控制非正常的消耗。如員工自己使用、送給他人使用、對客人超常規供應等。

3. 合理使用

員工在工作中要有成本意識，注意回收有價值的物品，並進行再利用。另外，還要防止因使用不當而造成的損耗。

4. 避免庫存積壓，防止自然損耗

很多客房客用物品尤其是客用消耗物品都有一定的保質期，如果庫存太多、物品積壓過期，難免會造成自然損耗。因此，飯店要根據市場貨源供需關係確定庫存數量，避免物品積壓。

（四）完善制度

為了有效地控制客房客用物品的消耗，客房部必須建立一整套制度，規範客用物品的保管、領發、使用和消耗等工作，並根據制度實施管理。

（五）加強統計分析

飯店各樓層客房服務員要對每天的客房客用物品消耗進行統計，由領班進行核實。客房部中心庫房須統計每天、每週、每月、每季度、每年度的客用物品消耗量，並結合盤點，瞭解客用物品的實際消耗情況，並將結果報客房部經理室。客房部要對照消耗定額標準及有關制度實施獎懲。只要實際消耗情況與定額標準偏離較大，就必須分析原因，找出解決方法。

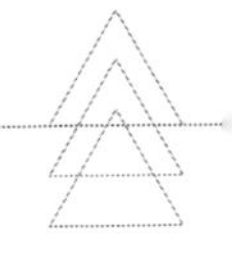

（六）降低消耗，保護環境

在客房客用物品消耗控制過程中，要始終高度重視並切實做好降低消耗和環境保護工作。合理地降低消耗能夠有效地控制成本，減輕飯店負擔，提高經濟利益；做好環境保護工作，對於飯店乃至全人類的生存和發展，都有非常重要的意義。

客房部應採取多種措施，做好降低消耗和環境保護工作，尤其是要大力推行四個「R」的做法。四個「R」，是指四個以「R」開頭的英文單詞：Reduce、Reuse、Recycle 和 Peplace，是人們對降低消耗和環境保護工作一些具體做法的高度概括。

1. 減少（Reduce）

Reduce 的意思是「減少」。客房部可從以下幾個方面著手，儘量少使用對環境有汙染的物品，如塑料用品和塑料包裝材料。下面特別介紹和推廣一些飯店目前所嘗試的有益做法：

（1）減少客房客用物品的配置。減少配置主要指在不影響服務質量的前提下，適當減少一些客用物品的品種、數量，對於一些客人不常用的物品，不作為正常供應品在客房內配置，如果客人需要，可以臨時提供。一些物品的數量也可以減少，如在一些通常由單住租用的雙人間裡，只配備一套客用消耗物品，個別用品如浴液、洗髮液等的量，只需夠一次使用即可。

（2）減少客房客用物品的更換。對客房的一些布草用品尤其是床單及浴廁的毛巾可減少更換次數，很多飯店在浴廁放置一只專用的籃子或其他容器，供客人放置需要更換的毛巾，並在浴廁放置醒目的告示，用於提示和解釋。如在房內床頭櫃上放置環保告示卡，這種尊重客人意願，為了保護環境而減少物品更換的做法，在大多數飯店裡都是可行的。

（3）調整客房客用物品的發放方法。按傳統的做法，客房每天需更換補充客房已使用的消耗品，如牙刷、梳子、香皂等，日積月累，這種客用物品的發放方法所造成的資源浪費是相當大的。目前一些飯店對原來的發放方法做了適當的調整：對連續租用兩天以上的客房，在清掃整理時，不一定將客人動用過的消耗物品一概重新更換，而是視情況在保留原有物品的同時再做補充。為避免客人因擔心牙刷、拖鞋等物品互相混淆而丟棄的情況，現在有許多飯店在雙住的客房放置兩把不同顏色的牙刷、兩雙有明顯區別的拖鞋。這種客用物品的發放方法，既尊重了一部分客人「喜新厭舊」的權利，又順應了一部分客人節約資源的良好意願；既降低了消耗，又避免了丟棄這些物品所造成的環境汙染。

(4) 調整客房整理的次數。一些飯店為體現檔次和「服務質量」，日常客房清掃整理往往採取一天三進房甚至四進房的做法。進房次數多，不僅增加了成本費用，有時還因打擾了客人而引起客人的投訴。飯店可根據客源對象等具體情況適當調整客房整理的次數。目前，在國外一些飯店，晚間做夜床已不是每天必做的工作，而採取事先在客房內放置告示卡的方式，用於提示和解釋。告示的內容設計為：「親愛的賓客，為避免影響您的休息，我們不敲門進房做夜床。如您需要夜床服務或其他服務，請致電客房中心，號碼為 ×××，我們可隨時為您提供服務。」這種做法可謂一舉多得。

2. 再利用（Reuse）

Reuse 的意思是「再利用」。客房可以再利用的物品很多，人們對這些物品再利用的方法也很多。

(1) 注重回收。通常飯店要求員工在日常工作中注重回收那些已經用過，但仍有再利用價值的物品。客房服務員清掃房間時，可以回收報紙、雜誌、酒瓶、飲料罐、食品盒、肥皂頭、剩餘的捲紙、用過的牙刷、用剩的牙膏、浴液、洗髮液、枯萎的花草等，有些物品的包裝材料和容器等也可以回收。

(2) 合理利用。凡是具有再利用價值的物品，回收後再合理利用，這樣做既可以減少物品消耗，又可避免簡單地將其作為垃圾處理，造成環境汙染。如肥皂頭、牙刷、牙膏、浴液、洗髮液等，可以用於清潔保養工作，報紙、雜誌等可以賣給廢品收購站。一些物品經過再加工還可以繼續使用，如報廢的床單可改製成洗衣袋、枕套、嬰兒床單；報廢的毛巾可作抹布使用。

3. 循環（Recycle）

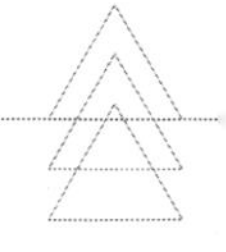

Recycle 的意思是「循環」。循環使用是減少客用物品消耗，做好環境保護工作的一項重要舉措。客房的某些物品如果在材料和設計上做些調整，就可以循環重複使用。如以前很多飯店客房內配置的洗衣袋都是塑料製品，屬於一次性消耗品，用過即棄，不僅造成浪費，而且汙染環境。現在不少飯店都改用布袋作為洗衣袋，且設計、製作比較講究，使之成為經久耐用的環保用品。

4. 替代（Replace）

Replace 的意思是「替代」。飯店應盡可能使用有利於環境保護和可再生利用的產品，以替代一些傳統產品，如用紙質包裝取代塑料包裝，將塑料洗衣袋改為紙製品，或用可多次使用的布袋、竹籃代替。

客房部在推行四個「R」的過程中，必須注意下列事項，以防產生負面影響：

（1）講究標準規範。客房部推行四個「R」前有統一的標準和規範，不能隨心所欲，不能降低客房服務及有關工作的質量標準，一定要尊重有關行業管理的規定和要求，借鑑中外一些成功的經驗，同時還要考慮市場競爭等因素，有一套嚴格而明確的標準和規範，要做得科學、合理，有特色、有成效。

（2）注重宣傳解釋。飯店在推行四個「R」的做法時，需向客人及有關方面進行適當的宣傳解釋，以取得他們的理解和支持。對客人，飯店要用推銷技巧，向其宣傳解釋四個「R」的一些具體做法，而不能僅從保證飯店自身利益的角度向客人宣傳解釋，要注重從客人的角度，至少是兼顧客人的利益去宣傳解釋，以得到客人的理解、支持和配合。另外，飯店要經常接受有關方面的檢查。對於檢查，飯店除了可能採取的一些技術性措施外，往往還需要做些必要的宣傳和解釋工作。否則，有關方面的人員可能會認為飯店的一些做法不合規定、不達標準。

本章小結

1. 客房內供住客使用的物品可以分為三大類別：客用消耗物品、客用固定物品和客用租借物品。這些客用物品的配備要以賓客至上、效益為本、利於環保為基本指導思想。

2. 加強客用物品的管理，從選購、保管、領發、使用消耗、回收利用等諸多環節進行控制，在體現飯店檔次、保證賓客滿意的前提下，儘量降低消耗，並減少對環境的汙染。

3. 在實際工作中，要大力推行「REDUCE、REUSE、RECYCLE、REPLACE」的做法。

複習與思考

1. 客房內供住客使用的物品分為哪幾類？各類物品通常包括哪些品種？

2. 配備客房客用物品的指導思想是什麼？

3. 設計客房客用物品採購程序圖。

4. 客房客用物品的保管、領發有哪些具體的要求？

5. 詳細描述客用物品控制的標準、程序和做法。

6. 何為「4R」？「4R」的具體做法是什麼？採用「4R」做法有何意義？

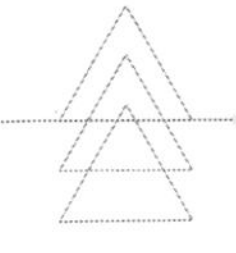

第 6 章 客房面層材料及其保養

導讀

室內面層裝飾材料的主要功能是美化並保護牆體和地面基材，創造出一個舒適、整潔、美觀的室內環境。瞭解面層材料的有關知識，掌握其清潔與保養技能是本章的學習重點。

閱讀重點

瞭解飯店常用面層材料的種類與特性，並能根據實際需要，對面層材料做出正確的選擇

熟悉各類面層材料的清潔保養要求，掌握各類面層材料的清潔保養技能

第一節 客房面層材料的種類及其選用

一、面層材料的種類

面層裝飾材料的品種、花色非常繁雜，通常有兩種分類方法。

1. 按材料的化學成分分類

根據化學成分的不同，面層裝飾材料可分為金屬材料、非金屬材料和複合材料三大類。其中，金屬材料，又可分為黑色金屬材料和有色金屬材料；非金屬材料，又分為無機材料和有機材料；複合材料，又分為有機與無機複合材料、金屬與非金屬複合材料（見表 6-1）。

2. 按裝飾部位分類

根據裝飾部位的不同，面層裝飾材料可分為牆面裝飾材料、地面裝飾材料和頂棚裝飾材料三大類（見表 6-2）。

表 6-1 按化學成分面層材料分類

金屬材料	黑色金屬材料	不鏽鋼、彩色不鏽鋼
	有色金屬材料	鋁及鋁合金、銅及銅合金、金、銀
非金屬材料	無機材料	天然飾面石材：天然大理石、天然花崗岩
		陶瓷飾面材料：釉面磚、彩釉磚、陶瓷錦磚、琉璃製品、玻璃飾品材料
		石膏飾品：裝飾石膏板、紙面石膏板、嵌式石膏板、裝飾石膏吸音板、石膏藝術飾品
		白水泥、彩色水泥
		裝飾混凝土：彩色混凝土路面磚、水泥混凝土花磚
		礦棉、珍珠岩飾品材料：礦物棉裝飾吸音板、玻璃棉裝飾吸音板
	有機材料	木材飾面：膠合板、纖維板、細木工板、旋地微薄木、木地板
		竹林藤材飾面
		織物類：地毯、牆面、窗簾等
		塑膠飾面：塑膠壁紙、塑膠地板、塑膠裝飾板
		裝飾塗料：地面塗料、牆面塗料
複合材料	有機與無機複合材料	人造大理石、人造花崗岩
	金屬與非金屬複合材料	彩色塗層鋼板、塑鋁板

表 6-2 按裝飾部位面層材料分類

分類	部位	材料舉例
牆面飾材	內牆面、牆裙、踢腳線、隔斷等	壁紙、牆布、內牆塗料、織物飾品、塑料面板、大理石、人造石材、面磚、人造板材、玻璃製品、隔熱吸音裝飾板、木裝飾材料
地面飾材	地面、樓層、梯等	地毯、地面材料、天然石材、人造石材、陶瓷地磚、木地板、塑料地板、複合材料
頂棚飾材	室內、盥洗室及頂棚飾材	石膏板、礦棉裝飾吸音板、珍珠岩裝飾吸音板、玻璃棉裝飾吸音板、鈣塑泡沫裝飾吸音板、聚苯乙烯泡沫塑料裝飾吸音板、纖維板、塗料、金屬材料

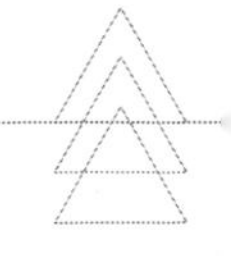

二、面層材料的選用

面層裝飾材料的選用，主要是從材料的色彩、性能和價格等方面來考慮，熟悉瞭解材料的特性，可以更好地選用材料，發揮各種面層材料的優勢。

1. 石材

(1) 天然石材。主要分大理石和花崗岩兩種。

天然大理石。是石灰岩經過地殼內的高溫、高壓作用形成的變質岩，通常是層狀結構，有明顯的結晶和紋理，屬於中硬石材。它具有花紋品種多，色澤鮮艷，石質細膩，抗壓性強，吸水率小，耐腐蝕、耐磨，耐久性好、不變形等優點；缺點一是硬度較低，如作地面使用，磨光面易損壞，其耐用年限一般在 30 年～ 80 年間；二是抗風化能力差，不宜作為外牆面或露天部位的面材，因空氣中常含二氧化碳，遇水時生成亞硫酸，與大理石中的碳酸鈣發生反應，生成易溶於水的硫酸鈣，使表面失去光澤變得粗糙多孔。大理石的品種很多，絢麗多彩，主要有雲灰、白色和彩色三種。

天然花崗岩。是以火成岩中開採的花崗岩、安山、輝長岩、片磨岩為原料，經過切片、加工磨光、修邊後成型。它具有結構細密，性質堅硬，耐酸、耐磨、耐腐，吸水性小，抗壓強度高，耐凍性強，耐久性好（耐用年限為 25 年～ 200 年）等優點；缺點是自重大，硬度大（開採和加工困難），質脆，耐火性差，某些花崗岩含微量放射性元素，對人體有害。花崗岩品種繁多，色彩選擇餘地很大，有紅色系列、黃色系列、青綠色系列、青白色系列、白底黑點系列、花底黑色系列、純黑色系列等。

(2) 再生石材

面層石材料是再生大理石和再生花崗岩的總稱，屬於泥混凝土或聚脂混凝土的範疇。它是以大理石碎塊、石英砂、石粉等骨料，拌合樹脂、聚酯等聚合物或水泥粘結劑，經過真空強力拌合震動、加壓而成型，再經打磨抛光以及切割等工序製成的石材。它具有天然石材的花紋和質感，而重量僅為天然石材的一半，強度高，厚度薄，易粘結。

再生面層材料根據其採用的天然石料、粒度和純度不同以及製作的工藝方法不同，其花樣品種和質感也有很大差異，選擇餘地很大。

2. 內牆面磚

內牆面磚主要有白色釉面磚、裝飾釉面磚、彩色釉面磚及圖案磚等，一般在客房浴廁牆面、廚房牆面大量使用。它是用瓷土或優質陶土經低溫燒製而成，面層均上有光釉、面光釉、花釉、結晶釉層，特點是表面平整、光滑，不易玷汙，耐水性、耐蝕性好，易清洗，其吸水率不大於 20%。

3. 地面磚

地面磚一般採用可塑性較大且難熔的粘土，經精細加工而成。為了獲得不同色彩和增強其性能，在加工時摻加部分助熔劑和少量礦物顏料，其特點是抗衝擊強度較高、硬度高、耐磨性能好、質地密實均勻，吸水性一般小於 4%，不易起塵，一些地磚還具防滑功能。主要用於浴廁、廚房、走道、餐廳地面的裝飾。

4. 陶瓷錦磚

陶瓷錦磚又稱馬賽克，是由各種顏色、多種幾何形狀的小塊瓷片鋪貼在牛皮紙上形成色彩豐富、圖案繁多的裝飾磚。其特點是質地堅實，色澤美觀，圖案多樣，耐酸、耐鹼、耐磨、耐壓、耐衝擊、耐水。其中，無釉錦磚吸水率不大於 0.2%，有釉錦磚吸水率不大於 1.0%。其缺點是粘貼難度高，時有色差。陶瓷錦磚多作為浴廁、廚房等地面和外牆面的裝飾。

5. 內牆塗料

隨著塗料種類的不斷增加和功能的完善，現在飯店內牆使用塗料的越來越多，現代塗料應具有以下特點（見表 6-3）：

（1）色彩豐富、質感好。（2）耐鹼、耐水性好，不易粉化。（3）透氣性、吸濕排濕性好。（4）塗刷方便，重塗性好。

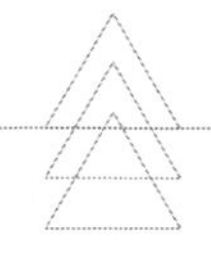

表 6-3 常用內牆塗料

種類	特點
水溶性塗料	無毒、無味、乾燥快、附著力強、耐濕擦、價格較低
合成樹脂乳塗料(乳膠漆)	1.苯丙乳膠漆：耐鹼、耐水、耐久、耐控性均好於其他乳膠漆。 2.乙丙乳膠漆：耐鹼、耐水、保色性好、有光澤、外觀細膩。 3.聚醋酸乙烯乳膠漆：無毒、無味、不燃、易塗刷、乾燥快、透氣性好、附著力強、耐水性好、色澤明快艷麗。 4.氯一偏共聚乳膠漆：無毒、無味、抗水耐磨、耐鹼、耐化學性好、易塗刷、乾燥快、不燃。
溶劑型塗料	光澤度好、易沖洗、耐久性好、透氣性差、只宜用於廳堂、工作區域等。
多彩內牆塗料	色澤豐富，立體感好，耐久、耐油、耐水、耐腐、耐刷洗，具有透氣性較好，質地較厚，具有彈性，似壁紙。

6. 壁紙、牆布

（1）壁紙。壁紙又分塑料壁紙、非塑料壁紙和特種壁紙。其中，塑料壁紙是以紙為基層，以聚乙烯薄膜為面層，或摻有發泡劑的 PVC 糊狀樹脂，經過複合、印花、壓花等工序製成，這類壁紙價格較低；非塑料壁紙是以紙為基層，面層有絲、棉、麻和金屬等，經複合加工而成，強度和裝飾性等均好於塑料壁紙；特種壁紙是指有防汙、滅菌等特殊功效的壁紙，如滅菌壁紙、健康壁紙、植絨壁紙等。在有些壁紙背面（特別是進口壁紙）常有一些符號（見圖 6-1），說明了對壁紙的施工處理及保養方法，裝貼前應注意。

（2）牆布。目前市場上牆布的種類主要有以下幾種：

無紡牆布。它是採用棉、麻等天然纖維或滌晴等合成纖維，經成型、上樹脂、印刷花紋而成。其特點是較挺括，有彈性，不易折斷，表面光潔有羊絨毛感，色彩鮮艷，不褪色，耐磨。

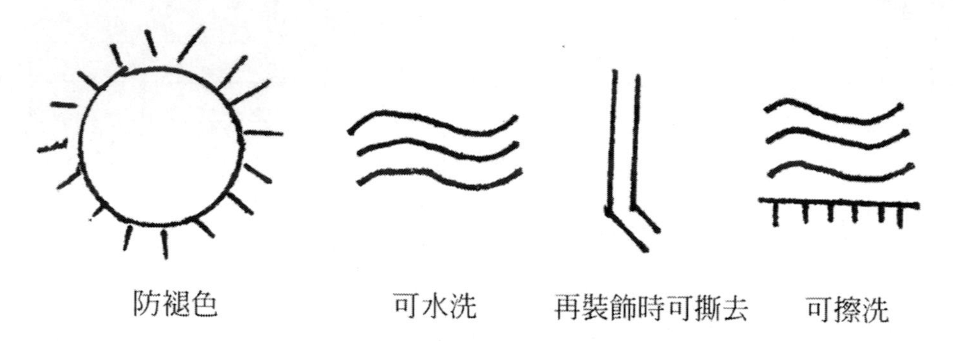

圖 6-1 壁紙施工處理及保養方法示意圖

裝飾牆布。是以純棉布經過預處理、印花、深層製作而成，特點是強度大，靜電小，啞光，吸音，無毒無害，花型色澤美觀大方，由於防潮性能較弱，故適用範圍不是很大。

化纖裝飾貼牆布。這種牆布是以化纖布（如滌綸、晴綸、丙綸等）為基材，經處理後印花而成，特點是無毒無味，防潮性能好，經久耐用，清潔保養方便，適用範圍廣，是客房較常用的牆面裝飾材料。

玻璃纖維印花貼牆布。簡稱玻纖印花牆布，是以中鹼玻璃纖維織成的布為基材，表面塗以耐磨樹脂，並印上彩色圖案而成。其特點是玻璃布本身具有布紋質感，經套色印花後，裝飾效果好，色彩艷麗，花色繁多，不褪色，不老化，防火、防水，可用清潔劑洗刷，價格便宜，是中低檔飯店客房牆飾的首選。

7. 木質地板

木材因其天然的花紋、良好的彈性和淳樸典雅的質感而受到人們的青睞。用木材製成的地板，因其獨特的功能而被作為特別場所的地面裝飾材料，如會議室、酒吧、舞廳、健身房、羽毛球場、餐廳、客房等。木質地面裝飾板多用軟木樹材（松、杉等）和硬木樹材（楊、柳、榆等）加工而成，可做成拼花板、企口板、漆木板和複合地板等。實木地板的特點是自重輕，導熱性能低，彈性較好，舒適度好，美觀大方，但容易受溫度和濕度的影響而裂縫、起翹、變形，它耐水性差，清潔保養難度大，易腐朽。現在，新型的複合地

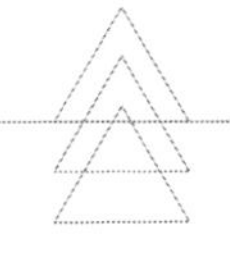

板在加工製造中透過革新傳統的加工工藝和添加防腐、防蟲、耐磨等物質，來改善其性能，已使之成為很好的地面裝飾材料。

8. 地毯

地毯既具實用價值又有藝術觀賞價值，有著悠久的發展歷史，最早是以動物毛為原料編織而成，基本上是手工織造，價格昂貴，難以廣泛應用。隨著科技的發展，出現了以棉、麻、絲、化纖等為主要原料的地毯，並採用機織無紡等工藝，使地毯這一古老的地面鋪設材料成為飯店地面的最主要的鋪設材料。

(1) 羊毛地毯。即純毛地毯。它以粗綿羊毛為主要編織材料，具有彈性大、拉力強、光澤好的優點，是高檔的鋪設飾材。

羊毛地毯分為手工編織羊毛毯和機織純毛地毯兩大類。

手工編織羊毛地毯。是採用優質綿羊毛紡紗，用現代染色技術染出最牢固的顏色，用精湛的手工技巧織成瑰麗的圖案，再經平整加工而成。它的特點是圖案優美，色澤鮮艷，富麗堂皇，質地厚實，富有彈性，柔軟舒適，經久耐用，裝飾效果極佳。因其價格昂貴，故主要用於豪華房間的裝飾。

機織羊毛地毯。具有毯面平整、光澤好、富有彈性、腳感柔軟、抗磨耐用等特點，其性能與手工羊毛地毯相似，但價格低於手工地毯。科技的進步使地毯織造工藝日臻完美，為消除純毛地毯的易蟲蛀、易霉變等缺陷，織造中透過改良纖維，使其具有了抗蟲蛀、抗潮濕的功能，降低了清潔保養的難度，從而使羊毛地毯成為中檔飯店普通客房的地面飾材。

(2) 化纖地毯。是 70 年代發展起來的一種新型地面裝飾材料。它是以化學合成纖維為原料，經機織或簇絨等方法加工成面層織物後，再與背襯材料進行複合處理而製成。

①化纖地毯的面層。是以聚丙烯纖維（丙綸）、聚丙烯晴纖維（晴綸）、聚酯纖維（滌綸）、聚酰胺纖維（錦綸、尼龍）等化學纖維為原料，透過採用機織或簇絨等方法加工成為面層織物。上述纖維中，丙綸纖維的密度較小，抗拉強度、抗濕性及耐磨性都很好，但回彈性與染色性較差；而晴綸雖密度

稍大些，但具有色彩鮮艷、靜電小等優點，回彈性優於丙綸，且具有足夠的耐磨性；滌綸纖維的優點是具有優良的抗皺性和回彈性，缺點是染色性差，織物易起毛球；與滌綸纖維相比，尼龍的強度及耐磨性高於滌綸，但極易起靜電，毯面的舒適滑爽感較差。在現代地毯生產中，針對上述幾種毯面纖維的特性及對地毯功能的要求，生產商們透過對纖維進行耐汙染、抗靜電的處理或將兩種纖維進行混紡，不斷強化和完善化纖地毯的觀賞價值和實用價值。

②化纖地毯的防鬆塗層。是指塗刷於面層織物背面、背襯上面的塗層。這種塗層材料是以氯乙烯為基料，再添加增塑劑、增稠劑及填料等，配製成為一種水溶性塗料，再將其塗於面層織物背面，可以增加地毯絨面纖維在背襯上的固著牢度，並增強了地毯的彈性。一些質次的化纖地毯通常沒有防鬆塗層。

③背襯。地毯背襯通常有兩層，一層是經緯交織的黃麻或是其他泡沫橡膠等；另一層是起防潮和加固作用的防鬆塗層。背襯不僅保護了面層織物背面的針碼，增強了地毯背面的耐磨性，同時也加強了地毯的厚實程度。

（3）混紡地毯。是將兩種或兩種以上的纖維按一定比例混合，組成新的纖維後再紡成的地毯。前面已介紹過，無論是羊毛纖維還是化學纖維都有各自的優點和不足，將它們按比例混合便可揚長避短。例如，將羊毛與化纖混紡，可抗蟲蛀、防潮，同時仍具有羊毛柔軟、華貴的特性，而且價格遠低於純羊毛地毯。這類混紡地毯是大多數飯店客房的地面鋪設材料。

總之，地毯的美觀、安全、舒適、清潔、吸音、保溫等特點，使它們在飯店裡得到了最充分的使用。

第二節 客房面層材料的清潔保養

客房面層材料主要指地面和牆面裝飾材料。地面、牆面的清潔保養是飯店清潔保養工作的重要內容，做好相關工作，既可美化環境，又能延長地面、牆面裝飾材料的使用壽命，減少飯店維修或更換地面、牆面裝飾材料的投資。

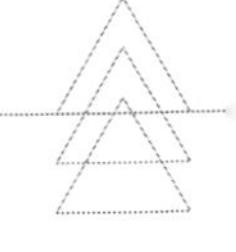

隨著科學技術的不斷進步，能夠用於飯店地面、牆面的裝飾材料越來越多，給飯店清潔保養工作提出了新的課題。

一、地面材料的清潔保養

飯店用於地面的裝飾材料主要有地毯、大理石、水磨石、木材、混凝土、瓷磚等。應根據其不同特性，做好清潔保養工作。

（一）地毯的清潔保養

1. 採取必要的防汙垢措施

採取預防性措施，可以避免和減輕地毯的汙染，這是地毯保養最積極、最經濟、最有效的方法。

（1）噴灑防汙劑。地毯在使用前，可以噴灑專用的防汙劑，在纖維表面噴上保護層，能造成隔離汙物的作用，即使有髒東西，也很難滲透到纖維之中，且很容易清除。

（2）阻隔汙染源。飯店要在出入口處鋪上長毯或擦鞋墊，用以減少或清除客人鞋底上的灰塵汙物，避免將汙物帶進飯店，從而減輕對店內地面的汙染。

（3）加強服務。周到的服務也可防止汙染地毯。例如，有些客人會在客房內食用瓜果，服務員發現這種情況時，應主動為客人提供專門的用具、用品，並給予適當的幫助，儘量避免瓜果汁液汙染地毯。

2. 經常吸塵

吸塵是清潔保養地毯的最基本、最方便的方法。吸塵可以清除地毯表層及藏匿在纖維裡面的塵土、砂粒。吸塵時可交替使用筒式和滾擦式吸塵器。筒式吸塵器一般只能吸除地毯表面的塵土，而滾擦式吸塵器既可吸除地毯表面的塵土，又可透過滾刷作用，將藏匿在纖維裡面的塵土、砂粒清除掉，同時還能將粘結、倒伏的纖維梳理開來，使之直立，恢復地毯的彈性及外觀。在平時的清潔保養中，不能等到地毯已經很髒時再吸塵。因為，當能夠明顯地看出地毯上有灰塵時，地毯纖維組織便已經積聚了大量的塵土，僅靠吸塵已不能解決問題。

3. 局部除跡

地毯上經常會有局部的小塊斑漬，如飲料漬、食物斑漬、化妝品漬等。在日常清潔保養中，這些小塊斑除漬即使最終能清除掉，也會給地毯造成損害。

常見的地毯汙漬種類及清除方法，見表 6-4。

表 6-4 常見地毯汙漬的種類及清除方法

污漬的種類	清除方法	備註
酒精、尿液、菸灰、鐵鏽、血液、啤酒、果酒、果汁、鹽水、芥末、漂白劑、墨水	1.將溶液①浸在清潔的抹布上 2.輕輕抹去污漬 3.用紙巾或乾布吸乾 4.用吸塵器吸塵	溶液①：以30毫升的地毯清潔劑加一匙白醋，溶在120毫升水內
巧克力、雞蛋、口香糖、冰淇淋、牛奶、汽水、嘔吐物	1.將溶液①浸在清潔的抹布上 2.輕輕抹去污漬 3.用紙巾或乾布吸去液體 4.施用溶液② 5.施用溶液① 6.用乾布或紙幣吸去液體 7.乾後用吸塵器吸塵	溶液②：將7%的硼砂溶在300毫升水內
牛油、水果、果汁、油脂、食油、藥膏、油漆、香水、鞋油、油漬、蠟	1.將溶液①浸在清潔的抹布上 2.輕輕抹去污漬 3.用紙巾或乾布吸去液體 4.等待變乾 5.用溶液①浸濕髒處地段 6.輕輕擦拭 7.用乾布或紙巾吸乾 8.乾後用吸塵器吸塵	

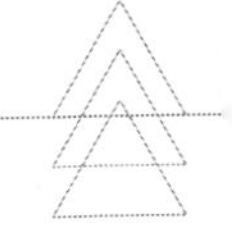

污漬的種類	清除方法	備註
地毯燒傷	1.用軟刷輕刷 2.或者用剪刀將燒焦的部分剪掉 3.用吸塵器吸一遍	必要時用清潔劑溶液清潔
地毯嚴重燒傷	1.用利刀去掉燒焦部分 2.用同樣的地毯膠貼或織補 3.清除痕跡	
地毯上有壓痕	1.用蒸汽熨斗熨燙 2.用軟刷輕刷或用吸塵器吸，消除痕跡	

對地毯進行局部除漬時，應注意以下事項：

(1) 必要時，先用清水濕潤地毯汙跡周邊，以防止汙漬潮濕後疏散。

(2) 用刷子擦刷時，採用濕刷的方法，以減輕對纖維的損傷。

(3) 在清潔汙漬前，必須先清除汙物，如用油灰刀刮除粘滯的或已乾結的固體汙跡，用紙巾吸除未乾的液體，等等。

(4) 根據汙漬的種類和性質，選用合適的清潔劑，如果對選擇沒有把握，要先從損傷性較小的清潔劑開始試用。

(5) 為防止汙漬擴散，使用清潔劑時應按照由外圍向中心的順序進行，待反應一段時間後，用抹布按同樣的順序進行擦抹，或用抽洗機配合手動進行沖洗、吸乾。

(6) 使用清潔劑後，必須用清水過清，以減輕清潔劑對地毯的損傷。

(7) 避免因清潔方法不當而留下新的痕跡，如褪色等。

4. 適時清洗

一般來說，當地毯使用了一段時間後，就應對地毯進行全面徹底的清洗，但必須注意，這種清潔的頻率必須適度，清潔的方法必須適當，因為清潔地毯成本費用高，影響使用，且對地毯有損傷。這裡尤其要注意地毯的受損問題。

清洗使地毯受損的情況主要有以下幾種：機器設備對地毯的磨損；化學清潔劑對地毯的腐蝕；地毯因受潮後縮水、變形、霉爛、褪色、加速老化而難以恢復原有的彈性和外觀。可見，地毯不宜頻繁清洗，即使不得不清洗，也要選擇合適的設備工具和清潔劑。

（1）常用的地毯清洗方法

主要有濕旋法、噴吸法、乾泡擦洗法、乾粉除汙法等。

①濕旋法。是比較傳統而又普通的清洗地毯方法，目前已不常用。這種清洗方法是借助清潔劑的去汙力，靠盤刷的旋轉摩擦，將汙跡與纖維分離，然後用吸水機將溶液及汙跡吸除，再用烘乾機烘乾。這種方法所需的設備工具有盤刷機、吸水機、烘乾機、吸塵器、手工刷等。清潔時應選用專用清潔劑。與其他清洗方法相比，濕旋法的弊端最多，對地毯的直接磨損最嚴重，殘留的清潔劑和汙物較多，容易使地毯縮水、起皺、褪色、霉爛，影響地毯使用的時間較長等。因此，這種方法主要適用於汙垢嚴重的化纖地毯。

②乾泡擦洗法。是飯店比較常用的清洗地毯方法。其操作過程和除汙方法是將清潔劑壓縮打泡後噴塗在地毯上，機器底部的擦盤同時擦洗地毯，使泡沫滲入地毯中，靠擦盤的摩擦力和清潔劑的去汙力，將汙物與纖維分離。分離後的汙物與泡沫結成晶體，一段時間後（半小時左右）用吸塵器將其吸除。這種清洗方法不會使地毯過於潮濕，影響地毯使用的時間也較短，所以適用範圍較廣。但如果地毯髒汙程度較重，則難以一次性清洗乾淨。

③噴吸法。就是用高壓將清潔劑噴射到地毯中，在高壓衝擊和清潔劑的雙重作用下，將汙垢與纖維分離，同時用強力吸嘴將溶液及汙物從地毯中吸除。這種方法快捷、方便，對地毯的直接傷害較小，但清洗後，地毯濕度較大、乾燥時間較長，一般只用於清潔化纖地毯。

④乾粉除汙法。就是將專用乾粉撒在地毯上，用機器輾壓，使之滲透到地毯中，待乾粉在地毯中滯留一段時間後，用吸塵器吸除。這種方法基本不損傷地毯，但僅適用於輕微汙染的地毯。

（2）清洗地毯的注意事項

①要有齊全適用的設備、工具。②要合理配製清潔劑。③水溫不能過高。④清洗前要先移開家具及其他障礙物。⑤邊角部位要用手工處理。⑥地毯如

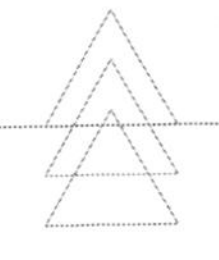

果汙染較重，不能指望一次清洗乾淨。⑦必須待地毯完全乾燥後才能使用。⑧局部嚴重汙跡，可先用手工清除。⑨安全操作。

（二）大理石地面的清潔保養

對大理石地面定期清潔保養，既可保持其清潔美觀，又可延長其使用壽命。清潔保養的主要方法有：日常除塵、去除汙跡、定期清洗、定期打蠟拋光等。其中比較複雜的是清洗和打蠟，下面簡單介紹這兩項工作的操作程序。

1. 大理石地面的清洗

（1）器具、用品。警示牌、附有驅動盤和粗尼龍或聚酯墊的拋光機、吸水機及其他工具、鹼性清潔劑（pH10 ～ pH11）。

（2）方法。①通風；②設置警示；③清除障礙；④將清潔劑溶液放入清潔桶，用地拖或機器將清潔劑溶液灑在地面上（注意適量）；⑤用機器分段分塊清洗；⑥用手工擦洗邊角部位；⑦及時用吸水機或地拖清除溶液和汙物（如不及時清除汙物又會粘附在地面上）；⑧用清水徹底清洗，在最後一次清洗時，要在水中加入適量的醋，以中和清潔劑的鹼性；⑨將地面處理乾燥；⑩清潔後將設備、工具和用品妥善保管；⑪打蠟拋光；⑫撤消警示。

2. 大理石地面的打蠟

（1）器具、用品。警示牌、塗蠟拖把（棉或羊毛製品）、蠟液容器、拋光機、封蠟、上光蠟、其他工具。

（2）方法。①設量警示；②通風；③用膠紙帶封住離地面 60cm 以下的插空；④面對自然光；⑤塗蠟動作流暢、用力均勻；⑥不可遺漏，將兩個區域的交界處輕輕帶過；⑦塗一遍之後，要等乾燥後用機器磨去粗糙不平處，再塗另一遍蠟；⑧封蠟要在 12 小時～ 16 小時後才幹；⑨上光拋磨；⑩清洗工具、設備，妥善收放工具、設備及用品；⑪撤消警示。

有關打蠟拋光常見的問題及原因見表 6-5。

表 6-5 打蠟抛光常見的問題及原因

問題	原因
全部塗層很差	1.對鹼性清潔劑清除不徹底，有殘留； 2.上光劑太少； 3.前一層未乾就塗後一層； 4.上光劑品質太差。
地面過滑	1.上光劑太多； 2.上光劑是從另一處移過來的； 3.地面未在打蠟拋光前清潔乾淨。
塗層成粉狀	1.地面已受過汙染； 2.封蠟時濕度過高或過低； 3.地面下有熱度； 4.定期保養用錯刷墊。
耐久性差	1.交通負荷超過地面承受能力； 2.錯用清潔劑； 3.日常保養錯用刷墊； 4.上光劑太少； 5.上光劑塗在受汙染的地面上； 6.清洗時鹼性不夠。

3. 大理石地面清潔保養的注意事項

對大理石地面進行清潔保養時，方法一定要得當，否則會對大理石地面造成損傷，既影響其外觀，又會縮短其使用壽命。

在清潔保養工作中，具體要注意以下幾點：

（1）避免使用酸性清潔劑。因為酸性清潔劑會與大理石產生化學反應，使大理石表面變得粗糙，失去光澤和韌性。

（2）有選擇地使用鹼性清潔劑。因為有些鹼性清潔劑，如碳酸鈉、碳酸氫鈉、磷酸鈉等，也會對大理石造成損作。

（3）不能使用肥皂水清潔大理石地面。因為肥皂水會在地面上留下粘性沉澱物而不易清除，使大理石地面變滑，影響行人安全。

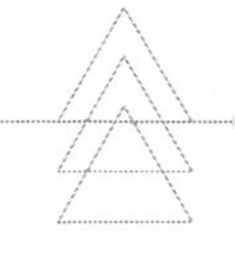

(4) 地面預溫後，再將清潔劑潑灑在上面，以防止清潔劑中的鹽分被大理石表面的細孔吸收。

(5) 新鋪的大理石地面，在啟用前必須清洗打蠟。第一次打蠟可打兩層底蠟和兩層面蠟；打蠟後，可防止汙物滲透，使地面表面光潔明亮。

(6) 在大理石地面周圍的出入口處，要鋪放踏腳墊，但不能直接在大理石地面上放置踏腳墊或有橡膠底的地毯，因為它們會與蠟粘連，形成難以清除的汙垢。

(7) 防止地面被堅硬物體擦傷。

(三) 水磨石地面的清潔保養

(1) 水磨石地面表層孔隙多，需用水基蠟離封。

(2) 經常除塵除跡。

(3) 避免沾染油脂類汙物。

(4) 適時清洗。清洗前，先用乾淨的溫水預溫地面，然後用合適的清潔劑溶液清洗，最後用清水沖洗乾淨並擦乾。

(5) 避免使用鹼性清潔劑，因為鹼性清潔劑會使水磨石地麵粉化。

(6) 清潔保養時，通常選用含碘矽酸鹽、磷酸鹽等清潔劑和合成清潔劑。

(四) 混凝土地面的清潔保養

(1) 啟用前，地面需用聚酯、環氧樹酯、水基蠟或酚醛清潔處理。

(2) 清潔日常用掃帚、溫拖。

(3) 必要時用中性清潔劑清洗。

(五) 瓷磚地面的清潔保養

瓷磚地面日常清潔保養無特別要求，主要是要避免地面潮濕，避免使用強鹼性的清潔劑，平時用抹布或拖把將地面擦拭乾淨即可。

(六) 木質地面的清潔保養

(1) 木地板啟用前要用油基蠟離封上光，以隔墊防潮、防滲透、防磨損。

(2) 日常清潔保養中，可用抹布或經牽塵劑浸泡過的拖把除塵除跡。

(3) 特殊汙跡要採用合理的方法清除。

(4) 一般汙跡用經稀釋過的中性清潔劑清洗。

(5) 定期清除陳蠟並重新打蠟。清除陳蠟時，要使用磨砂機乾磨，邊角部位用鋼絲絨手工處理。

(6) 木地板打蠟選用油基蠟。

(7) 防止碰撞或擦傷，防火、忌水。

二、牆面材料的清潔保養

飯店用於牆面的裝飾材料主要有硬質材料、牆紙、牆布、木質材料、軟牆面、油漆牆面、塗料牆面等。

1. 硬質牆面

飯店很多地方的牆面多為硬質材料，常見的有瓷磚和大理石等。這些牆面材料的特性與地面材料相同，但在清潔保養的做法及要求上有所不同。作為牆面，很少受到摩擦，主要是塵土、水和其他汙物。日常清潔保養一般只是對牆面進行除塵除跡，定期清潔保養大多是全面清洗，光滑面層可用蠟水清潔保養。廚房、浴廁的牆面用鹼性清潔劑清洗，洗後需用清水洗淨，否則時間一長，表面會失去光澤。

2. 牆紙、牆布

牆紙、牆布的清潔保養主要是除塵除跡。除塵時，可使用乾布、雞毛撣、吸塵器等。除跡時，需按規範操作。對耐水的牆紙、牆布，可用中性、弱鹼性清潔劑和毛巾、軟刷擦洗，擦洗後用紙巾或乾布吸乾。對不耐水的牆紙、牆布，只能用乾擦的方法，或用橡皮擦拭，或用毛巾蘸少許清潔劑溶液輕擦。

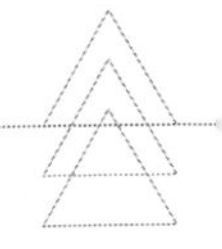

3. 木質牆面

木質牆面的清潔保養主要是除塵除跡，定期打蠟上光，防碰撞或擦傷。除塵除跡可用潮抹布，打蠟上光需選用家具蠟，如有破損則需由專業人員維修。

4. 軟牆面

軟牆面的清潔保養主要也是除塵除跡。除塵時可用乾布或吸塵器，如有汙跡，可選用合適方法清除，一般不宜水洗，以防止褪色或留下色斑。用溶劑除跡時，要注意防火。

5. 油漆牆面

油漆牆面清潔保養時，可用潮抹布擦拭，以清除灰塵汙垢，但忌用溶劑。

6. 塗料牆面

塗料牆面的清潔保養主要是除塵除跡。灰塵可用乾布或雞毛撣清除；汙跡可用乾擦等方法清除，另外要定期重新粉刷牆面。

本章小結

面層材料的種類繁多，要選擇好、使用好、保養好面層材料，就必須對各種面層材料進行認真的研究。目前，很多飯店在面層材料的使用和保養上問題較多，甚至很嚴重。其主要原因是：一、有關人員缺乏這方面的專門知識與技能；二、缺少專門的設備用品；三、管理層對這方面的工作重視不夠、要求不嚴、標準不高。由於面層材料沒有得到很好的使用與保養，嚴重影響了整個飯店的面貌，進而影響了飯店的市場形象與競爭力。因此飯店必須把面層材料當作飯店的臉面去愛護、去保養。

複習與思考

1. 人們通常是如何對飯店面層材料進行分類的？

2. 詳述飯店常用面層材料的特性。

3. 整理出各種面層材料的清潔保養程序。

4. 列出客房地毯上特殊汙漬的種類及清除辦法。

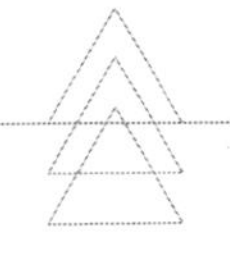

第 7 章 客房部清潔設備的配置與管理

導讀

精良的設備是做好飯店清潔保養工作的必備條件之一。合理配置、正確使用、嚴格管理清潔保養設備對於控制設備投資、提高清潔保養工作的效率都具有十分重要的意義。

閱讀重點

充分認識清潔設備的重要性

熟悉飯店常用清潔設備的種類及其用途

能熟練操作常用的清潔設備

熟悉清潔設備管理工作的各個環節及具體方法與要求

第一節 清潔設備的配置

對飯店來說，購買客房清潔設備是一筆數目不小的投資，若配置不當，一方面可能會影響清潔保養工作，另一方面也可能會給飯店造成資金上的浪費。

一、清潔設備的種類和用途

客房清潔設備品種繁多、功能不一，對其種類、用途的瞭解，有助於設備的正確配置和使用。

（一）擦地 / 拋光機

此類機器的主要功能是透過機盤的轉動，帶動不同類型的刷盤，對各種地面進行清洗。除此之外，它還可配上其他一些刷盤或附件，進行地面的起蠟、上蠟、洗地毯、噴磨、翻新等清潔保養工作。擦地 / 拋光機的功能多、型號及附件也多，這些都使得它成為清潔設備中用途最廣、利用率最高的設備。擦地 / 拋光機主要分為單擦機、全自動洗地機及拋光機。

1. 單擦機

擦地機中用得最多的是單擦機，也稱多功能洗地機，具有洗地、起蠟、上蠟、噴磨及洗地毯之功能。

單擦機的工作原理是，裝置水箱，將清潔劑和水加注其中，在常壓下噴出清潔劑，盤刷在馬達的帶動下與地面摩擦，使地面汙垢被擦磨分解，進而用吸水機將其吸走。它適用於石材、廣場磚、水磨石等硬地面的清洗。

將單擦機底部的洗地刷換為尼龍地毯刷，就可進行地毯的洗滌。此外，還可透過配置專用電子打泡箱打出泡沫，噴在地毯面層，再利用磨擦力洗淨地毯。地毯乾燥之後，再用吸塵器將停留在地毯表面上的清潔劑和汙垢的結晶吸去。

2. 全自動洗地機

全自動洗地機集噴水、洗地、吸水三個功能為一體，備有交流式和直流式兩種電源，可選擇前進和後退兩種方向。全自動洗地機的特點是效率高，適合於大面積地面的清洗。

由於該機集三種功能為一體，清潔劑與汙垢的反應時間不太充分，因此，對於重汙地面需考慮重疊清洗，以達到較好的清潔效果。在機器工作時，應安排一名清潔工做些輔助工作，如準備清潔劑、去除汙水箱內的汙水、搬開障礙物、對機器難以洗到的邊角部位和不易洗淨之處進行手工清潔，以提高效率、保證質量。

3. 拋光機

拋光機的外表很像單擦機，但它的轉速要高於單擦機，一般在每分鐘 1750 轉，超高速的可達到每分鐘 3000 轉左右。它的主要作用是對打蠟後的地面進行噴磨和拋光。一般來說，噴磨可用單擦機或低速拋光機，而拋光則要用高速拋光機。拋光機的主要配件是百潔刷片。百潔刷片因成分不同、硬度不同而有不同的用途，可以透過顏色來加以區別。一般情況下，百潔刷片由淺到深的順序為白色、米色、紅色、藍色、綠色、褐色、黑色，顏色越淺，

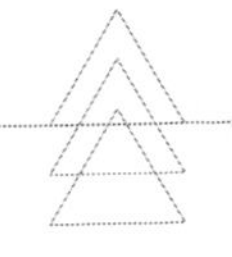

硬度越低，研磨性越小，拋光性能越好；顏色越深，硬度越高，研磨性越大，擦洗性能越好。

拋光機一般都配置噴蠟嘴。噴蠟嘴安置在機器的前部，使清潔工可以邊噴潔面蠟邊拋光，以節省時間。設計合理的拋光機還有吸塵功能，可將拋出的塵粒吸去，以加強清潔效果。

（二）吸塵器

吸塵器全稱為電動真空吸塵器，它是由電動機帶動的吸風機，利用馬達推動扇葉造成機身內部的低壓（真空），透過管道將外界物品上附著的灰塵吸進機內集塵袋中，以達到清潔的目的。吸塵器應用範圍廣泛，是飯店日常清潔保養工作中不可缺少的清潔設備。

根據構造和操作原理，吸塵器可分為桶式吸塵器和直立式吸塵器。桶式吸塵器靠吸力來進行吸塵，吸力強、容量大，使用和保養都較方便；直立式吸塵器除了具有吸塵的功能之外，還具有滾刷梳理功能。直立式吸塵器內置旋轉震動刷，滾刷轉動可將地毯的絨毛撥開，使深藏其中的塵屑、汙垢，特別是將地毯的致命物——沙粒自絨毛中鬆脫出來，也可使部分粘在纖維上的粘附性汙垢脫離開來，以便於吸除。在地毯吸塵方面，直立式吸塵器效果很好，是地毯保養必不可少的設備。

吸塵器只適用於乾燥的環境，在潮濕的環境下吸除髒液，需要使用吸水機。也有吸塵、吸水兩用的機器，即吸塵吸水機。除此之外，還有背式、腰式吸塵器。背式吸塵器可背在肩上使用，腰式吸塵器則系在腰部使用。這兩種吸塵器使用方便，清潔時機動性大，但最大的缺點是塵袋較小。水下吸塵器俗稱「水鬼」，專用於游泳池的清洗。

（三）地毯抽洗機

地毯抽洗機俗稱為三合一地毯抽洗機，集噴液、刷洗、吸水為一體。抽洗機下部有三組或五組噴嘴。使用前將兌制過的清潔劑放入水箱，洗地毯時由噴嘴噴出，然後滾刷轉動，使清潔劑與地毯汙垢發生反應，將汙垢分解出地毯，再將汙水吸入汙水箱。地毯抽洗機配有不同扒頭，可以分別用於地毯的局部清潔及沙發、床靠背等設備的洗滌。另一種設計是主機加扒頭，簡稱二合一，扒頭的主要功能是噴水和吸水，適用於樓梯及狹窄區域地毯的洗滌。

還有一種地毯抽洗機，被稱為震盪式地毯抽洗機。振盪抽洗與滾刷抽洗原理基本相似。它的第一個特點是採用多組來回震盪直刷。這種「高速搖擺清潔刷」每分鐘前後擺動 2000 次～ 3000 次，可迅速將地毯中的汙漬震刷出來，並將其溶解在清潔溶液中，隨後被吸走。清潔過程中電刷的高速震盪有助於地毯纖維的鬆化及彈性的恢復，避免了其他刷法對地毯纖維所造成的破壞。第二個特點是所使用的「蒸汽乾洗地毯機」具有強大的雙馬達吸水系統，吸乾率比其他清潔設備大大提高，實用性特別強。

（四）吹乾機

吹乾機常用於地毯 / 地面清潔後的吹乾。根據地面潮濕的程度不同而調節風速（一般分為三速），促進地毯 / 地面的水分蒸發，加速地毯 / 地面的乾燥。

（五）高壓清洗機

俗稱高壓水槍，分冷、熱水型，主要透過水的壓力及溫度對游泳池、廣場、廚房及冷庫等區域進行清潔，特別適用於對地面頑漬的處理。出水溫度最高能達到 100℃，工作壓力最高能達到 200Pa。

（六）軟面家具清洗機

軟面家具清洗機俗稱沙發機，其工作原理是由主機將兌制過的高泡清潔劑製成泡沫，一只外接刷盤噴沫刷洗，一只扒頭吸液。

（七）掃地機

掃地機主要分手推式掃地機和動力式吸塵掃地機，適用於飯店廣場和庭院地面的清潔。動力式掃地機既可用汽油，又可用蓄電池作動力，大型的掃地機需像開車一樣駕駛。除此之外，還有樹葉 / 垃圾吸掃機，專用於樹葉的清理，其塵袋達到幾百公升的容量，而且易於更換傾倒，也可外接吸管，用於清潔邊角處和溝渠。

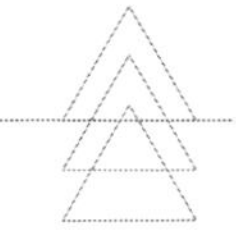

二、客房部清潔設備的配置

配置客房部清潔設備須綜合考慮多方面的因素。這些因素包括：

飯店建築規模。客房區域每個樓面的客房數決定了吸塵器的配備數量。如果每層的客房數是十幾間，每層就可配置 1 臺，超過 20 間，就應考慮配備 2 臺。當然，還要考慮客房出租率及其他情況，如清掃員是單獨做房還是合作做房等。

飯店清潔區域的大小影響著機器型號的選擇，如果多功能廳很大，所選的吸塵器的功率及容量就應該大。大堂面積大、寬敞，應選擇直徑大的拋光機以達到事半功倍的效果。

有些建築的結構需要經常搬動清潔機器，如有很多獨立式的小樓，所配的設備應為便攜式，以方便搬運。

地面材料。不同的地面材料需使用不同的清潔方法（如大理石與花崗岩即可採用相同的清潔方法，也可採用不同的清潔方法）。其設備的配置應做相應的變化。

飯店的檔次。飯店的規模小、檔次低，應考慮配置多功能的設備。例如，用單擦機替代三合一地毯抽洗機；用雙速單擦機的噴磨替代高速拋光機的拋光等。規模大、檔次高的飯店則應考慮配置專用性強的設備，所配置的品種相應較全。

飯店的財力。飯店應根據財力合理配置清潔設備，如果資金充足，又有必要，則可儘量配置專用性強、品種齊全的清潔設備。

勞動力成本。在勞動力成本較高的地區，應配置工作效率較高的設備。例如在勞動力成本很高的國家，一些飯店配置具有汙水處理性能的三合一地毯抽洗機，雖然價格很高，但清潔工作的效率卻會因此而得到很大的提高，人員費用就會大幅度降低，綜合考慮還是經濟的。

合約清潔。這主要取決於清潔服務的市場，如果是買方市場，完全可以考慮採用合約外包清潔的方式，即將一些清潔工作外包給社會上的專業清潔公司，從而減少設備的配備種類和數量，以減少飯店在清潔設備上的投資。

第二節 清潔設備的管理

清潔設備是客房部固定資產之一，客房部對其管理的重點應放在選購、保管、使用、保養和維修等幾個重要環節。良好的管理不僅可以使清潔設備始終處於正常的工作狀態，確保飯店清潔工作的正常進行，而且還可以延長設備的使用壽命，為飯店節省大量資金。

一、配置清潔設備的好處

1. 提高效率

相對於手工清潔而言，配置恰當的清潔設備不僅可以增強清潔效果，而且更加經濟。飯店大堂的地面可以用拖把拖，也可以用機器洗，但用機器洗會使地面更乾淨，而且效率也能提高數倍。

2. 降低員工勞動強度

使用設備不僅可以提高勞動效率，還能大大降低員工的勞動強度。

3. 提高員工士氣

使用設備標誌著客房部員工所做的工作不是簡單的體力勞動，而是需要一定技能的技術工作，必須經過一系列培訓才能勝任，員工的自豪感會油然而生。客房部管理人員在選擇設備時，應在一定程度上考慮設備的外觀，儘量選擇那些外觀較吸引人的設備，如流線型的。

4. 提高工作的安全性

使用伸縮桿清洗玻璃，進行高處吸塵，比爬梯子清潔要安全得多。使用吸水機抽吸地面的水並用吹乾機吹風，會使地面很快乾透，從而能在很大程度上減少因地濕而滑倒人的事故。

二、清潔設備的選購

清潔設備的選購是一項專業性較強的工作，客房部管理人員有責任參與。在選購時既要注意對供貨商的選擇，又要從技術上對所選的設備把好關。

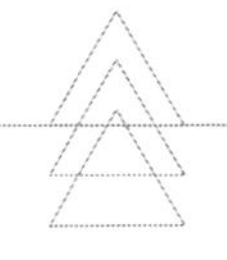

（一）供貨商的選擇

在選擇清潔設備供貨商時應考慮一系列的因素。

供貨商在行業中的聲譽。要向供貨商的競爭對手和客戶瞭解供貨商在行業中的聲譽。可請供貨商提供他們的客戶名單及向各客戶提供的主要產品。相當一部分供貨商會提供一份長長的客戶名單，但很多是很久前的，或有的客戶只購買少量的產品，而且用量很小。客房部管理人員在接到客戶名單後應詳細瞭解以上情況。

供貨商維修保養能力及零配件的供貨情況。在選擇供貨商時需要落實下列工作：第一，供貨商所承諾的免費維修保養期限一般為 1 年，有的更長。需要落實保養頻率要具體確定，以確保其承諾落到實處。第二，供貨商在當地有沒有維修保養點。這涉及到維修保養能否正常進行。第三，設備發生問題後能在多長時間內進行維修，供貨商應做出承諾。第四，零配件的供應情況也能影響到設備的維修，進而影響到飯店清潔工作的正常進行。

供貨商的銷售人員素質。銷售人員素質高低對售後服務影響很大，素質高的銷售人員會正確推薦產品的品種，承擔對用戶的專業培訓及定期的現場指導，使飯店的清潔工作不斷得到改進。而有的銷售人員只顧多銷售產品，卻不考慮用戶的真正需求。很多飯店採購的清潔設備大大超過實際需要量，從而造成設備的閒置及資金的大量占用。

供貨商商品價格的競爭性。在市場經濟條件下，不僅要考慮設備購買價格，而且還要考慮日後零配件的供應價格。在設備使用兩三年後，零配件的補充將是一筆數目不小的費用。

供貨商是否願意現場演示。現場演示可以反映設備的使用性能和特點，還能使一些未考慮到的問題表現出來，如噪音、操作控制的難易程度、尺寸大小等問題。如果供貨商願意進行現場演示，客房部經理、PA 主管、工程部經理及維修主管應參加。

供貨方產品尺寸的標準性。供貨商所提供的設備應是標準通用型的，如果所買的型號尺寸不標準，日後零部件的更換就可能成為一個突出的問題。

就像購買其他商品一樣，選擇清潔設備的供貨商時，應主要考慮價格及質量這兩個基本因素，此外還要考慮供貨商產品性能的穩定性等其他因素。

（二）清潔設備的選擇

1. 選擇清潔設備應注意的共性問題

（1）噪音。這對飯店來說非常重要，客房部的一項任務是為賓客創造一個舒適的環境，噪聲過高會破壞飯店的幽雅環境，影響飯店的產品質量。

（2）安全性。設備的設計有沒有充分考慮到安全問題？設備的絕緣性能如何？有沒有自動保護裝置？

（3）多功能性。一般情況下，設備的功能越多，其實用性越高。設備的多功能性通常透過配備附件來實現，如吸塵器配上必要的附件，就可進行沙發等軟面家具的吸塵。

（4）操作的靈便性。好的設備設計應是方便操作，操作者操作時無須使用太大的氣力，例如設備的輪子大易於移動，手柄的高低能夠調節，方便不同身高的操作者使用。

（5）自重和可攜帶性。部分低層建築沒有電梯，園林式的飯店建築比較分散。對於這些飯店，設備的重量和可攜帶性就顯得尤為重要。

（6）外觀。清潔設備需要在對客區域工作，外觀是否漂亮、顏色是否與環境協調，都會或多或少地影響到客人對飯店的印象，也會在一定程度上影響到客房部員工的士氣。

（7）耐用性。除了要考慮設備外殼及其他部分的設計外，還要考慮軸承、齒輪、皮帶等部分的牢固程度，馬達的質量、耐熱程度及電線質量都是要注意的問題。

（8）電源。注意電機對電壓的要求，中國的電壓是 220 伏，而台灣及國外的通常為 110 伏。

（9）功率和型號。選擇恰當的功率和型號，可方便清潔工作，避免浪費。

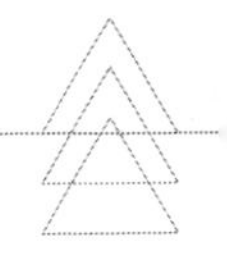

2. 各類清潔設備的不同特點

（1）擦地 / 拋光機

在選擇擦地 / 拋光機時，需要考慮的最重要的因素是尺寸問題，即刷盤的直徑。尺寸選擇太小，是最常見也是代價較大的一種錯誤。刷盤為 17 英吋的單擦機比 15 英吋的單擦機要貴，但工作效率要提高近 30%，一年下來，其節省的人力是相當可觀的，而設備的價格以其壽命來分攤，貴出的部分幾乎可以忽略不計。

很多飯店在採購時會選擇所能買到的最小擦地 / 拋光機，因為單價相應便宜。實際上，更經濟的方法是視區域的大小及家具的布置情況，盡可能選擇最大的尺寸。目前市場上的擦地 / 拋光機刷盤大都在 16 英吋～ 18 英吋，而 20 英吋～ 22 英吋的機器則更加實用。

在選擇尺寸時，應考慮以下因素：

①保養的總面積。

②保養區域的家具布置。

③大型號比小型號更穩，晃動幅度要小些。

④對於不太平坦的地面，使用型號小的設備所照顧到的地方更多。

⑤尺寸越大，單位面積所承受的壓力越小，因此，對於翻新、鏡面處理等需要較大壓力的工作，需使用小型號的機器。

⑥如考慮地毯洗滌，所選擇的機器以中等型號為宜，理想的擦地機應可調速度、重量及刷盤尺寸。

除了考慮重量及尺寸外，還應考慮：

①馬力。機器馬達必須超過半匹，刷盤小於 16 英吋時，可考慮更小的馬力。18 英吋的機器不小於 0.75 匹，21 英吋的不小於 1 匹，24 英吋的不小於 1.5 匹。

②馬達種類。大多數單擦機使用電容器或感應電動機，兩者都可接受，但電容器或電動機不需單獨的啟電器，在使用時可減少一些麻煩。

③外型設計。為了使機器能伸到家具下工作，廠家將馬達設計成偏離中心式的，即馬達偏後，在輪子上方，工作時輪子承擔一部分重量。這種設計與傳統設計不一樣，傳統的設計是將馬達放在盤刷上方的正中央，所有的重量由盤刷承擔。

④輪子處理。在傳統的設計中，馬達位於盤刷的中央，操作時輪子離地，機器的所有重量都壓在盤刷上，有些機器需操作者腳踩調節器，使輪子收縮離開地面，有的則需手動調節，還有一些機器的輪子是固定的，輪子大，方便機器的搬運。

⑤開關。大部分擦地＼拋光機使用安全手柄開關。

⑥速度。標準速度（每分鐘 175 轉）最適合於洗地及起蠟，每分鐘 250 轉～ 300 轉的速度適合於噴磨。

（2）吸塵器

①吸力要大，吸塵器的吸力用壓力水柱表示，單位是英吋。

②所用馬達要能承受連續不斷的工作而不被燒壞，馬達的排風為旁路式。

③根據用途選擇吸塵或吸塵吸水兩用機。

④根據吸塵量選擇型號，確保裝塵桶能裝足夠的垃圾，以避免頻繁地倒垃圾。

⑤因為吸塵器大部分時間是在需要寧靜環境的樓層工作，因此噪音要小。

⑥外殼最好有白色橡膠圈，以防止與牆和家具接觸時留下印痕或造成損壞。

⑦吸水機最好選擇不鏽鋼質地的桶體。

（3）地毯抽洗機

①雖然地毯抽洗機使用低泡清潔劑，但從地毯抽出的髒液中還是含有大量的泡沫。如果設計了自動保護裝置，就可避免因泡沫外溢而造成馬達被燒的問題。

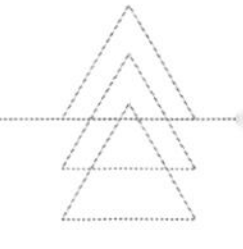

②普通的地毯抽洗機只能單向行走，而雙向行走的設備更方便操作。

③傳統的水箱容量有限，而可移動的柔性水箱則能使水箱的容積增加近1倍，其原理是清水和汙水兩個水箱的大小會在使用過程中發生變化，剛開始清洗地毯時，清水箱處於最大狀態、汙水箱處於最小狀態，隨著清潔的進行，清水箱逐漸變小，而汙水箱則逐漸變大，這樣可減少清潔工的換水次數。近年來，一些廠家開發出具有汙水處理能力的抽洗機，既可以節省人力，又可以節省水資源。

④振盪式抽洗機的缺點是噪音較高，嚴重時高達90分貝，對環境及操作者影響較大，因此其使用時間及環境受到限制。近年來設備生產廠家對設備進行了改進，利用聲學原理將噪聲降低了60%左右，因此選用時應考慮噪音的分貝數。

⑤地毯抽洗機的種類很多，應根據各飯店的實際情況進行選擇，主要需考慮飯店特點、規模、財力及勞動力成本。

(4) 吹乾機

①風力是要考慮的首要因素，在允許的情況下應盡可能大些。

②噪音要盡可能小，因為吹風機要長時間不間斷地工作。

③單只使用的效果遠沒有兩只對吹的效果好，因此應成雙地配置。

(5) 高壓水槍

高壓水槍分冷水及加熱兩種，售價有很大的差別。供貨商備有多種高壓噴頭、噴槍管、接頭、高壓通渠嘴及各種長度的高壓管，要根據實際需要進行選擇。由於高壓清洗機的工作壓力很高，所以要選擇有防爆安全系統的。

(6) 軟面家具清洗機

軟面家具清洗機功能較單一，但價格卻較高。如果飯店的規模不是很大，可以考慮用地毯抽洗機代替，因為大多數地毯抽洗機都能外接清潔沙發的扒頭。

三、清潔設備的保管

客房部應制定清潔設備的管理制度，包括設計、使用準確的檔案卡、制定收發程序以及確保庫房的安全。

建立和使用檔案卡是對清潔設備進行控制的第一步，每一清潔設備都應單建一卡，卡上應有以下欄目：名稱、型號、編號、供貨商、購買日期、價格、預計使用壽命（通常以工作小時為單位）、保修情況、當地服務聯繫方式以及各清潔設備的附件及庫房內保管的備件（皮帶、吸管等）。

表 7-1 清潔設備檔案卡

設備名稱： 生產廠家： 編號： 購買日期： 保修日期： 領用日：	使用壽命： 供貨商： 部門編號： 價格： 存放地點：	
配件：	購買日期：	價格：
備件及維修購買件：	購買日期：	價格：

在確定發放程序後，應每天將所有設備的發放和歸還情況詳細記錄在《設備使用記錄簿》中，具體內容包括：日期、設備名稱、使用人、該設備用於何區域、歸還時間等。

客房部最好安排一員工負責設備的統一收發。領用者必須在領用和歸還時簽字。設備的收發工作也可由公共區域組的領班負責。

客房部應考慮庫房的安全問題。在沒人時應鎖上庫房，所有設備在不使用時都應送回庫房保管，店內的設備不可以隨意拿出店外。對於借給其他部門的設備，客房部應詳細記錄，而且確保該設備完好歸還。

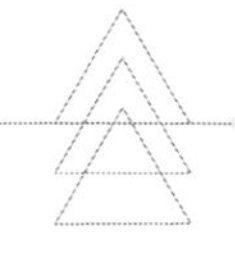

客房部每季度應對所有設備進行實地盤點。在盤點這一天，所有的設備都應歸還到客房部庫房，盤點中應對照檔案卡逐個清點核實，所有的附件及備件，也應點數並做記錄，最後應試一下所有的機器，以確保其工作正常。

四、清潔設備的使用

正確使用清潔設備可以提高工作效率、延長機器壽命，同時還能避免相關的傷害事故。在使用中應該注意以下事項：

加強培訓。要使員工知道在什麼情況下需要使用清潔設備、如何使用清潔設備、如何清潔清潔設備、在哪裡清潔清潔設備、在需要時找誰幫忙及設備附件在哪裡。

重視檢查。應重視機器設備的檢查，尤其要注意設備使用前的檢查，避免設備帶病工作。使用時，若發現聲音不正常或有異味，應立刻停機檢查。

嚴格按程序操作。按程序操作是工作正常進行的前提，違反程序的操作，往往會導致問題的出現。例如針座及刷盤應用手安裝到機器上，而不要將機器放在上面，試圖啟動機器，使其自動裝上，那樣會引起傷害事故；機器的電線應拖在操作者的後面，而不要放在前面，那樣容易被機器盤刷捲起，而損壞盤刷和電線，引起安全事故；也不要將電線繞在手柄上，那會影響開關操作；吸塵前應先清除地面的紙團及別針、圖釘等尖利物，避免吸管、過濾網及塵袋損傷。

安全操作。插座應與插頭相配，大的清潔設備要有地線；一些飯店在設計插座時，不能充分估計到電的負載問題，導致使用時出現跳閘現象；如果使用接線板或接線盤，其電線須與單擦機上的一樣粗，最好略粗些；如果操作中用到溶液，為防止觸電，最好戴橡膠手套、穿膠鞋；操作電器設備時手要保持乾燥；注意設備、電線及吸塵器吸管在使用時的擺放位置，避免絆倒他人。

保持設備清潔。要特別注意電線的清潔，隨時擦去水跡，以免在家具或地面上留下汙跡；儘量不要使水或清潔劑濺到機器上，以免馬達斷路或機器鏽蝕；避免機器接觸到具有腐蝕性的清潔劑，如果發生上述情況，應立即清除。

五、清潔設備的保養

1. 日常保養

日常保養是清潔設備保養的基礎。

（1）班前保養要求

①閱讀換班記錄，瞭解需特別注意的問題。②檢查電源。③擦拭設備。

（2）運轉中的保養要求

①嚴格按操作規程操作。②注意觀察設備運轉所發出的聲音、氣味。③設備不能帶病運行，發現異常情況應立即停機，檢查並排除故障，做好記錄。

（3）班後的保養要求

①工作結束後，應仔細將清潔設備擦拭乾淨，如用完吸塵器後，應清除塵袋內的灰塵垃圾，並將吸塵器的外表及附件清潔乾淨。②檢查各部件，確保其運行正常。③保養完後，切斷電源，設備應恢復到非工作狀態。

2. 定期保養

清潔設備的定期保養也稱計劃保養。它是定期對設備進行更深層次維護，以便消除隱患，減少設備磨損，保證設備長期正常運行的前提。該項工作一般由飯店工程部負責，也可與供應商簽訂合約，由其負責。

建立設備保養卡是確保清潔設備保養工作正常進行的基礎。首先將需保養的清潔設備列出，然後參考設備使用說明書、使用手冊、安裝調試手冊等資料中的有關維護保養內容，制定設備保養卡。此卡的內容包括：

（1）間隔週期：每週（月、年）進行一次。

（2）任務內容：應檢查的零部件；應清潔保養的部件；應測量的數據及其基準值範圍；應記錄的內容；應潤滑的部件及用油種類等。

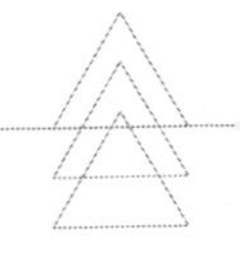

（3）任務 / 時間定額：註明完成檢查、擦淨、測量和潤滑等任務所需的時間。

六、清潔設備的維修

清潔設備能否正常運行，與維護修理工作關係密切，加強對設備的維修工作，可以保證清潔設備處於良好的工作狀態，延長其使用壽命，從而為清潔保養工作的正常進行創造必要的條件。

就像其他設備一樣，清潔設備的維修也分預防性的維修和應急性的維修。預防性的維修屬保養性質，包括對設備的日常保養和定期保養；應急性的維修是在設備出現故障時的維修。加強預防性的維修可在很大程度上減少應急性的維修。

及時發現問題有利於設備的維修工作，發現問題不及時或報修不及時，就可能讓設備超負荷、帶病工作，造成設備的非正常磨損，有時甚至燒燬馬達，更嚴重的甚至造成事故。

飯店工程部是設備維修部門，負責處理一般性的維修問題。清潔設備的大修一般交送供貨商進行。供貨商會派出專業人員檢查設備、更換零部件、排除故障。

大部分清潔設備供貨商要求飯店不拆卸機器。飯店可根據清潔設備維護的特殊性，與供貨商簽訂一份保養、維修合約。雖然飯店要支付一定的保養、維修費用，但由於設備能得到更專業的保養和維修，其工作效率會提高，使用壽命會大大地延長。與此同時，飯店還可在合約期內享受配件折扣優惠。所以從某種意義上講，合約保養、維修應該更加經濟。

本章小結

1. 從飯店內部來看，清潔保養工作高度專業化，從飯店的外部來看，清潔保養工作的社會化程度越來越高，基於這兩個原因，飯店清潔設備的配置與過去相比將有很大的變化：一是集中配置、集中使用和管理，二是盡可能地避免大而全、小而全。

2. 清潔保養工作是飯店不間斷的工作，每時每刻都要做，而且必須做好。因此，選好、用好、管好清潔設備，對於提高清潔保養工作的效率，保證清潔保養工作的質量都具有非常重要的意義。

複習與思考

1. 配置精良的清潔設備，對於做好飯店清潔保養工作具有哪些重要意義？

2. 客房通常需要配置哪些清潔設備？這些清潔設備各有什麼用途？

3. 為客房部配置清潔設備時通常需要綜合考慮哪些因素？

4. 選擇清潔設備時需要注意哪些問題？

5. 如何才能做好清潔設備的保管工作？

6. 使用清潔設備的注意事項是什麼？

7. 列出做好清潔設備保養工作的要點。

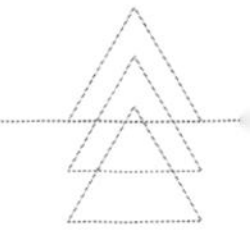

第 8 章 清潔劑的配製與管理

導讀

人們常說清潔劑就是飯店的沐浴液、潤膚露，可見清潔劑對於飯店的清潔保養工作具有何等重要的意義。本章重點介紹飯店常用清潔劑的種類、特性及其用途。掌握清潔劑的專門知識和使用與管理方法，是對專業管家的基本要求。

閱讀重點

充分認識清潔劑的重要性

瞭解清潔劑的種類與特性

能夠根據清潔保養工作的實際需要選配安全高效的清潔劑

能夠正確使用清潔劑

能夠對清潔劑進行有效的控制

第一節 清潔劑的作用及汙垢分類

安全高效的清潔劑是做好清潔保養工作不可或缺的材料。飯店的清潔保養工作離不開大量的各種類型的清潔劑。合理配備、正確使用清潔劑，既能提高工作效率、保證工作質量，又能對提高飯店的經濟效益產生積極影響。

一、清潔劑在清潔保養中的作用

清潔劑的基本功能就是將汙垢從家具、潔具、織物、地面等物體的表面清除，其除髒原理是依靠清潔劑的化學作用，減弱汙垢與物體表面的粘附力，再借助機械力，將汙垢從物體表面清除掉。從飯店清潔保養工作的目標來看，清潔劑在清潔保養中的作用主要有以下幾點：

美化被清潔物的外觀。正確合理地使用清潔劑對物體表面進行清潔保養，不僅可以清除物體表面的汙垢，還可以美化被清潔物的外觀，使之保持原有的色彩和光澤，延緩老化，避免因老化陳舊而被提前淘汰，延長設施設備的使用壽命。

保持和提高被清潔物的質量和性能。在一定意義上，設施設備的使用壽命與經濟效益成正比。如一件家具若清潔保養得當，可使用十年以上仍光亮如新、完好如初，否則會被提前淘汰，使飯店為購買新的家具而增加投入。有些飯店為節支而使用劣質、低價的清潔劑，要想達到一定的清潔效果，只能依靠強機械力，結果對被清潔物造成不必要的損傷。

具有環保功效。汙垢滯留在物體表面，不僅有礙觀瞻，而且汙染環境。飯店是一個公共場所，每天迎來送往，汙垢也借此進進出出。在清潔保養過程中，借助於清潔劑不僅有利於清除汙垢提高工作效率，還可消除肉眼所看不見的有害細菌。因此，從這個意義講，清潔劑還具有環保功效。

提高勞動效率。「工欲善其事，必先利其器」，員工勞動效率的高低與他們所使用的工具有直接的關係。使用高效的清潔劑，不僅能提高清潔功效，同時也能提高員工的勞動效率，飯店會因此而獲得一定的經濟效益。

二、汙垢的種類和特點

汙垢是指吸附於基質表面、內部，可改變基質表面外觀及質感特性的不良物質。汙垢的種類繁多，其成分也很複雜。

1. 根據汙垢的特性分類

液體油性汙垢。液體油性汙垢主要是指動植物油、礦物油等，如菜餚湯汁、圓珠筆油、化妝唇膏、指甲油等形成的汙垢。其中動植物油脂、脂肪酸可以被鹼液皂化，能溶於水；脂肪醇、膽固醇、礦物油則不會被皂化，但可以被表面活性劑乳化和分散，也能溶於一些醚醇、烴類等有機溶劑中。

固體汙垢。主要有塵埃、砂土、鐵鏽、灰、炭黑、花粉等。特點是在常溫下可溶於水，而其中的汙垢能與纖維等物質起化學作用，形成化學吸附，不易脫落，但可以使用特殊的方法處理。如用含酶的洗滌劑使汙垢分解，達到清潔的目的。

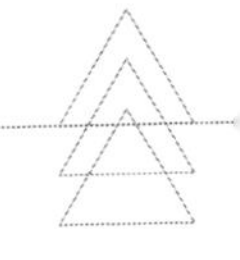

特殊汙垢。主要是指由蛋白質、澱粉、人體分泌物等在基質上形成的汙垢。這類汙垢一般不溶於水和有機溶劑，但可以被表面活性劑分子吸附而分散、膠溶、懸浮於溶液中，也可在水或溶劑的衝擊力作用下被洗離一部分。

2. 根據汙垢的物理和化學性質分類

水溶性和分散性有機物與無機物。這類汙垢有砂糖、果汁、果實酸之類的有機酸及食鹽、石灰等無機物。此外，澱粉、小麥粉以及蛋白質類的血液、卵白等，雖然不是完全水溶性的，但可分散在大量的水中，在水中可以溶解、分散，借助表面活性劑等可完全洗淨。

非水溶性無機物。水泥、熟石膏、煤煙塵、油煙、土壤等，這些物質不僅不溶於水，而且大多數也不溶於有機溶劑。對於這類無機物，以適當的表面活性劑和機械力處理，可以使它們脫離被洗物，而分散、懸浮在洗滌液中。

非水溶性非活性有機物。潤滑油、潤滑脂、瀝青、煤焦油、油漆、顏料、動植物油等物質，為非水溶性非活性有機物，雖不溶於水，但多數能溶於某些有機溶劑，因此可利用溶劑介質，將其溶解分離。乾洗劑就是利用這種性能。

非水溶性活性有機物。這類物質比較少，像脂肪酸之類的物質，少量存在於油脂和汗液中。

第二節 清潔劑的特性及配製

汙垢的種類繁多，特性不一，粘附在不同的物質表面後，形成了難以用水和機械力去除的汙垢，因此配製恰當的清潔劑針對性去垢，不僅可減輕清潔人員的勞動強度，還可提高清潔功效，達到事半功倍的效果。

一、清潔劑的特性

溶解作用。溶解，就是將固體或液體分散於另一液體之中。根據某些液體對某些固體或液體的溶解特性，可達到去除汙垢的作用。例如水可溶解澱粉漬。

化學作用。利用某些化學劑與某些汙垢的化學反應，使汙垢變成無色狀物質或可溶性物質，再利用溶解作用去除汙漬。例如：用酸中和恭桶內的鹼性汙垢。

乳化作用。利用表面活性類清潔劑的潤浸、滲透、分散、乳化等作用，可使某些不溶性汙漬變成親水性汙漬，乳化分離。

分解作用。利用某種物質對另一物質的特殊分解作用，使之變成易於去掉的物質，以達到去垢的目的。例如：利用鹼性蛋白酶可分解牛奶、血、汗中的蛋白質，使其成為可溶於水的氨基酸。

上述四種原理可單獨使用，也可聯合運用，以達到最佳清潔效果。

二、清潔劑的組成

清潔劑是指以去汙和保養為目的而設計配製的洗滌用品，由必需的活性成分和輔助成分構成。活性成分即為表面清潔劑，輔助成分有助劑、抗沉澱劑、酶、填充劑等。

1. 表面活性劑

作為清潔劑必要活性成分的表面活性劑，能使溶劑的表面張力大大降低，當它達到一定的濃度時，能在溶液中締合成膠團，從而產生潤濕或反潤濕、乳化或破乳、起泡或消泡、加溶、洗滌等作用，以達到實際應用的要求。

表面活性劑的種類很多，作用不同，應用的對象和範圍也不同。在清潔保養中常用的表面活性劑見表 8-1。

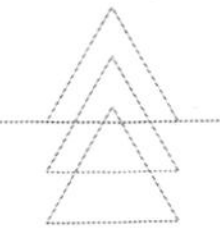

表 8-1 常用表面活性劑一覽表

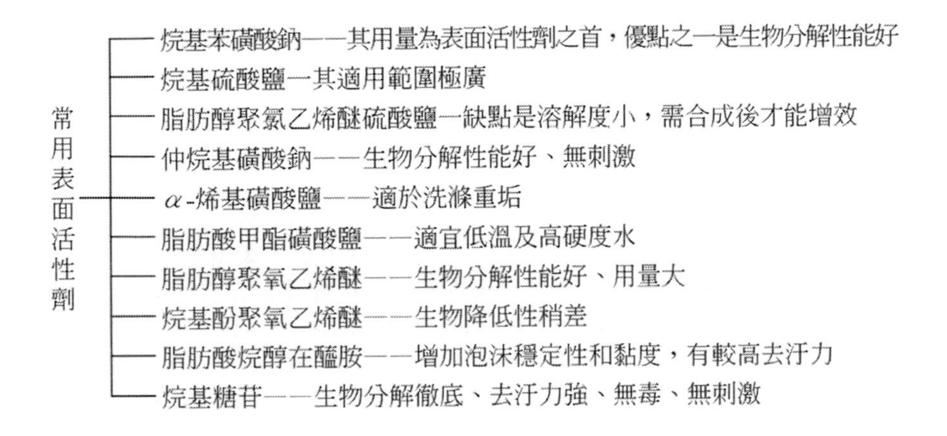

2. 助劑

清潔劑中除表面活性劑外，還要有各種助劑才能發揮良好的去汙保潔功能。有的助劑本身有去汙能力，但多數都沒有。將助劑加入到清潔劑中，可使清潔劑的性能得到明顯的改善，或使表面活性劑的配合量降低。因此助劑也被稱為清潔劑的淨化劑或去汙增強劑，是清潔劑中必不可少的組成部分。其種類見表 8-2。

表 8-2 常用助劑一覽表

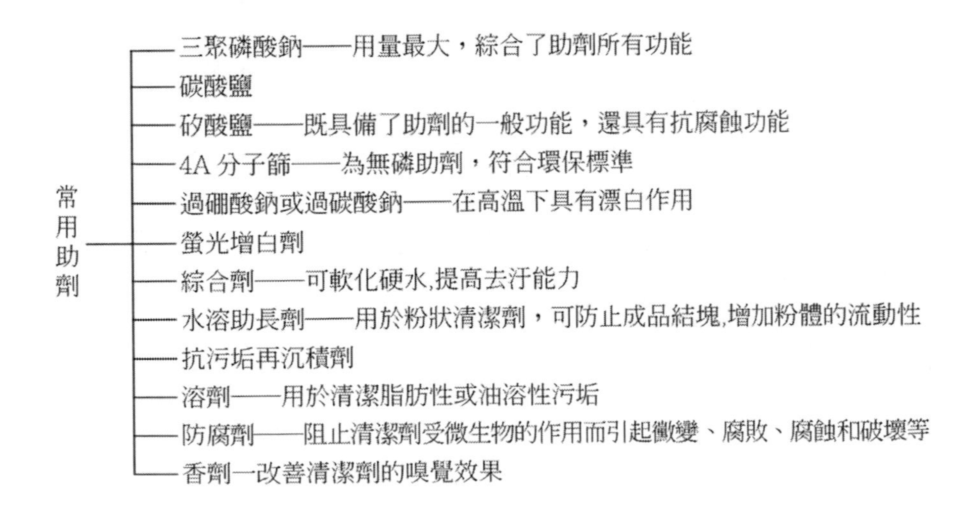

助劑的主要功能有：（1）對金屬離子有整合作用或有離子交換作用，可使硬水軟化。（2）起鹼性緩衝作用。使清潔劑維持一定的鹼性，保證去汙效果。（3）具有潤濕、乳化、懸浮、分散等作用。

三、客房部常用清潔劑的配製

針對各類物品的基質特點和汙垢的特性，將表面活性劑和助劑進行不同組合，使其具有不同形態（如粉狀、液體、塊狀、粒狀和膏狀等）、不同清潔和保養的功能。總之，活性劑與助劑配合使用便捷、除汙效果好、對物品基質無損傷、無汙染，是清潔劑的使用者們所追求的目標。客房部常用清潔劑的配製原理和方法如下：

家具清潔劑。主要用來清除家具、牆壁、瓷磚、門窗、玻璃等硬質物體表面上的塵埃、茶漬、油汙等，使用時一般選用低泡的非離子表面活性劑或中泡的烷基苯磺酸鈉，以氨、單乙醇氨等調成弱鹼性清潔劑，再加入助劑、溶劑等。所用溶劑多為水溶性，以便配製成透明液體，加入溶劑，在清潔操作時能夠更好地去除油汙。這類清潔劑汙染小，使用範圍廣，故被稱為萬能型清潔劑。

表 8-3、8-4 是兩組家具清潔劑的配方實例。

表 8-3 通用型家具清潔劑配方表

組成	配比%	組成	配比%
烷基磷酸酯鹽(50%)	4	焦磷酸鉀	7
脂肪醇聚氧乙烯醚(AEO)	1	水	餘量
矽酸鈉	5		

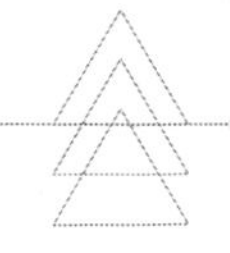

表 8-4 塗漆家具清潔劑配方表

組成	配比%	組成	配比%
OP-10	2	次氮基三乙酸鈉	0.5
聚醚	1	氨水(28%)	0.5
乙醇	1	水	餘量
尿素	1		

家具上光劑。家具上光劑通常呈乳液狀。其中的上光劑可溶於溶劑，也可以借助於乳化劑分散於水中。各種上光劑一般都含有光澤物質，如蠟、樹脂、礦油等。用巴西棕櫚蠟、小燭樹蠟、蜂蠟、豆蠟等作光澤物質時，其用量為上光劑總量的 5% ～ 30%。礦物油也可作為光澤物質，但其用量較高，為 20% ～ 40%。上光劑用的乳化劑是酯類或醚類環氧乙烷加成物，乳化劑用量是上光劑總量的 3% ～ 10%。隨著矽酮研究的深入，矽銅種類越來越多，此類產品全部用水包油型矽酮乳液。

浴廁清潔劑。浴廁清潔劑應具有清潔、除臭、消毒等多種功能。

表 8-5、表 8-6 是兩組浴廁清潔劑的配方實例。

表 8-5 坐便器清潔劑配方表

組成	配比%	組成	配比%
脂肪醇聚氧乙烯醚	2	鹽酸(工業)	10
OP-10	2	色素(藍)	適量
聚乙二醇500	2	水	餘量

表 8-6 浴缸清潔劑配方表

組成	配比%	組成	配比%
烷基苯磺酸鈉	10	異丙醇	5
脂肪醇聚氧乙烯醚	6	水	餘量
松油	5		

玻璃清潔劑。客房大量使用玻璃與鏡面，目前常用玻璃清潔劑的形態主要為液態型和氣霧型兩種，氣霧型則主要用於清潔鏡面，其配置方法如表 8-7。

表 8-7 玻璃清潔劑配方表

組成	配比%	組成	配比%
脂肪醇聚氧乙烯醚	6	乙醇	2
甲苯磺酸鈉	3	異丙醇	10
烷基苯磺酸鈉	3	水	餘量

金屬清潔上光劑。金屬種類很多，性質也各有不同，因此必須配製相應的清潔上光劑，以便進行針對性處理（見表 8-8、表 8-9）。

表 8-8 氣霧型不鏽鋼清潔劑配方表

組成	配比%	組成	配比%
白油	2.1	三氟氯甲烷	19
Span20	0.3	1.1.2.2—四氟氯乙烷	78
二壬基磺酸鋇	0.6		

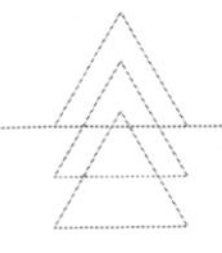

表 8-9 銅清潔劑配方表

組成	配比%	組成	配比%
聚乙二醇和甲氧基聚乙二醇	35	皂土	8
脂肪醇醚硫酸鹽	3	矽藻土	19
檸檬汁		食鹽	5
		水	餘量

地毯清潔劑。又稱地毯香波，由於地毯清潔的特殊性，對地毯香波的配方要求是對纖維無損害、潤濕力及滲透性好，易於蒸發、乾燥。通常分兩類。

一類是通用型高泡地毯香波。這類清潔劑用途較廣泛，其配方如表8-10。

表 8-10 通用型高泡地毯香波配方表

組成	配比%	組成	配比%
十二烷基硫酸鈉	10	二丙二醇單甲醚	4
AES	12	三乙醇胺	5
6501	5	水	餘量

另一類是氣溶膠型地毯清潔劑。這類清潔劑主要用於清潔地毯上的小面積汙漬，主要成分為表面活性劑、溶劑、助劑、聚合物、香精等。一般為氣霧劑，使用方便。

空氣清新劑。客房因沒有很好的通換風條件，要在瞬間改變房間的氣味和消除細菌，最簡單的方法便是噴灑空氣清新劑。

客房所用的空氣清新劑多為氣霧型產品（見表8-11）。

表 8-11 空氣清新劑配方表

組成	配比%	組成	配比%
糖精	0.05	乙醇	50
薄荷香精(或其文香精)	2.5	水	4.95
甘油	2.5	異丁烷(推進劑)	40

溶劑清潔劑。是以有機溶劑為主要成分，加入適量的合成洗滌劑所構成的液體洗滌劑。它可以將吸附於基質的油性汙垢溶解，同時將固體汙垢分散，使這些汙垢容易與基質脫離，主要用於對絲、毛等天然纖維織物的清潔。

選擇溶劑型清潔劑中的溶劑時要注意理想的溶劑應具有以下特點：溶解能力強，化學穩定性好，揮發性適當，燃燒性小，毒性小，增溶力大，對洗滌設備無腐蝕性。

常用的溶劑有：

五號汽油。無色透明，無異味，穩定性好，毒性弱，價格便宜。

四氯乙烯。較穩定，不易燃，溶解力大，有毒性，對金屬有輕微的腐蝕性。

三氯乙烷。溶解力好於四氯乙烯，不燃燒，毒性較小，除汙功能好，但對金屬有腐蝕性。

三氯乙烯。溶解力強，尤其對固態汙垢，如蠟、焦油、口香糖等使用效果更好，但有毒性。

溶劑性清潔劑是由上述溶劑及表面活性劑、少量水等組成的製品，其性能主要受溶劑性質的影響。

液體消毒劑。對客房的非一次性物品，應定期或不定期使用消毒劑消毒，以殺滅基質內外的細菌，防止傳染疾病。常用流體消毒劑應同時具有去汙、消毒、殺菌等多種功能。

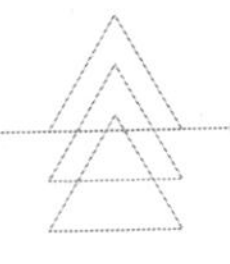

就消毒劑本身而言，應具備消毒藥效高、毒性小、汙染少的特點，而陽離子表面活性劑幾者兼有。所以理想的液體消毒劑是在以非離子表面活性劑為主的配方中，加入陽離子表面活性劑。常用的陽離子表面活性劑有潔爾滅、十二烷基三甲基溴化銨、吡啶陽離子等。

客房部所使用的清潔劑遠不止上述幾種，因篇幅所限，只列舉了其中一部分，想借此說明：清潔劑品種繁多，使用中針對性很強，不能以一代十，否則不僅不能達到理想的清潔保養效果，而且還會造成很多不良後果，如縮短被清潔物的使用壽命、造成汙染等。

第三節 清潔劑的管理

一、清潔劑的選購

清潔劑在客房部的運轉費用中所占的比例是相當大的。這種費用的支出最終能否得到相應的回報，關鍵有幾點：一是能否選擇到適合的清潔劑；二是能否以最理想的價格購進高質量的清潔劑；三是使用是否合理、消耗是否適量。客房管理者選擇清潔劑的原則應是比質、比價，優用、劣汰。

（一）選擇清潔劑的要素

去汙力。去汙力是清潔劑最重要的質量指標，直接影響清潔的功效。去汙力不但與清潔劑表面活性劑的種類、含量有關，而且也與選用的多種助劑及整體配方有關。因此，選購時應詳細瞭解其配方組成，並試用。

pH 值。基質及汙垢對 pH 值有不同的要求。重垢在 pH 高值下才能有效，而輕垢則適合在低 pH 值下使用。問題是若 pH 值較低時，則又會對某些基質造成腐蝕，所以選擇 pH 值適當的清潔劑是非常重要的。對於液體清潔劑可用 pH 值紙進行測試（產品的 pH 值在貯存過程中有可能發生變化）。

泡沫。泡沫包括起泡力和穩泡力兩個方面。清潔實踐中既要求清潔劑能夠有良好的起泡力，可產生豐富細膩的泡沫，也要求其有良好的泡沫穩定性，即能夠較長時間不消泡。購買時可瞭解和試用。

漂洗性。一般的清潔劑在發揮其特定的功能後，應能被完全沖離基質表面，好的產品應有較好的漂洗性。節約能源和提高工效是選購清潔劑的標準之一。

粘度。從感觀效果上看，粘度是產品濃度的特徵之一；從使用效果上看，粘度是產品流動性的物理指標。液態清潔劑對成品的粘度都有一定的要求。一般產品的粘度與有效物成分的多與少成正比，但也有些產品粘度依賴於增稠劑的作用。這要依據產品的用途進行選擇。

汙染。使用清潔劑會汙染，已被越來越多的人們所關注。因此越來越多的飯店都在透過減少不必要的洗滌來減少汙染，並且日益傾向於選擇非汙染（生物降解度好）的清潔劑。前面曾提到的烷基糖苷是 20 世紀末期開發的一種新型表面活性劑，無毒、無刺激，且生物降解迅速，去汙性能極好。這類環保型清潔劑應是飯店的首選。選購時生物降解度不得低於 90%。

感觀。對清潔劑的色澤、純度、氣味等，應仔細觀察，一些混濁和有不良氣味的清潔劑多為過期或劣質產品。

包裝。清潔劑的包裝也是判斷其質量優劣的標誌，一般的包裝容器多為硬塑料盒（桶）或合金罐，具體要求如下：

①包裝容器上的印刷標誌清晰美觀，無脫色。

②封口牢固、整齊。

③包裝上應有下列標記：產品名稱和標記；商標圖案；淨含量（內裝盒、桶數及總淨含量）；製造者名稱和詳細地址；產品主要成分（表面活性劑、助劑等）；使用說明；生產日期及保質期；運輸及貯存要求。

對上述技術要素，在無把握的情況下可先少量購買，試用一段時間後再決定是否大批量購買。事實上，現在很多開明的生產商們經常會請一些大用戶免費試用他們的產品，尤其是新產品，這實際上也是互惠互利。

（二）選購清潔劑的步驟

1. 確定需要購買的品種

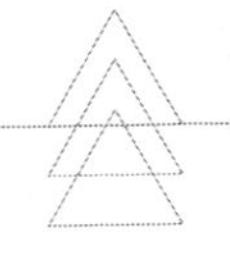

本章前半部分已對客房常用清潔劑的種類及配比做過介紹。客房管理者應結合本飯店清潔保養工作的特點，合理確定應購買的清潔劑品種。每種清潔劑的配比要針對某一特定的汙垢和基質，多功能清潔劑不應作為首選。

2. 核定採購量

確定採購量時應注意一次採購量不宜太大，否則使用週期太長，庫存要求高，需專人管理，從某種程度上增加了成本。

確定一次採購量應考慮的因素是：

（1）一次採購準備使用多久。就清潔劑的化學特性而言，清潔劑不能長期存放，保管不當容易變性失效，一般的清潔劑保質期為三至六個月；從安全管理的角度講，一些溶劑型清潔劑在 50℃以上易燃、易爆，大量存放會增加不安全隱患。

（2）飯店有無清潔劑庫房。清潔劑的庫存條件因清潔劑的性能而定，溫度不宜高過 35℃或低於 0℃，相對濕度不超過 50%，通風、乾燥。清潔劑不能直接放在地上，應放在距地面 20cm 以上的貨架上，離牆壁 50cm 為佳，中間應留有通道，切忌靠近水源、火源和熱源。

（3）結算方式。成批採購可降低單位成本，但大批量採購，一次性資金占用量也大，可根據具體情況做出決定。

3. 產品品牌諮詢

選擇產品品牌要考慮到產品的知名度。知名度高的產品通常有較為廣泛的使用群體，這有助於瞭解該產品的實際使用效果。客房管理者應掌握清潔劑的有關知識，與生產商保持密切的聯繫，試用他們的新產品，並根據經驗做出正確的判斷。

4. 瞭解售後服務情況

清潔劑若使用不當，既費時又費力，還對基質造成損壞。因此，廠商是否提供產品售後培訓指導是非常重要的。例如，某飯店使用了一種公認的洗衣機主洗劑，但效果很差。廠商知道後主動幫助找原因，原來是當地的水質與其所選主洗劑的型號不符，在更換了新型號的洗滌劑後，洗滌效果非常好。

因此，廠商定期進行產品使用後的跟蹤調查和適時指導，有助於提高清潔功效，選擇提供售後服務供貨商的產品便有了保障。

5. 詢價

清潔劑的消耗占客房費用支出的比例較大，飯店應貨比三家，比質、比價。儘量避免透過中介來購買產品，而應直接與廠家保持良好的溝通，以優惠的價格購進質量上乘的清潔劑。減少中間環節，也是降低購買價格的好辦法。

6. 弄清交貨方式

購買清潔劑時還需弄清交貨方式，如果由廠商負責將貨物送抵飯店，在協議中規定由廠商負責運輸費用，承擔運輸及相關責任。貨到付款，有利於保證貨物的質和量，還可使飯店免除運輸費用及運輸風險。

在將上述情況完全瞭解清楚後，可由採購部提出採購申請。採購申請可按下列「申購單」（見表 8-12）填寫：

表 8-12 申購單

部門__________　　　　日期__________

品名	生產廠家	數量	單位	價格	供貨期限	備註

二、清潔劑的儲存與分發

1. 儲存

建立嚴格的清潔劑儲存制度，可防止由於保管不當所造成的不必要的損失及其他不良後果。

（1）搬運時必須輕裝、輕卸，按包裝箱上箭頭標誌堆放，避免劇烈震動、撞擊和日曬雨淋。

（2）用防水筆或標籤在所有的容器上做上標記。

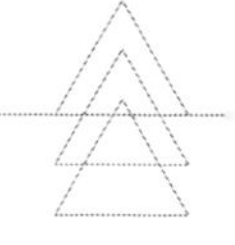

(3) 濃縮清潔劑的腐蝕性一般較強，在標籤上標明稀釋率可減少失誤。

(4) 易燃、易爆的高壓罐裝清潔劑應遠離熱源。

(5) 清潔劑貨架要結實耐用，貨架設計要方便管理員存取。

(6) 要遵循物品「先進先出」的原則，必要時標明進庫時間，以便查閱。

(7) 保證清潔劑庫房通道暢通、清潔乾燥。

(8) 定期盤點做帳，在客房部電腦記錄盤點情況，以備核查。

2. 分發

合理分發清潔劑既能滿足清潔需要，又能減少浪費。分發清潔劑最好由一名主管或領班專門負責，在每天下班前對樓層進行補充，每週或半個月對品種和用量進行一次盤點。通常，用量的多少與客房出租率有關，例外情況的額外補充應做詳細記錄。用量大、價格較便宜的清潔劑，買回時多為大桶裝，分發工作量大，但管理方便；對於難於控制用量、價格又比較高的清潔劑，如家具蠟、玻璃清潔劑（罐裝）和金屬上光劑等，流失量大，損耗也大，管理難度相對大些，因此一定要嚴格控制。例如可憑經驗或做試驗，測算一罐可用多久，用多少房間等，以此作為標準來控制分配；也可採用以空罐換新罐的方法來進行有效控制，以減少流失和浪費。

分發過程中，申領者須嚴格填寫「申領單」（見表8-13），發放者根據「申領單」進行分發。

表 8-13 申領單

品名	數量	單位	樓層(區域)

簽名：　　　　　　　　　　　　　　　　　　年　月　日

三、清潔劑的使用及安全管理

1. 清潔劑的使用

任何特性的清潔劑，一次使用過多，都會對被清潔物產生程度不同的副作用。再好的清潔劑有時對一些陳年汙垢同樣無效。客房工作者應樹立這樣的意識，即每天做好清潔工作，使用適量的清潔劑。這樣不僅省時、省力，而且對增加被清潔物的使用價值和延長它們的使用壽命很有益處，應養成做保養式清潔，而不做工程式清潔的習慣。

2. 清潔劑的安全管理

高質罐裝清潔劑、揮發溶劑清潔劑以及強酸、鹼性清潔劑都是不安全物品，前兩者屬易燃、易爆，後者會對人體肌膚造成傷害，若管理和使用不當，均有一定的危險性。

（1）制定相應的規章制度，培訓員工掌握使用和放置清潔劑的正確方法；平時注意檢查和提醒員工按規程進行操作。

（2）使用濃縮清潔劑前，先做稀釋處理，用漏斗按比例勾兌，然後裝在壺內，再發給員工使用，不可直接倒在清潔桶中，否則容易交叉汙染，又易潑灑。

（3）配備相應的防護用具。如合適的清潔工具、防護手套等。

（4）禁止員工在工作區域吸煙。

（5）選購產品時應盡可能挑選不助燃、不易燃、生物降解性好的清潔劑。

本章小結

1. 由於清潔劑具有美化清潔對象的外觀、保持和提高清潔對象的質量和性能、增強環保效能、提高清潔保養工作效率等重要作用，飯店必須像女士們購買化妝品一樣捨得投資，配備品種齊全、安全高效的清潔劑。

2. 清潔劑是化學製品，每一種清潔劑都有其特殊的性能和專門的用途，因此，在清潔保養工作中，必須根據物體和汙垢的類別及其性質，選擇適用的清潔劑，否則，不僅難以達到清潔保養的目的，相反還可能造成無法彌補的損失。

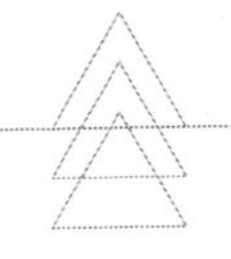

3. 清潔劑具有一定的安全隱患，因此，在清潔劑的使用與保管過程中，必須加強安全防範。

複習與思考

1. 清潔劑在飯店清潔保養工作中有哪些作用？

2. 根據汙垢的物理和化學性質，汙垢分為哪幾類？它們各有什麼特性？

3. 清潔劑通常由表面活性劑和助劑兩部分構成。請問表面活性劑和助劑的主要作用分別是什麼？在清潔保養中，常用的表面活性劑和助劑有哪些？它們各有什麼特性？

4. 在使用和保管粉狀、液態、膏壯、溶劑型清潔劑時要注意什麼？

5. 金屬拋光劑、浴缸清潔劑、空氣清新劑的基本成分是什麼？

6. 開列飯店客房部常用的清潔劑清單。

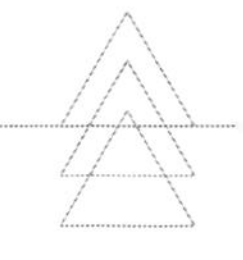

第 9 章 客房的清潔保養

導讀

清潔保養是客房部的主要工作。清潔保養工作做得好壞影響到客人對飯店產品的滿意程度及飯店的形象、氣氛和經濟效益，因此，客房部必須採取有效措施控制清潔保養的工作質量。

閱讀重點

認識飯店清潔保養工作的重要性

熟悉各項清潔保養工作的標準

掌握清潔保養工作的專門知識與技能

能夠對客房部的清潔保養工作進行計劃和安排

能夠做好清潔保養工作的質量管理和成本控制

第一節 客房的清潔保養

一、客房清潔保養的要求

客房清潔保養的基本目標是保證客房產品的質量標準，滿足客人對客房產品的要求，保證並延長客房設施設備的使用壽命，減少飯店對客房維修改造的投入。客房清潔保養工作主要包括日常性的清潔保養和計劃衛生等工作。

（一）清潔保養的概念

清潔保養是飯店的一項日常工作。它包含清潔和保養兩方面。

1. 清潔。清潔即指清潔衛生。所謂「清潔」，即清除各種髒跡，使被清潔的對象達到飯店所要求的標準。「衛生」指殺菌消毒，使環境及物品符合生化要求。

2. 保養。保養是指維護保養，其目的是保證設施設備處於正常完好的狀態，延長其使用壽命，減少維修及更新改造的資金投入。目前，有些飯店的管理人員對保養工作的重要性、必要性尚缺乏足夠的認識，具體表現在：對清潔器具、清潔劑的投入不足；人員培訓不到位；保養無計劃，要求不高，從而導致飯店設施設備未能完全實現其使用價值，達到預期的使用壽命。

例如：化纖地毯使用壽命通常為 5 年，如果保養不善，則可能使用不到 1 年便汙跡斑斑，面目皆非。繼續使用會影響飯店的形象，降低飯店的檔次及客人的滿意程度。更換地毯不僅增加飯店的資金投入，還會對飯店的正常營業造成影響。所以，飯店管理者應充分認識到保養的重要性，有計劃地做好此項工作。

（二）客房清潔保養的要求

客房是客人休息、睡覺的場所，客人對客房清潔保養的要求較高。無論是什麼星級的飯店，客房清潔保養都應達到以下幾個基本要求：

（1）凡是客人看到的，必須是美觀整潔的。

（2）凡是客人接觸使用的，必須是清潔衛生的。

（3）凡是客房提供給客人使用的設備，必須是完好有效的。

二、客房清潔保養的安排

客房清潔保養工作涉及範圍廣、項目多，通常可分為日常性的整理和週期性的清潔保養（即計劃衛生）。

（一）客房日常清潔保養

1. 客房日常清潔保養的內容

客房日常清潔保養是指為保證客房基本水準而進行的日常清潔整理工作，主要包括以下內容：

（1）各類客房的清潔整理。飯店各類客房通常每天均需進行例行的清掃整理，以保證客房的整潔，為客人提供一個舒適的居住場所。

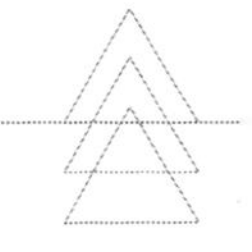

(2) 晚間房間整理。通常，檔次較高的飯店對顧客提供做夜床服務，其目的是體現飯店客房服務的規格，方便客人，為客人創造一個恬靜幽雅的休息環境。

(3) 房間用品的補充。客房服務員清掃整理客房時須按規定補充客人已消耗的物品，以滿足客人對日常客用物品的需求。

(4) 客房設備用品的檢查。清掃整理客房時，客房服務員應檢查客房設備用品，以保證客房設備用品的日常完好，提高客人對客房產品的滿意程度。

(5) 客房的殺菌消毒。殺菌消毒是飯店清潔衛生的重要內容，定期對客房進行殺菌消毒，可保持房間的衛生，防止傳染病的發生和傳播。

(6) 樓層公共區域的清掃整理。每天均需清掃整理樓層公共區域，保持乾淨整潔，為客人營造整潔、舒適的環境。

(7) 樓層工作間的清潔衛生工作。樓層工作間是存放物品，員工工作、休息的場所。做好工作間的清潔衛生工作，可為客房服務員提供一個良好的後臺環境。

(8) 客房工作車的整理及物品的補充。每天均須整理房務工作車並補充物品，工作車上的物品要整齊有序，取用方便。其目的是保證工作車的美觀整潔，提高清潔整理客房的工作效率。

2. 客房日常性清潔保養的安排

客房日常性清潔保養工作應有統一安排與調控。一般做法是：客房中心服務員根據當天客房出租率、人員排班及有關領導的特別指令和要求，透過《工作單》給每一當班人員分配具體工作任務。其原則是在確保工作質量、工作進度即定額標準的前提下，做到人人有事做，事事有人做。

樓層主管、領班在工作過程中，應根據工作進度及其他具體情況對下屬員工進行指導監督，並合理調配。每一位員工在工作中要有全局觀念和團隊精神，分工不分家，互相支持、互相幫助。

(二) 客房週期性清潔保養

客房週期性清潔保養工作，即計劃衛生。所謂計劃衛生就是定期的、具有一定週期性的清潔保養工作。客房計劃衛生是在做好日常清掃整理的基礎上，有計劃地、定期地對無需每天完成、日常清掃整理中難以完成及容易忽視、需要加強的部位或設備用品，進行全面徹底的清潔保養。做好客房計劃衛生工作，能夠保證和提高客房清潔衛生質量，加強對客房設施設備用品的維護修養。

1. 客房計劃衛生的內容

客房計劃衛生與日常清潔保養工作有所不同。計劃衛生的內容需定期完成，有一定的週期性，即使不每天去做，對客房基本的清潔衛生和維護保養質量標準影響也不會太大。而日常清潔保養工作卻必須每天完成，否則客房清潔保養質量就難以保證。在確定計劃衛生的具體內容時，應遵循的原則是：勿將日常清潔保養的內容作為計劃衛生的內容，也沒有必要將計劃衛生的內容作為日常清潔保養的內容。如果有過多的交叉，就可能降低客房日常清潔保養的基本質量和效率，造成不必要的人力、物力浪費。通常，在確定客房計劃衛生內容時，可參考下列項目：

（1）通風口除塵

（2）家具背後除塵

（3）排風扇機罩和風葉除塵、除跡

（4）電話機消毒

（5）電冰箱消毒

（6）牆紙、牆布除塵

（7）天花板除塵

（8）家具上蠟

（9）酒籃、鞋籃除塵

（10）門頂除塵

(11) 金屬器件除鏽、拋光

(12) 床墊翻轉

(13) 地毯、沙發、床頭板的清潔

(14) 皮革製品的拋光

(15) 毛毯、床罩、床裙、褥墊、被套的清潔

(16) 枕芯的清潔

(17) 窗簾的清潔

(18) 工藝品、裝飾品的除塵

(19) 百葉門、頂板的除塵

(20) 浴廁頂除跡

(21) 冰箱、便器除垢

(22) 下水口及管道噴藥、除汙

(23) 潔簾的清潔

(24) 鏡櫃除鏽、上油

(25) 大理石面上蠟

(26) 植物養護

(27) 頂燈的除塵

(28) 玻璃窗的擦拭

(29) 陽臺的除汙除跡

(30) 其他項目

上述各個項目中，由於物體受汙染的速度快慢不一、清潔保養的難度有大有小，所以清潔保養的頻率和週期也有不同。在實際工作中，應根據這些具體情況，將所有週期性清潔保養的項目進行分類，諸如每三天一次，每週

一次、每旬一次、每半月一次、每月一次、每季度一次、每半年一次、每年一次等。

2. 計劃衛生的實施和控制

（1）做好計劃。要做好計劃衛生工作，首先要根據各種具體情況制定合理的計劃。通常，有關管理人員要為計劃衛生工作做出書面計劃（表9～1），下發到有關部門及人員。計劃中，規定計劃衛生的具體項目內容、完成期限等，各部門及有關人員按計劃執行。

表 9-1 客房計劃衛生表

___月___日至___月___日　　樓層____服務員____

完成日期 / 序號 / 實得分 / 項目	應得分	01	02	03	04	05

（2）責任到人。計劃制定出來後，要將責任落實到人，飯店通常採用分區承包的方法。服務員一般都相對固定地負責某樓層或某一區域客房及樓層公共區域的清潔保養工作。因此，該樓層或該區域的計劃衛生也就由該服務員負責承包，他們必須在規定時間內完成任務，並達到規定的質量標準。

（3）配備器具用品。某些計劃衛生工作所需的清潔器具用品往往與日常清掃整理工作用的不同，為了有效地完成各項計劃衛生工作，客房部必須根據具體的需要，配備相應的清潔器具用品，並做好這些器具用品的控制和管理工作。

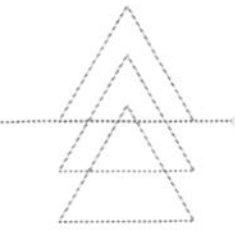

(4) 加強檢查督導。客房有關管理人員包括樓層主管、領班等，要加強對計劃衛生工作的檢查，並督促、指導下屬人員的工作，保證每個下屬都能按期保質保量完成各自負責的計劃衛生工作。對於某些技術性較強、要求較高的工作，管理人員要做示範培訓，以保證每個下屬都能按照要求操作。檢查要與考核相結合，考核要盡可能量化，並將考核結果作為評估服務員工作績效的一項依據。

3. 計劃衛生與「每日特別清潔保養工作」

客房計劃衛生對保證客房清潔保養水準有一定的積極意義，但計劃衛生往往受計劃和週期的限制，而有一定的侷限性。如某些部位和物體常常因為這樣或那樣的原因，過早地被汙染或出現問題，如果按原定計劃對其進行清潔保養，就難免降低標準，如客房內的家具，原計劃每月上一次家具蠟，但有時由於使用頻率及天氣等原因，上蠟後不到一個月家具就失去了光澤。如果不及時給家具上蠟，就會影響整個客房的清潔保養水準。

為了彌補計劃衛生的不足，很多飯店都採用安排「每日特別清潔保養工作」的做法。樓層管理人員在日常巡視檢查中，將發現的需要特別清潔保養的項目記錄下來，臨時布置安排有關人員去完成。通常客房服務員每天除了完成客房日常清潔保養工作外，還要完成領班或主管安排的「每天特別清潔工作」。

三、客房清潔保養的控制

客房清潔保養的控制，就是制定相應的標準，採取有效措施，對客房清潔保養工作的過程和結果加以控制，提高清潔保養工作的效率，保證清潔保養的質量。

(一) 制定標準

要進行質量控制和管理，首先應有相應的標準，有了標準就使客房清潔保養工作有了明確的目標，檢查和評價就有了一定的依據。客房清潔保養的標準主要有三個方面的內容：一是操作標準，用於對過程的控制；二是時效標準，用於對進程的控制；三是質量標準，用於對結果的控制。制定上述標準的總體原則是：以飯店經營方針為指導，以市場需要為導向，以有關行業規定為參考，以實現三大效益（經濟效益、社會效益、環保效益）為目標。

1. 操作標準

與客房清潔保養有關的操作標準有多方面的內容，它們都以飯店的經營方針和市場行情為依據。

（1）進房次數。進房次數，指服務員每天對客房進行清掃整理的次數，是客房服務規格高低的重要標誌之一。按傳統做法，大多數飯店一般都實行一天三進房的做法，即全面清掃整理、午後小整理、晚間做夜床。這種做法也符合大多數客人尤其是內賓的生活習慣。有些高檔飯店（四、五星級）也採用一日數次進房的做法，也就是只要客人動用過客房，服務員在認為方便的時候就進房進行清掃整理。但在一些外資、合資飯店，則大多實行一日兩次進房的做法，即全面清掃整理和做夜床，不提倡午後整理。國外有些飯店只是在客人要求整理時，服務員才進房清掃。這些飯店通常在房內床頭櫃上放置提示牌，提示牌的大體內容是：親愛的賓客，為了不打擾您的休息，我們儘量減少進房次數。若您需要服務，請將「請清掃房間」牌掛在門外，或電話通知，號碼為 ×××，我們將隨時為您提供服務。

一般來說，進房次數多，不僅能提高客房清潔衛生的水準，還能提高客房服務的規格。但是，這並非說進房次數越多越好。因為進房次數是與成本費用成正比的，也與客人被打擾的機率成正比。因此，飯店在確定進房次數時，要綜合考慮各種因素，包括本飯店的檔次、住客的習慣和需求、成本費用標準等。當然，在具體執行時還要有一定的靈活性，通常只要客人需要，就應盡力予以滿足。

（2）操作標準。為了使各項工作有條不紊地進行，避免操作過程中對物品和操作人員時間及體力的浪費，防止安全事故的發生，便於管理人員對工作進程的控制，保證工作質量，飯店應制定出一整套操作標準並不斷進行修訂和完善。制定操作標準時，應重點考慮如何省時省力，快捷高效，是否安全，是否經濟，能否達到規定的質量標準。因此，操作標準中通常應包括操作步驟、方法、技巧、工具用品等。

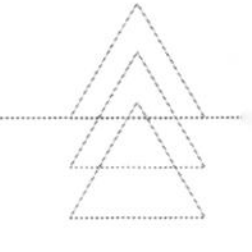

制定出操作標準後，應用最有效的方式幫助員工熟悉和掌握標準，如將操作要領和標準製成圖片或錄像予以張貼或播放，製成圖表、文字說明人手一份，供培訓及日常工作對照檢查。透過多種方法使員工養成遵守操作標準的良好習慣。

(3) 布置規格。布置規格指客房設備用品的布置要求，客房內所配備的設備用品的品種、數量、規格及擺放位置、形式等，都須有明確規定、統一要求，以保證飯店同類客房規格一致、標準統一。總的要求是：實用、美觀、方便客人使用及員工操作。具體的標準可以用直觀和量化的方法加以規定和說明。為便於員工掌握，可將各類客房的布置規格製成圖片、圖表、文字說明，張貼在樓層工作間、客房服務中心。

(4) 費用控制。為有效地控制客房費用，獲得理想的經濟效益，飯店應根據客房檔次、房價等具體情況，制定客房費用標準。通常，客房檔次高，費用標準相應高；反之則低。

2. 時效標準

為了保證應有的工作效率和合理的勞動消耗，飯店應規定客房清潔保養工作的時效標準，實行定額管理。如規定鋪一張西式床、清掃一間住客房的時間，客房服務員每天應完成的工作量等等。所制定的時效標準必須科學合理。有了這些時效標準，一方面可加強員工的責任心和進取心，另一方面便於管理人員檢查督導，控制整個工作的進程，評價員工的工作表現。

時效標準受到多方面的影響，在制定時通常應考慮以下幾個因素：

(1) 工作職責安排。由於各家飯店在服務員工作職責安排上的指導思想和具體做法不同，服務員所能承擔的工作定額也就不同。有些飯店，客房清潔保養尤其是日常性的清潔保養工作由專職清掃員負責，有些飯店則要求客房服務員負責，並要求服務員兼做其他一些工作，這就要考慮其他工作所占用的時間。

(2) 質量標準。通常客房清潔保養質量標準定得越高，需要服務員清掃整理所花費的時間越多，那麼定額也就應相對降低。

(3) 客房的分布。客房的分布情況對時效標準也有一定的影響。如果客房比較集中，服務員在清掃整理過程中就可以省去一些時間。所以，飯店進行樓層設計時，就要充分考慮此問題。在日常運行中，安排人員和分配任務時，應盡可能使服務員清掃整理的客房相對集中，儘量避免跨樓層。

(4) 工作區域的狀況。工作區域包括客房本身及周圍的環境等。客房面積的大小、家具設備的繁簡、裝修材料的種類、周圍環境的好壞等，對清掃整理的工作量都有一定的影響，在制定時效標準時必須予以考慮。

(5) 住客情況。住客的來源與類別、身分地位、生活習慣都會影響客房清潔衛生狀況及清掃整理的時間和速度。

(6) 勞動工具的配備。清掃整理客房必須有相應的勞動工具，勞動工具是否齊全、先進，在很大程度上影響工作效率。

(7) 服務員素質。服務員是否愛崗敬業，是否具有良好的工作習慣和熟練的操作技能，也是影響工作效率的因素。

3. 功能性標準

功能性標準指客房清潔保養工作要求達到的效果，即客房清潔保養的質量標準。其總體要求是體現飯店及客房的檔次和服務的規格，滿足客人的要求。具體的標準根據內容及要求可分為三大類：即感觀標準、生化標準和微小氣候標準。

(1) 感觀標準。指飯店員工及客人透過視覺等感覺器官能直接感受到的標準。這方面的內容主要包括：客房看起來要清潔整齊；用手擦試要一塵不染；嗅起來要氣味清新；聽起來要無噪音汙染。當然，客人與員工、員工與員工之間的感官標準不可能完全一致。要掌握好此標準，只能多瞭解客人的要求，並以客人要求為出發點，總結出規律性的標準。

(2) 生化標準。生化標準與感官標準不同，它所包括的內容通常是不能被人的感覺器官直接感知的，需要利用某些專門的儀器設備和技術手段才能測試和評價。生化標準的核心要求是客房內的微生物指標不得超過規定要求。

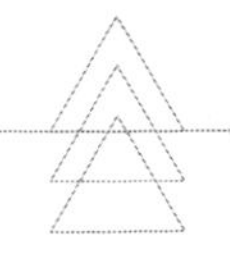

（3）微小氣候標準。客房微小氣候標準要求客房內的溫度、濕度、採光照明、噪音及風速等，符合人體的最佳適宜度。

（二）建立檢查制度

有了標準，只是使客房清潔保養工作有了規範和目標，但並不保證客房清潔保養工作就一定能達到這些標準，因為並非所有服務員在任何時候都具有執行標準的態度和能力。因此，建立相應的檢查制度、加強督促指導就顯得十分重要。

1. 檢查體系

完善的質量檢查體系是客房清潔保養工作管理高水準的重要標誌。其根本任務是透過對客房清潔保養質量檢查，保證客房產品的質量。

（1）客房部內部逐級檢查體系

為保證客房清潔保養的質量符合飯店標準，及時發現問題並予以糾正，客房部必須建立內部逐級檢查體系。包括：服務員自查、領班普查、主管及經理抽查。

①服務員自查。就是服務員在清掃整理客房的過程中和工作結束後，對客房內的設備、用品、清潔衛生狀況等進行檢查。為了使這種檢查真正落到實處，在客房清掃整理的操作程序中應加以規定和要求，每一個服務員都應該養成自我檢查的良好習慣。服務員自查有利於加強員工的責任心和質量意識，提高客房清掃整理工作的合格率，減輕客房部管理人員查房的工作量，充實豐富員工的工作內容，增進工作環境的和諧。

②領班檢查。通常，客房樓層領班對其所負責的客房進行全面檢查以確保質量。領班檢查是服務員自查後的第一道檢查關口，也可能是最後一道關口。因為飯店往往將客房是否合格、能否出租的決定權授予樓層領班。

領班查房不僅可以造成監督、控制和拾遺補漏的作用，還可以作為一種有效的職位培訓，幫助服務員不斷提高業務技能。

③主管核查。通常，客房樓層主管所管轄的範圍比較大，客房數量多，就其時間和精力而言，無法對所管的客房進行全面核查。因此，主管核查一

般都是抽查，抽查的客房數量和類型可以有一定的量化規定。主管核查的目的一是瞭解基層服務員的工作情況，二是對領班的工作進行監督和考察。

④經理抽查。客房部經理通常也要安排一定的時間對客房進行抽查，透過檢查瞭解樓層的狀況，加強與基層員工的聯繫與溝通，瞭解客人的意見和建議，這對改善管理和服務都是非常有益的。

（2）店級檢查體系

店級檢查的形式多樣，主要有大堂副理檢查、總經理檢查、聯合檢查、邀請店外同行明查暗訪。這種檢查看問題比較客觀，更容易跳出部門檢查的固定工作框架，能發現一些客房部自身不易察覺的問題，可以幫助客房部改進工作。

①大堂副理抽查。大堂副理可以代表總經理對一些客房特別是對貴賓房進行檢查，透過檢查，可以保證客房的質量標準和接待服務規格。

②總經理抽查。飯店總經理也應經常親自對客房進行檢查。透過檢查，可以瞭解客房的狀況、客房樓層的工作狀況、員工的思想狀況、客人的意見及建議等，對於加強溝通、改善管理、提高質量、掌握決策依據都是一種很好的方法。

③聯合檢查。飯店定期由總經理室召集有關部門，包括前廳部、工程部、營銷部、安全部、大堂對客房進行檢查，聯合檢查有利於促進客房的工作，保證客房及客房服務的質量，加強部門溝通與協調。

④邀請店外專家同行明查暗訪。飯店管理專家、同行看問題較為客觀，往往能發現飯店自己不能覺察的問題。不少飯店定期或不定期地邀請店外專家同行到飯店進行明查和暗訪，幫助飯店「找問題、挑毛病」，收效頗佳。

2. 檢查的方式方法

為有效地控制客房清潔保養質量，飯店管理人員應採用多種方式方法對客房進行檢查。

（1）檢查方式

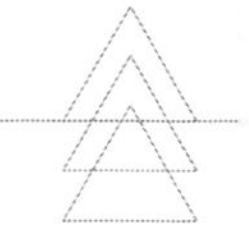

①自我檢查。自我檢查是控制客房清潔保養質量的第一道關口，由負責該客房清潔整理工作的服務員承擔此項工作。

②日常檢查。日常檢查的目的是使客房清潔保養工作達到飯店所規定的基本水準，客房樓層領班查房即為日常檢查。

③抽查。抽查可以造成以點帶面，保證並提高客房清潔保養質量的作用，客房樓層主管一般採用抽查的方式控制客房清潔保養質量。

④突擊檢查。是一種事先專做布置的檢查方式。飯店經理級管理人員往往採用突擊檢查的方式，對客房進行檢查，以保證檢查結果的真實性，及時瞭解掌握部門及基層員工的工作情況。

⑤重點檢查。飯店對貴賓房、計劃大清潔房等客房通常都給予特別的關注，要求有關人員將此類房間作為重點檢查的對象，以確保清潔保養質量。

⑥定期檢查。是一種公開性的檢查方式，一般事先有明確的布置及要求。其目的是製造聲勢、營造氛圍，防止發生差錯，促進部門工作。通常由飯店總經理室召集相關部門管理人員進行此項工作。

⑦暗查。就是不公開的檢查，如邀請店外專家、同行，以普通客人的身分在飯店消費，聘請住店客人對飯店進行部分或全面的檢查。用這種方式檢查的結果往往最為真切，也最能發現問題，有利於飯店採取有效的針對性整改措施。

⑧客人的最終檢查。客人是客房產品質量的最終檢查者，也是權威評判者。客房清潔保養質量的高低不是看飯店服務人員或管理人員感覺如何，而是要看客人是否滿意。因此，飯店須重視客人對客房產品的評價。在日常工作中，應採取一系列讓客人參與檢查的措施，如發放賓客意見表，主動走訪客人，徵求意見等。為提高賓客意見書的回饋率，加強對意見書的管理，意見書設計應簡單易填、統一編號。有些飯店將意見書裝在印有飯店地址、郵編、收件人（通常是飯店總經理）的信封中，並貼足郵票，有針對性地發放給一些客人，以方便客人在任何時候寄發。一些高檔飯店以雞尾酒會或冷餐會等形式，定期舉辦住客資訊交流會，邀請住客及飯店有關管理人員參加，聽取客人的意見，收集資訊，增進理解與溝通。

（2）檢查方法

為提高客房檢查的效率，保證客房檢查的效果，飯店各級人員查房時，應透過看、摸、試、聽、嗅等方法，對客房進行全方位的檢查。

①看。看是檢查客房的主要方法。查房時，要查看客房是否清潔衛生，客房物品是否配備齊全並按規定擺放，客房設備是否處於正常完好狀態，客房整體效果是否整潔美觀。

②摸。查房時，對客房有些不易查看或難以查看清楚的地方，如踢腳線、邊角旮旯等，需用手擦拭、檢查是否乾淨。

③試。客房設施設備運轉是否正常、良好，除查看外還需試用，如試用浴廁浴缸和洗臉盆，水龍頭放水，使用電視機搖控器等。

④聽。客房室內噪音是否在允許範圍內，日常檢查主要靠聽來判斷，無法判斷的再借助於相關儀器檢測。另外，檢查客房設施設備，在看、試的同時，還需用耳聽是否有異常聲響，如浴廁水龍頭是否有滴、漏水聲，空調噪音是否過大等。

⑤嗅。客房內是否有異味、空氣是否清新，需要靠嗅覺來判斷。

3. 檢查的程序內容和標準

查房的基本程序是：按順時針或逆時針方向，循序進行，依次檢查，按一定的程序查房，可以避免疏漏，提高速度。客房檢查的標準應根據客房清潔保養的質量標準，逐項分解，細化、量化。

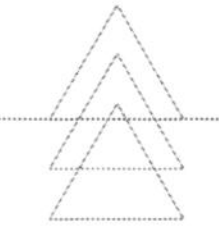

表 9-2 客房日常檢查的內容和標準

檢查的內容	檢查的標準	檢查的內容	檢查的標準
(1)臥室部分 ①房門	a.無灰塵、無污漬、無傷痕 b.房號牌清潔完好 c.門鎖、安全鎖鏈清潔完好 d.窺鏡清潔完好 e.安全逃生圖、請勿打擾牌、餐牌齊全完好 f.門靠完好	②牆面、天花板	a.無灰塵、無污漬、無蛛網 b.無油漆脫落和牆紙、牆布起翹現象 c.無漏水、滲水現象
③護牆板、地腳線	a.無灰塵、無污漬 b.完好無損	④地毯	a.無灰塵、無污漬、無雜物 b.無菸痕、壓痕和腳印
⑤床	a.床頭板清潔完好 b.床上用品清潔完好 c.鋪法規範正確、美觀清潔 d.床墊按期翻轉，符合規定 e.床底清潔無雜物	⑥硬面家具	a.光潔明亮 b.無傷痕、無木刺、無間釘外露 c.牢固無鬆動 d.擺放得當
⑦軟面家具	a.無塵、無痕、無破損 b.擺放得當	⑧抽屜	a.清潔、無灰塵、無雜物 b.開關靈敏便利、把手完好 c.用品齊全
⑨電話機	a.無塵、無痕、定期消毒 b.擺放位置正確 c.電話線整齊有序無纏繞 d.使用正常	⑩燈具	a.清潔完好 b.位置正確 c.燈泡功率符合規定 d.燈罩清潔完好，接縫面向牆
⑪鏡子	a.清潔明亮、無灰塵、無污漬 b.無破裂 c.鏡框清潔完好	⑫掛畫	a.清潔完好 b.懸掛端正
⑬電視機	a.表面清潔 b.底座(轉盤)清潔完好 c.工作正常 d.頻道設置符合規4 e.遙控清潔完好，能正常使用，並擺放在規定的地方 f.電視機清潔完好，擺放正確	⑭收音機、音響	能正常使用，頻道與音量符合規定

檢查的內容	檢查的標準	檢查的內容	檢查的標準
⑮ 垃圾桶	a.清潔完好 b.套有乾淨的垃圾袋 c.擺放位置正確	⑯ 窗戶	a.窗玻璃清潔完好 b.窗台清潔無雜物 c.關鎖閉窗
⑰ 窗簾	a.清潔完好，無汙漬，無脫落 b.開關靈敏 c.懸掛美觀、對稱，皺褶均勻	⑱ 小酒吧	a.吧台、酒架清潔 b.用品配置符合要求，清潔完好 c.酒水配置符合規定
⑲ 電冰箱	a.清潔衛生，無異味 b.飲料食品配置符合規定 c.用品配置符合規定 d.溫度調節符合規定	⑳ 空調	a.濾網及通風口清潔無積塵 b.能正常工作 c.溫度調節符合要求
㉑ 壁櫥	a.內外清潔 b.門開關靈敏 c.用品配置符合規定 d.壁櫥內的燈能隨門的開關而亮滅	㉒ 保險箱	a.清潔完好 b.有使用說明書
㉓ 客用物品	a.客用物品的品種數量符合規定 b.品質符合要求 c.擺放符合規定	㉔ 植物花草	a.清潔無灰塵 b.無枯枝敗葉 c.盆套整潔完好 d.定期澆水、施肥、修剪 e.擺放符合要求
(2)盥洗室部分 ①門	a.清潔完好 b.開關靈敏，能反鎖	②牆	a.牆面清潔 b.牆磚完好，無脫落，無裂縫
③天花板	a.無灰塵，無斑跡，無水漬 b.完好無損	④地面	a.無塵、無痕、無毛髮 b.地磚完好 c.排水孔清潔無異味
⑤馬桶	a.內外清潔 b.使用正常，不漏水	⑥浴缸	a.內外清潔、無污漬、無水漬 b.金屬器件清潔明亮、完好 c.排水孔清潔、無毛髮、水塞完好 d.浴簾清潔完好 e.晾衣繩能正常使用

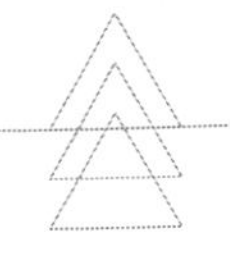

檢查的內容	檢查的標準	檢查的內容	檢查的標準
⑦臉盆及洗臉檯	a.清潔完好，無灰塵，無污漬，無水跡 b.金屬器件清潔明亮、完好 c.下水口清潔並用水塞塞好 d.檯面清潔整齊	⑧鏡子	a.鏡框清潔完好 b.鏡面清潔明亮，無破裂
⑨燈	清潔完好，燈泡功率符合要求	⑩排風扇	a.清潔完好 b.噪音低
⑪吹風機	a.清潔 b.使用正常	⑫電話機	清潔完好
⑬毛巾架、面紙架	清潔完好，無鬆動	⑭客用物品	a.品種、數量符合規定 b.品質符合要求 c.擺放符合要求
(3)總體感覺	清潔整理後的客房，給人的總體感覺應該是：清潔、衛生、整齊、美觀、舒適、安全		

4. 檢查的其他相關內容

員工的工作狀態、勞動紀律、操作規範、禮節禮貌等都影響其工作的效率和效果。因此，管理人員在檢查時不僅須注重員工的工作進程、最終質量效果的檢查，而且要重視對員工工作狀態、勞動紀律、操作規範、禮節禮貌等方面的檢查。

(1) 工作狀態。員工工作狀態主要指員工上班時是否心情愉快、身體健康、精神飽滿、態度良好，是否能很快進入工作角色。管理人員應主動關心、愛護員工，若發現員工工作狀態不佳，應設法及時瞭解原因，有的放矢地做好員工的思想工作。此外，從飯店到部門、班組，都應為員工創造一個良好的工作環境。如：有些飯店在後臺區域員工通道、員工更衣室、員工食堂、工作間等處張貼標語，內容諸如:「×××(指飯店名稱)是我家，我愛我家」;「微笑、問候、讓路」;「賓客至上，員工第一」等。

(2) 勞動紀律。遵守飯店有關勞動紀律是做好客房清潔保養工作的前提條件。管理人員須每天檢查員工的出勤情況，儀表、儀容，有無串崗、脫崗等違反勞動紀律的現象，如有此現象，應及時指出並加以糾正，情節嚴重的應給予必要的處罰。

(3) 操作規範。多數飯店都規定有操作規範，規定了具體工作的步驟方法、技巧、工具用品、標準等內容，但在實際工作中，有些員工不遵守操作規範，工作隨意性大，以至影響服務質量。因此，管理人員須將操作規範列入檢查範圍之內。如服務員清掃整理客房時是否按操作標準進行敲門、通報；清潔工具用品的使用是否合乎規定等。如果發現員工的操作不符合標準，管理人員應立即指出、並採取針對性的整改措施，使員工養成自覺遵守操作規範的良好習慣。

(4) 禮節禮貌。禮節禮貌不僅反映員工個人的素質，也反映其工作態度，影響客房工作的效果。管理人員應檢查員工能否禮貌服務，能否使用規範的禮貌用語等。

(5) 工作進程。客房清潔保養的任務重、技術高、時間緊、工作量變數較大，不易控制。尤其是旅遊旺季，客房部經常要組織人力突擊清掃客房。所以，工作進程應列為管理人員查房的一項重要內容。工作進程的檢查可分為兩個方面：一是要檢查員工現有的工作進程如何，二是要檢查按現有的工作進程，員工能否保質保量地如期完成工作。如發現問題，應及時調整。

(6) 最終的質量效果。最終的質量效果，是指客房清潔保養的質量標準，也是客房檢查的最終目的。客房日常清潔保養質量應有明確的檢查內容及標準。標準應逐項分解、細化、量化，以利於對照檢查、考核、培訓。

5. 檢查的指導思想

樹立正確的檢查指導思想才能將客房檢查工作落到實處、做在細處，收到良好的成效。傳統的質量控制是「事後把關」，檢查側重於發現問題、解決問題。管理人員往往成為消防隊員，忙於補救工作。客房檢查必須貫徹以預防為主的指導思想，加強對員工工作進程的控制，及時發現問題，解決問題。

(1) 預防為主。為防止出現差錯，為客人提供優質的客房產品，在客房清潔保養質量控制上，必須貫徹「預防為主」的指導思想，將管「結果」變為管「過程」，採取一系列預防性措施，做好計劃制定、員工培訓、產品設

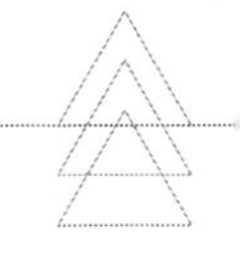

計、流程分析等工作，使客房清潔保養的每一項工作、每一個環節都做到「第一次便做好」，將質量問題消滅於質量管理的過程之中。

(2) 及時指導。為加強「過程」管理，管理人員在檢查中應對下屬進行及時指導，不斷改進下屬的工作方式和方法，提高其操作技能、技巧，幫助其提高工作效率。

(3) 發現問題，解決問題。員工在工作中可能會出現這樣那樣的問題，管理人員在檢查中要善於發現問題、分析問題、解決問題。這樣，就可把客房清潔保養的質量問題消滅在質量管理之中，客房產品質量就可以得到不斷改進提高。

(4) 總結推廣經驗。善於總結才能得到更快的提高。客房管理人員要不斷總結經驗、推廣經驗，使客房清潔保養質量全面提高。總結推廣經驗可採取多種方式，如利用部門內部刊物、技能競賽、示範觀摩、經驗介紹、業務培訓等。

(5) 激勵。就是透過科學的方法激發人的內在潛力，開發人的能力，調動人的積極性和創造性。客房管理人員應根據客房清潔保養的特點及員工特性，採取多種方式激勵員工，充分調動員工的積極性，發揮員工的創造性。

(三) 嚴格考核

對客房樓層的員工及其工作進行嚴格的考核，是客房清潔保養質量管理的又一重要措施。考核的結果要儘量量化，並將考核結果與工資獎金掛鉤。考核的標準是 $100-1 \leq 0$，即有一項過失，該工作項目就不合格。這就要求員工每項工作都達到標準。考核要公開、公平、公正，考核的結果要及時公布、定期彙總、落實兌現。負責考核的人員要大公無私，高度負責。

(四) 實行表格化管理

在客房清潔保養管理過程中要重視表格的作用。儘管很多飯店實現了電腦管理，但是一些表格仍然具有生命力。這些表格在日常資訊溝通、工作計劃、任務分配、工作匯報、業務考核、總結分析等工作中作用重大。當然，要發揮好這些表格的作用，首先必須合理地設計表格，其次是能夠規範地使用和保管表格。

表格的設計、使用和保管。各飯店因等級、規模以及管理的風格不同，表格的設計也不盡相同，但都應遵循以下幾個原則：夠用、適用、實用，方便填寫統計。所謂夠用，指表格的種類及欄目內容能夠滿足飯店、部門日常工作運轉的需要；適用，即適合本飯店使用；實用，即指各種表格要具有某種特點和功能，那些可有可無的報表及欄目應儘量剔除，以減輕員工的負擔。另外，設計表格時還需考慮盡可能為員工填寫及有關人員統計提供方便。

客房清潔保養工作的各種表格是對客房服務和管理活動各種原始數據和事實的忠實記錄。客房部應培訓員工正確使用，規範填寫有關表格；定期進行整理、統計、分析，一般每月統計一次，每年做一次彙總。透過比較、分析，發現問題、找出原因、制定措施，以改進、提高客房管理水平。各類表格須妥善保管，通常由客房中心負責歸檔存放，一般的工作表格通常保管 1 年，以備查閱。

常用表格。客房清潔保養工作常用的表格有：「客房服務員工作報表」、「客房狀態報表」、「樓層領班工作單」、「客房服務員工作考核表」、「樓層主管工作單」、「維修通知單」、「賓客意見表」、「綜合查房表」等。

（五）加強計劃控制

客房部的管理主要是透過各種制度和計劃，將客房服務工作科學地組織起來，完成預定的目標。因此，客房部在日常工作中，要根據具體情況制訂出各種計劃。常見的計劃有：《資金投入計劃》、《客房產品質量計劃》、《客房清潔保養工作日常計劃》、《客房清潔保養工作長期計劃》、《客房設備維修計劃》、《客房更新改造計劃》、《員工培訓計劃》、《環境保護與安全生產計劃》等。

計劃控制是將計劃的實際執行結果和計劃本身做對比檢查，發現差異、分析原因，採取相應的措施，以保證計劃的順利完成，達到清潔保養的質量要求。計劃控制主要應做好以下工作：

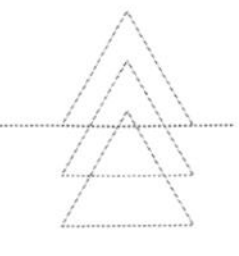

明確標準。在一定的時限內，任何計劃都必須具有明確的標準。例如員工培訓計劃要求新員工培訓標準為：經過 3 個月的崗前培訓，客房樓層新員工合格率要達到 95%。在產品質量計劃中，明確規定本年度客人對客房清潔保養投訴率不得高於 3%。

回饋、分析偏差。客房部應定期檢查客房清潔保養計劃的落實完成情況，並將檢查結果及時與計劃標準做比較，發現偏差，要查找原因，分析是偶然的還是必然的，以便及時採取有效措施加以糾正或調整。

計劃調整。俗話說，計劃趕不上變化，特別是長期計劃，由於時間跨度大，不確定因素多，更容易出現計劃與實際情況不相符的情況。客房部應透過過程控制糾正誤差，及時調整有關計劃，從而保證客房的清潔保養質量。

第二節 飯店公共區域的清潔保養

公共區域是飯店的重要組成部分。公共區域的清潔保養水準直接影響或代表整個飯店的水準，因為客人往往會根據他們對飯店公共區域的感受來評判飯店的管理水平和服務質量。此外，飯店公共區域設施設備很多、投資較大，其清潔保養工作直接影響到飯店的日常運營及設施設備的使用壽命。因此，做好飯店公共區域的清潔保養工作有著特別重要的意義。

一、飯店公共區域的範圍及清潔保養特點

（一）飯店公共區域的範圍

飯店公共區域是指飯店公眾共有、共享的區域和場所。根據飯店公共區域的功能和使用者的類別來劃分，可分為客用部分和員工使用部分；根據其所處的位置劃分，又可分前臺部分和後臺部分、室外部分和室內部分。客用部分主要包括停車場、營業場所及客人臨時休息處、客用洗手間等。員工使用部分主要包括員工更衣室、員工食堂、倒班宿舍、培訓教室、閱覽室、活動室等。

（二）飯店公共區域清潔保養特點

眾人矚目，要求高、影響大。飯店公共區域是人流量大的地方，只要到飯店來，任何人都能接觸到公共區域，可以說飯店公共區域是飯店的門面。很多人對飯店的第一印象都是從飯店公共區域獲得的，這種印像往往影響他們對飯店的選擇。例如，有些人原計划來店住宿或用餐，但如果他們進入飯店後看到大廳不清潔、設備損壞，就有可能聯想到客房和餐廳也不清潔、不衛生，設備用品不完好。在這種情況下，除非因為某種原因而迫不得已、別無選擇，客人是不會在此住宿用餐或進行其他活動的。所以，飯店必須高度重視公共區域的清潔保養工作，並以此給飯店添光加彩，增強飯店對公眾的吸引力。

範圍廣大，情況多變，任務繁雜。飯店公共區域範圍廣大、場所多、活動頻繁、情況多變。因此，清潔保養工作任務也非常繁雜，而且有些工作難以計劃和預見，如人數多少、活動安排、天氣變化等多種情況都可能帶來額外的任務。

專業性較強，技術含量較高。飯店公共區域的清潔保養工作尤其是其中一些專門性工作，與其他清潔保養工作相比，專業性較強，技術含量較高，工作中所需要使用的設備、工具、用品繁多，所清潔保養的設備設施和材料眾多，員工必須掌握比較全面的專業知識和熟練的操作技能才能勝任此項工作。

二、公共區域的清潔任務和要求

（一）大廳

大廳是飯店的門面和窗口，也是飯店日夜使用的場所，大量的過往客人和短暫逗留者不時帶進塵土、腳印、煙灰、煙蒂、紙屑等雜物，而每一位賓客又在這裡感受到至關重要的第一印象，所以需要持續不斷地進行清潔保養。

入口。大廳入口處的清潔保養工作主要是清潔地面和指示牌等，入口處通常都有車道，由於車輛和人員往來很容易帶來塵土、雜物，白天需要不斷地清掃，夜間要進行沖洗。但北方地區的飯店冬季最好不要沖洗，以防止地面結冰，導致行人滑倒或車輛交通事故。為了防止或減少行人將塵土、砂石

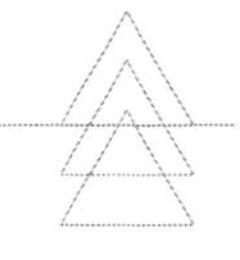

帶進室內，要在大門入口處設置防塵格、鋪上踏腳墊，踏腳墊需及時更換清洗。另外，門口還要配置雨傘架及傘套，在雨雪天氣，安排專人照看，防止客人將雨水帶進室內，減輕室內的汙染。入口處的指示標牌也要經常擦拭，保持清潔光亮。

門、拉手。門和拉手需經常擦拭，清除灰塵、手印、汙跡，保持清潔光亮。

扶手。扶手需要經常擦拭，保持無灰塵、無手印、無鏽蝕，光潔明亮。金屬扶手須用金屬上光劑（省銅劑、不鏽鋼清潔劑）擦拭，木質扶手用家具蠟除汙上光，通常每天一次。

室內地面。大廳通常是硬質地面，在客人活動頻繁的白天，必須用塵推、拖把或吸塵器清除灰塵、雜物、腳印等。晚間客人較少時，用打蠟機拋光，還要定期清潔打蠟。大廳地面必須保持無灰塵、無汙跡、無雜物，清潔明亮。

沙發、座椅、茶几、茶臺。大廳供客人休息等候使用的沙發、座椅、茶几、茶臺等，由於使用頻繁，必須隨時整理，保持清潔整齊。沙發、座椅上面的灰塵、雜物要隨時清除，並經常整理復位，如果有汙跡，要及時安排清洗，保證清潔。茶几、茶臺上的煙灰缸要經常更換。客人已在使用的煙灰缸，裡面的煙灰、煙蒂不得積聚過多，更換整理煙灰缸時要注意是否有尚未熄滅的煙頭，確保安全。要經常擦拭臺面，保證無灰塵、無汙跡、無雜物，物品擺放整齊。

電話、電話間。要經常清潔電話機及電話間，保證無灰塵、無汙跡、無垃圾雜物，電話機要整理復位並經常消毒，要及時清倒更換電話間內的垃圾桶和煙灰缸。

植物花草。每天要及時清除枯死的樹葉、花朵，並按規定澆水施肥、噴藥，及時清除花草中的煙蒂雜物和花盆、盆套上的泥土、灰塵、汙跡。如果是人造植物花草，可以直接清洗。

水池。要及時清除水池中的雜物及沉積的泥沙，定期洗刷。

告示牌、畫牌。要經常擦拭告示牌及畫牌的玻璃、金屬框架，並整理復位，保證無灰塵、無汙跡，擺放整齊。

煙灰筒。飯店大廳通常有許多煙灰筒（兼作垃圾桶），這些煙灰筒要經常清潔、定期清洗，平時還要檢查有無未熄滅的煙頭、火種等。

（二）電梯、自動扶梯

電梯、自動扶梯使用頻繁，是需要經常清潔保養的地方。

飯店使用的電梯大多是自控電梯，無需專門人員操縱。飯店對電梯的使用不易控制，難免會出現弄髒、碰撞、摩擦等現象，尤其是地面和廂壁，容易留下腳印、手印和行李碰撞摩擦留下的痕跡。所以，需要經常不斷地清潔保養電梯。具體內容包括地面、四壁頂部的除塵、除跡，金屬部分用金屬上光劑擦試，如果地面鋪設地毯，要經常吸塵、除跡，適時更換清洗。白天吸塵時，應避免噪音對客人的影響。此外，對電梯進行清潔保養時要合理安排時間，既要保持電梯清潔，又要防止影響電梯的正常運行和客人的進出。

可以在自動扶梯運行時擦拭扶手、清除染物。停止運行後，進一步清潔保養，主要工作有：清除油汙和臺階護板上的塵土汙跡，檢查燈廂，更換燒壞的燈泡等。

（三）餐廳、酒吧

餐廳、酒吧是客人的飲食場所，其清潔保養工作尤為重要，客房部和餐飲部要很好地分工協作，將此項工作做好。客房部在計劃安排餐廳、酒吧清潔保養工作時，必須與餐飲部協商，並充分考慮各餐廳、酒吧的營業時間、活動安排等具體情況。餐飲部在清潔保養工作中必須大力協助和配合，餐廳、酒吧服務員要有清潔保養意識和責任心，在工作中儘量採取必要措施，防止或減輕汙染，發現問題及時處理或通知客房部。清潔保養餐廳、酒吧時，必須注意儘量不影響客人的活動或給客人留下不好的印象，盡可能安排在營業結束後或非營業高峰時間進行，所使用的工具要清潔美觀，化學清潔劑無刺激性氣味等。

餐廳、酒吧的清潔保養工作主要有下列內容：

（1）清除餐桌、工作臺等處的食物、酒水飲料等的殘留物和汙跡。

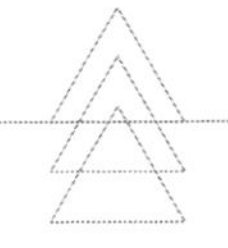

(2) 沙發、坐椅的除塵、除跡。

(3) 地面的除塵、除跡，定期清洗、打蠟。

(4) 牆面的除塵、除跡。

(5) 燈具及裝飾物體的除塵、除跡。

(6) 金屬器件的除鏽上光。

(7) 門、窗、風口處的除塵、除跡。

(8) 木質家具及裝飾物的打蠟保養。

(9) 植物花草的清潔與養護。

(10) 除蟲滅害。

(四) 多功能廳

多功能廳是舉行大型宴會及其他大型活動的場所，使用頻率通常沒有餐廳、酒吧高，一般無需每天進行清潔保養，而是根據活動來安排清潔保養工作。活動前，客房部要對多功能廳進行全面的清潔保養，並協助有關部門進行場地布置；活動中，客房部要合理調配人力，保持場地的清潔；活動後，客房部要及時協助有關部門清理場地，並做必要的清潔保養工作。此外，客房部還要做好計劃，定期對多功能廳進行全面徹底的清潔保養，如清洗地毯、清潔天花板及吊燈、牆面的除塵除跡等。

(五) 康樂場所

飯店的康樂場所較多，各個康樂場所的營業時間、設施、設備配置及活動內容各有不同，因此，安排康樂場所清潔保養工作時必須考慮具體情況，並與相關部門協調配合，既要保證康樂場所清潔保養的質量，又不能影響其正常經營活動。

(六) 客用洗手間

飯店客用洗手間使用者眾多、使用頻繁，清潔保養工作要求高、難度大，飯店必須保證客用洗手間設備完好、用品齊全和清潔衛生。

客用洗手間的清潔保養工作可分為一般性清潔保養和全面徹底的清潔保養。一般性清潔保養可隨時進行，不影響正常使用，主要內容有：清潔衛生潔具並進行殺菌消毒，對地面、牆面、鏡面、門、拉手、手紙架、烘手器進行除塵、除跡，清除異味，清除垃圾、雜物，更換、補充及整理用品；全面徹底的清潔保養工作，往往會影響洗手間的正常使用，因此，安排時間要有所講究。其具體內容有洗刷地面、牆面，地面打蠟拋光，清除水垢等。在對洗手間進行全面徹底的清潔保養時，應在門外放置告示牌，解釋說明暫停使用的原因、何時重新啟用，並告知附近洗手間的位置。

（七）後臺區域

各家飯店都有後臺區域，即員工活動的區域，包括員工走道、電梯、更衣室、員工浴廁、員工食堂、辦公室、倒班宿舍等。後臺區域使用頻率高、區域範圍廣、清潔保養難度大。飯店後臺清潔保養工作做得好壞，能直接反映飯店的管理水平並影響員工的工作環境質量和士氣。布置後臺區域清潔保養工作時，應根據各場所的功能用途、使用頻率等具體情況進行合理安排。

走道。員工走道通常都是水泥或磚石地面，日常清潔保養主要是清除地面的垃圾、雜物及汙跡，但要注意防滑。定期清潔保養主要是洗刷地面、清除牆面汙跡。

員工電梯。員工電梯清潔保養工作與客用電梯清潔保養工作基本相同。

員工更衣室。員工更衣室通常安排專人照看，清潔保養工作的內容和要求有：保持地面清潔、清除垃圾、雜物、收拾衣架並送布件房，整理長條凳、清潔浴室浴廁，補充衛生用品、家具設備的除塵、除跡等。

辦公室。辦公室清潔保養工作一般在下班前或下班後進行，中間方便的時候整理一次，清倒垃圾。清潔保養辦公室時要特別小心，防止文件丟失。有些辦公室由於保密和安全的原因，清潔保養應做特別的安排，通常要與有關人員或部門協調安排。

（八）吊燈

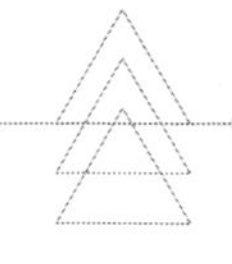

飯店大廳、多功能廳等處一般都裝有大型吊燈。吊燈的清潔保養工作是一項比較複雜細緻的工作，必須周密計劃、合理安排，主要注意以下幾點：

(1) 清潔保養公共區域的吊燈應選擇適當的時間，以不影響這些場所的使用為原則。

(2) 清潔保養吊燈的工作必須由有經驗、責任心強、工作細緻認真的服務員承擔，因為飯店使用的吊燈大多價格昂貴、易損壞，甚至有些配件還不易採購。在作業過程中，領班或主管要加強現場監督，並要求工程部配合協助。

(3) 大型吊燈一般都有很多燈泡，有些飯店要求在每次清潔保養時將全部燈泡換掉，已燒壞的丟棄，尚能使用的用到別處。

(4) 配齊設備、工具、用品。

(5) 清潔保養吊燈時，必須注意安全，防止發生工傷事故、損壞燈具。

(九) 除蟲滅害

除蟲滅害是飯店一項不容忽視的重要任務，因為蟲害幾乎是無孔不入，不僅會對飯店設施、設備及物品造成直接的損壞，而且還可汙染環境、傳播疾病，釀成事故甚至災難。飯店要根據蟲害的誘因及類別採取相應的預防措施，定期噴灑殺蟲劑、殺蟲藥，消滅蟲害。

(十) 飯店垃圾的處理

飯店每天都會產生大量的垃圾，因此要重視和做好垃圾的處理工作。

(1) 飯店所有垃圾必須集中到垃圾房，統一處理。

(2) 要注意垃圾中有無物品，對從垃圾中發現的有用物品進行登記，並移交有關部門，有嚴重問題的要調查處理，追究責任。

(3) 對經過清理的垃圾噴灑藥物，然後裝進垃圾桶並加蓋，以殺滅蟲害和細菌。

(4) 定時將垃圾運往垃圾工廠或垃圾處理場，如果飯店配有垃圾處理設施，可先將垃圾處理後（焚燒、粉碎等）再運往垃圾場。

(5) 垃圾不能「隔夜」，當天的垃圾要當天處理。

(6) 保持垃圾箱、垃圾房的清潔衛生，不能散發異味。

(7) 無關人員不得進入垃圾房揀拾物品。

(8) 防止有人利用搬運垃圾偷盜財物。

三、飯店公共區域清潔保養的安排

飯店公共區域不同於客房，範圍廣，區域分散。且各區域裝修、布置差異較大，客流量及活動特點不一，不易控制。管理人員應加強計劃安排，才能保證公共區域清潔保養工作有條不紊、按部就班地進行。

制定工作計劃，列出工作內容。客房管理人員應根據各個區域的特點和需要，分區域制定清潔保養工作計劃，逐一列出各項清潔保養工作的內容。

明確職位、班次工作內容。列出工作計劃和內容後，管理人員應結合不同區域環境要求、人員及設備器具等情況，確定每個職位、每個班次的具體工作內容。因為各個區域活動各異、特點不同，工作內容不同，即使是同一區域，不同時間通常也需要安排不同的工作內容。管理人員必須合理安排各職位及每一班次具體的工作內容，並使員工知曉。

合理配置人力、設備資源。為合理配置人力、設備資源，更好地控制公共區域的清潔保養工作，管理人員最好將需要使用大型清潔設備及對操作人員要求較高的技術性工作，綜合起來統籌安排，制定出詳細的工作計劃表，再安排專人負責。

四、飯店公共區域清潔保養的控制

1. 重視員工的選擇和培訓

飯店公共區域清潔保養工作要求高、任務重、技術性強、勞動強度大，要確保做好此項工作，首先必須選擇合適的員工，並加強對他們的培訓，使他們具備應有的素質，一個合格的公共區域員工，必須符合下列條件：

(1) 敬業愛崗，自覺性、責任感強。

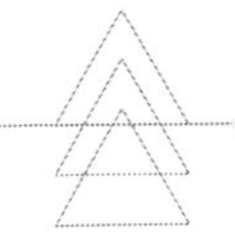

(2) 身體健康，能吃苦耐勞。

(3) 具有豐富的清潔保養知識和熟練的操作技能。

(4) 熟悉飯店情況，能提供一般的問訊服務。

(5) 有良好的服務態度及較強的應變能力。

2. 配量齊全的設備用品

「工欲善其事，必先利其器」。一些專門的清潔設備、工具和用品，是做好公共區域清潔保養工作的基本條件之一。飯店要根據具體的任務、要求，配齊、配全、配好清潔設備、工具和用品，並加強管理。

3. 劃片承包，分工負責

公共區域範圍大、任務雜，飯店通常採用劃片承包、分工負責的方法，使每一個區域、每一項工作都有專人負責。每一個員工都有明確的責任範圍和具體的工作任務。劃片承包要做到無遺漏、不交叉，同時要盡可能有利於設備、工具和用品的調配使用，利於各班組、各職位的分工專業化。

4. 制定質量標準，規定工作流程

通常，一個公共區域的員工負責一個區域內的多項清潔保養工作，且各工作的頻率和具體時間有所不同。為了防止遺漏和怠工等現象，保證質量，便於管理人員的檢查，飯店應為每一區域的服務員制定一套工作程序。在工作程序中，明確質量標準和工作流程，具體說明「在何時、何地、做何工作、達到何要求」(表 9-3)。

表 9-3 ×× 區域清潔工（早班）工作程序

時間	時間	工作任務	要求	備註
X時X分～X時X分	XXX	①XXXXX ②XXXXX	①XXXXX ②XXXXX	

5. 制定操作規範

公共區域清潔保養工作項目繁多，有些工作技術性、專業性較強，為提高工作效率和效果，保證操作的安全，飯店應制定每一項工作的操作程序，並培訓員工，使其按規範進行操作。表 9-4 為牆壁的清潔程序。

表 9-4 牆壁的清潔程序

步驟	要求
1.準備	準備工作車、工作器械及工具
2.除塵	使用吸塵器清除牆壁上的灰塵
3.去汙	①將Dumaid清潔劑噴灑在牆壁污漬處，並用抹布輕輕擦拭 ②注意不得使用Easy清潔劑，以免破壞牆漆
4.工程報告	①發現牆壁有破損處及無法清除的污漬，要向辦公室報告，並填寫派工單 ②將需修理的工程問題標註在工作單上

6. 加強檢查督導

客房部的有關管理人員應經常巡視檢查公共區域，一方面瞭解各個區域、各項工作是否達到了規定標準，發現問題及時處理；另一方面檢查員工是否按規定流程工作，是否處於良好的工作狀態，並對員工進行監督和指導。此外，飯店有關人員（質檢員、大堂副理、值班經理、各部門的管理人員甚至

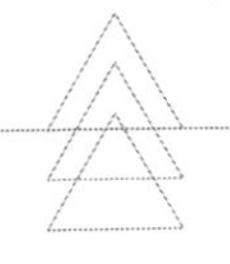

普通服務員）要對公共區域清潔保養工作進行檢查和監督，沒有檢查、監督就沒有效率和質量。

本章小結

1. 客房部負責清潔保養的範圍包括客房及飯店主要公共區域。

2. 無論飯店的檔次高低，其清潔保養工作都應該合理安排，嚴格要求，做到高效率、高標準。

複習與思考

1. 正確理解清潔保養的概念。

2. 瞭解客房及飯店公共區域清潔保養工作的內容與要求。

3. 寫出各種狀態的客房的日常清掃整理程序。

4. 如何安排客房的「計劃衛生」？

5. 客房清潔保養的質量標準包括哪些具體要求？

6. 客房清潔保養的質量檢查制度包括哪些內容？各種檢查的意義是什麼？

7. 管理飯店公共區域的清潔保養工作應該注意些什麼？

8. 如何才能有效地控制清潔保養工作中的人力消耗和物資消耗？

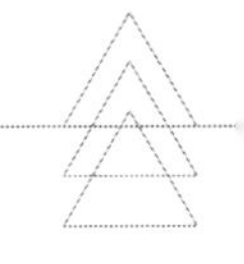

第 10 章 客房部對客服務

導讀

飯店賓客的類型有哪些，他們的基本需求是什麼，如何為賓客提供針對性的個性化服務，各項服務工作應該怎樣做、標準是什麼，如何才能控制好對客服務的質量，這些內容是本章的學習要點。

閱讀重點

瞭解飯店賓客的主要類型及其特點

瞭解客房對客服務工作的主要特點與基本要求

熟悉客房對客服務的主要內容（項目）。

瞭解各種客房對客服務模式的做法與特點，並能夠根據實際情況

設計選擇有效的客房對客服務模式

熟悉各項對客服務工作的操作規程與注意事項

能夠有效地控制客房對客服務的質量

第一節 對客服務的特點和要求

對賓客進行分類，瞭解客房服務的特點和要求，並提供針對性服務，是確保高質量對客服務的前提。

一、賓客的類型與特點

飯店的賓客來源於世界各地及社會的各階層，他們的旅行組織方式及旅行目的不一，他們有著不同的背景、不同的生活習慣、不同的興趣愛好，以及不同的宗教信仰等。現根據不同的劃分方法來探討一下賓客的類型及特點。

（一）按旅行的組織方式劃分

散客。散客，主要是指個人、家庭及 15 人以下自行結伴的旅遊者。其中，大部分是因公出差的商務客人，少部分是旅遊觀光客人。散客在店滯留時間較長，平均消費水平較高，對客房的硬體和軟體都有較高要求。在客房的硬體方面，他們多選擇大床間，要求客房內有電腦接口及不間斷電源、辦公設備及用品齊全，還要有電熱水壺、熨斗、熨板、變壓器、國內國際直撥電話、小酒吧等；在客房軟體方面，他們要求客房的服務項目齊全、服務快捷高效，客房清掃整理的時間安排要合理且水準要高。他們不希望經常被打擾。

團隊。團體客人大多數以旅遊觀光為目的，旅遊團的活動一般有組織、有計劃，日程緊、時間少。飯店雖然給團體客人的房價折扣較大，但由於出租的房間數量多，因此，其客房收入對飯店來說也很可觀。在接待中，應注意對旅遊團每一位成員一視同仁，不談及有關房價、餐費問題，不介入他們的矛盾，遇到問題時，與接待單位或旅行社的陪同聯繫，要充分做好團隊進、離店前後的各項工作。為更好地服務於客人，可以根據旅行社通知的預計抵達時間，提前將開水送到客人房間，在氣溫很高或很低的季節，提前調好室內溫度；對於晚上進店的團隊房，白天做床時就把夜房做好，既可以節省人力，又能方便客人；在房內小酒吧服務方面做好飲料消費檢查的計劃，每天研究次日團隊離店表，根據客人的計劃安排檢查時間。

例如，某團客人預計早晨 8 點離店，那麼客人一般在 7 點 20 分左右用早餐，客房部便應安排在 7 點半左右進房檢查該團客人小酒吧的消費。

除旅遊觀光團隊客人外，還有為執行公務、商務或專業考察、訪問及參加比賽或演出的團體客人。

（二）按旅遊目的劃分

觀光客人。這類客人以遊覽為主要目的，喜歡購買旅遊紀念品、照相等。此類客人對當地的名勝較感興趣，他們需要沖洗底片、郵寄信件或明信片等委託服務。

商務、公務型客人。據統計，全世界飯店客源中，此類型客人占 53%，因此，接待好他們，對飯店經營至關重要。此類客人喜歡選擇熟悉的飯店或

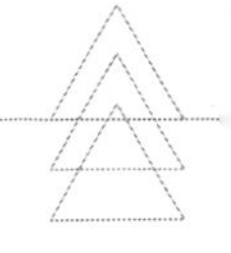

曾住過的客房，對飯店服務及設施要求較高，忌諱服務人員挪動他們的辦公用品、辦公資料等物品，因此在處理此類客用品時要特別小心。這些客人因工作關係對自身形象也較注意。他們要求飯店提供高質量的洗衣、擦鞋服務等。

療養、度假型客人。此類客人中以國內賓客為主，他們多選擇度假型飯店。例如：北投或有溫泉的地區就有此類飯店。此類型客人與觀光旅遊型客人的區別在於，他們的目的地一般只有一個，而觀光旅遊客人有兩個以上的目的地。因此此類客人對客房的要求較高，如 24 小時有熱水、外景較好、室內冷暖適度等。他們對其他一些輔助服務也有要求，如送餐、小酒吧、委託代辦、托嬰服務等。另外，此類客人對飯店的建築格局也有一定喜好（如園林式、別墅式建築），對客房的安全也很在意。

蜜月旅遊客人。此類客人一般對房間有一定要求，如大床間、外景佳、房間整潔等，如果為他們做特別布置，效果更佳。他們比較反感被打擾，因此在服務上要注意時間的安排。

會議旅遊客人。此類客人人數多、用房多、活動有規律，且時間集中，因此客房服務任務重、要求嚴格。客房部在服務時要注意服務人員的靈活調配及會議室、客房、公共場所的合理布置和利用等，並隨時留意房間內信封、信紙、筆等文具、用具的配備。

競賽、演出型客人。這類客人以參加當地比賽或演出為目的，一般以團隊的形式出現。他們對客房洗衣服務的要求較高，且服務需求較集中。客房部要妥善安排調配。

例如，一些文藝演出團隊對服飾非常講究，要求洗衣服務較多，而且要求質量高、時間短。他們的活動安排緊湊，常常晚間演出白天休息，其生活習慣或生活規律與其他客人不同，因此在客房安排上，既要避免影響其他客人休息，又要避免他們被其他客人打擾。

又如，一些體育代表團對休息和飲食要求高，在客房安排上要充分考慮到能夠讓他們休息好，且不被打擾，還必須 24 小時有熱水供應。另外，文藝演出團和體育代表團中的明星，很容易招來一大批的「追星族」，因此，為他們保密及在安全上的服務尤為重要。

其他類型的客人。因旅遊者旅遊的目的不同，又分購物型、探親訪友型、宗教朝拜型等。其中，購物型客人一般選擇商業較發達的大城市，以購物為主要目的；探親訪友型的客人一般以散客的形式為主；宗教朝拜型客人多以團隊的形式為主，對客房的要求相對沒有對餐飲的要求高。各種不同類型的客人有其不同的特點，接待時注意要有針對性和靈活性。

（三）按賓客身分劃分

政府官員。此類客人對服務及接待標準要求很高，住店期間，客房服務人員應避免過多進入客人房間，注意尊重客人的隱私，並提供高質量的客房對客服務。

新聞記者。此類客人生活節奏快，因此對服務的效率有一定要求。

專家學者。此類客人多喜歡清淨的客房及舒適周到的服務。

體育、文藝工作人員。此類客人以團體形式為主，其特點和要求已在前文中介紹。

此外，各飯店都有自己的接待重點，這部分客人被稱為貴賓或「VIP」。飯店業非常重視對貴賓的接待，凡符合以下條件之一者，均被大部分飯店視為貴賓：政府要員、著名企業家、藝術家及社會名流等；對飯店業務有極大幫助，或可能給飯店帶來效益者；與飯店同系統的機構負責人或高級職員；飯店同行等。一般來說，對於貴賓的接待規格要高於普通客人，但貴賓中的接待規格也有所不同，飯店往往對其進行分級並制定相應的接待標準。

（四）按賓客國別劃分

外賓。在生活習慣方面，外賓習慣於晚睡晚起，對窗簾的遮光效果要求較高；對客房的衛生設施、設備非常敏感，喜歡淋浴，24 小時熱水供應對他們來說是一種必需；對室內的溫度要求也較高，大多數外賓夏天喜歡把室內溫度調得很低，很多人一年四季食用冰快；在消費方面，習慣於享用飯店提

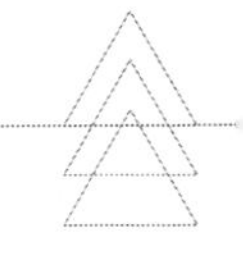

供的洗衣服務、房內用膳服務、房內小酒吧等服務。從事外賓接待工作，對客房服務人員的語言有一定的要求，同時還要求服務人員尊重客人的不同文化。

內賓。一般以公務散客為主，觀光旅遊團隊也占一定比例。他們習慣於隨叫隨到的服務方式，希望樓層有值臺服務員。相當一些內賓有午睡習慣，不希望在中午被打擾。此外，內賓喜歡在客房內會客，訪客較多。

港、澳、臺地區客人。此類客人基本上分商務型、探親型和旅遊型，接待中要注意有熱情的態度、周到的服務，如介紹當地的風土人情、購物場所等，給他們以賓至如歸的感覺。

（五）按賓客逗留時間的長短劃分

按賓客在飯店的逗留時間，可以分為長住客人和短期逗留客人。在飯店就住達 1 個月以上的客人，為長住客人。各飯店也可根據其接待政策自行定義。飯店通常把長住客人視為貴賓接待，接待他們時要注意客房的清掃儘量安排在客人非辦公時間進行；提供足夠的衣架及其他用品；謹慎處理房內垃圾，不要隨便挪動客人的辦公設備和辦公用品；注意親疏有度。另外，還要定期徵詢此類客人的意見，這對客房管理有很大的幫助。除長住客人以外，大多數客人為短期逗留客人。在接待短期逗留的客人時，要注意提供針對性的服務，給客人留下深刻美好的印象，爭取將他們發展為飯店的忠實顧客。

二、對客服務的特點

客房服務與飯店的前廳、餐飲等服務既有相同之點又有不同之處，對其特點進行研究有利於服務的針對性。

1. 體現出「家」的環境與氣氛

既然飯店的宗旨是為客人提供一個「家外之家」，因此，是否能夠體現出「家」的溫馨、舒適、安全、方便等，就成為客房對客服務成敗的因素之一。在對客服務中，我們的客房服務人員扮演著「管家」、「侍者」的身分，因此要留意客人的生活習慣等，以便提供針對性服務，給客人「家」的感受。

如客房服務人員清晨為客人整理房間時，如果發現客人毛毯上蓋著床罩，說明客人夜裡嫌冷，那麼應在換班時請中班服務員在做夜床時加床被子。對客服務要做在客人開口之前，給客人留下深刻的印象，讓這個「家」的感覺更溫馨、更美好。

2. 對客服務的表現形式「明」「暗」兼有

前廳和餐飲部等部門的對客服務表現為頻繁地接觸客人，提供面對面的服務，而客房部有別於這些部門，其服務是透過有形的客房產品表現出來的。如客人進入客房後，是透過床鋪的整潔、地面的潔淨、服務指南的方便程度等感受到客房服務人員的服務。客房對客服務的這一特點，使客房服務人員成為飯店的幕後英雄，但這並不表示沒有面對面的對客服務，如送、取客衣，客房清掃，遞送客用品等等。因此，服務人員在對客服務時也要講究禮節、禮貌。客房對客服務形式「明」「暗」兼有的這一特點對客房服務人員的素質提出了很高的要求。

三、對客服務的要求

曾有業內人士對「服務」一詞進行分析，它由七重含義構成，並且這七重含義的英文開頭字母剛好構成了 service，它們分別是：真誠（sincere）、效率（efficient）、隨時做好服務準備（ready to serve）、「可見」（visible）、全員銷售意識（informative）、禮貌（courteous）、出色（excellent）。由此可見，這七重含義貫穿著對客服務的全過程。客房對客服務是飯店服務的主體之一。客人在下榻期間，逗留在客房內的時間最長，客房部對客服務水準的高低，在很大程度上決定了客人對飯店產品的滿意程度。這就要求客房部的對客服務要以與其星級相稱的服務程序及制度為基礎。以整潔、舒適、安全和具有魅力的客房為前提，隨時為客人提供真誠主動、禮貌熱情、耐心周到、準確高效的服務，使客人「高興而來、滿意而歸」。

1. 真誠主動

員工對客人的態度，通常是客人衡量一個飯店服務質量優劣的標尺。真誠是員工對客人態度好的最直接的表現形式。因此，客房服務首先要突出真

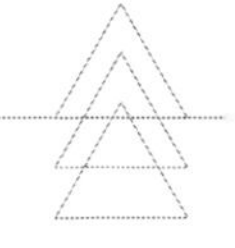

誠二字，實行感情服務，避免單純的任務服務。我們通常所說的提供主動的服務，是以真誠為基礎的一種自然、親切的服務。主動服務來源於細心，即在預測到客人的需要時，就把服務工作做在客人開口之前。如客人接待朋友時主動送上茶水；客人不舒服，及時幫助請醫生診治。這些看似分外的工作，卻是客房服務人員應盡的義務，更是優質服務的具體體現。客房服務人員要把客人當作自己請來的朋友一樣接待，真誠地想客人之所想、急客人之所急。這是提高服務質量的有效方法。

2. 禮貌熱情

喜來登飯店管理集團曾花巨資對飯店顧客進行了三年的專項調查，調查發現客人將員工是否「在遇見客人時，先微笑，然後再禮貌地打招呼」列為對飯店服務員是否滿意的第一個標準。由此可見禮貌熱情對客人的重要程度。

禮貌待客是處理好對客關係的最基本的手段，在服務人員的外表上表現為整潔的儀容、儀表；在語言上表現為自然得體的詞語及悅耳動聽的語音語調；在態度上表現為落落大方的氣質。熱情待客會使得客人消除異地的陌生感和不安全感，增強對服務人員的信賴。客房服務人員應做到：客來熱情歡迎、客住熱情服務、客走熱情歡送，還要把微笑貫穿到服務的全過程，這樣才能表現出服務人員自身的良好素質，塑造飯店的良好形象。

3. 耐心周到

客人的多樣性和服務工作的多變性，要求服務人員要能正確處理各種各樣的問題，必須能經得起委屈、責備、刁難，擺正心態，「把對讓給客人」，耐心地、持之以恆地做好對客服務工作。服務人員要掌握客人在客房生活期間的心理特點、生活習慣等，從各方面為客人創造舒適的住宿環境。透過對客人方方面面的照顧、關心，把周到的服務做到實處，才能體現「家外之家」的真正含義。

4. 舒適方便

舒適方便是住店客人最基本的要求。客房是賓客入住飯店後長時間逗留的場所，因此，賓客對客房的舒適、方便要求也是最高的。如服務員應定期翻轉床墊，以保證床墊不會產生局部凹陷；服務員應留意賓客用品的日常擺放，以方便客人使用。這也是飯店為賓客提供一個家外之家的前提。

5. 尊重隱私

客房是客人的「家外之家」，客人是「家」的主人，而服務人員則是客人的管家或侍者，尊重主人隱私是管家和侍者應具備的基本素質。作為飯店工作人員，特別是接觸客人時間最長的客房部服務人員，有義務尊重住店客人的隱私。在尊重客人隱私方面，客房部服務人員應不打聽、不議論、不傳播、不翻看客人的書刊資料等，要為客人保密。

6. 準確高效

準確高效就是為客人提供快速而準確的服務。效率服務是現代快節奏生活的需要，是優質服務的重要保證。飯店服務質量中最容易引起客人投訴的就是等待時間長。客房部應對所提供的服務在時間上進行量化規定，制定切實可行的標準。速度和質量是一對矛盾，在制定標準及具體服務工作中，需正確處理兩者之間的關係，切忌只求速度，不求質量。

第二節 對客服務的項目及模式

客房部提供哪些服務項目，採用什麼樣的對客服務模式，會在一定程度上影響顧客的滿意度。由於各飯店的星級高低不一，目標客源市場需求不同，再加上其他的諸多因素，這就要求客房部要根據各自的具體情況，考慮多種因素，確定所要提供的服務項目，並選擇恰當的服務模式。

一、客房部對客服務項目的設立

（一）客房部對客服務項目

根據《旅遊飯店星級的劃分與評定》（GB/T14308-2003），星級飯店客房部應提供以下服務：

一星：1. 客房、浴廁每天全面整理 1 次，隔日更換床單及枕套。

2.16 小時供應冷熱飲用水。

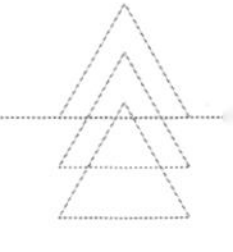

二星：1. 客房、浴廁每天全面整理 1 次，每日更換床單與枕套。

2.24 小時提供冷熱飲水。

3. 一般洗衣服務。

4. 應客人要求提供送餐服務。

三星：1. 客房、浴廁每天全面整理 1 次，每日更換床單及枕套，客用品和消耗品補充齊全。

2. 提供開夜床服務，放置晚安卡。

3.24 小時供應冷熱飲用水及冰塊，並免費提供茶葉或咖啡。

4. 房內一般設微型酒吧（包括小冰箱），提供適量飲料，並在適當位置放置烈性酒，備有飲酒器具和酒單。

5. 客人在房間會客，可應要求提供加椅和茶水服務。

6. 提供叫醒服務和留言服務。

7. 提供衣裝乾洗、濕洗和熨燙服務。

8. 有送餐單和飲料單，18 小時中西式早餐或便餐送餐服務，有可掛置門外的送餐牌。

9. 提供擦鞋服務。

四星、五星：除了提供三星級的服務外，還應提供以下服務：

1. 應客人要求隨時進房清掃整理，補充客用品和消耗品（夜床提供鮮花或贈品）。

2. 提供客衣修補服務，16 小時提供洗燙客衣加急服務，可在 24 小時內交還客人。

3. 對送餐服務提出了更高要求，即要 24 小時提供中西式早餐、正餐送餐服務。送餐菜式品種不少於 10 種，飲料品種不少於 8 種，甜食品種不少於 6 種。

此外，三星級以上飯店還有選擇項目，飯店可根據經營實際來確定該設立哪些對客服務項目。

（二）客房部對客服務項目的設立

客房部在設立對客服務項目時，要考慮諸多方面的因素，這些因素是：

國家及行業標準。國家和行業標準是評定某一飯店是否符合其星級要求的主要標準，也是各飯店客房部在設立服務項目時考慮的最主要因素。

國際慣例。參照國際慣例設立服務項目是與國際同行業接軌的具體體現，而且飯店的客人也期望能享受到國際標準的服務。例如，對於遺留物品的保管、物品的租借等服務，大多數星級飯店的客人都有此需求。

本飯店客源市場的需求。滿足客人的需求始終應是飯店努力的方向。飯店的類型不同，客源市場也會不同，不同的客源市場對客房服務有不同的要求。在一些以接待會議為主的飯店，客人普遍有午休的習慣，因此，早晨的客房清掃、下午的客房小整理就會受到客人的歡迎；而對於大多數境外商務客人來說，下午的小整理可能就沒有意義。在一些以接待首長為主的賓館，樓層的值臺及「客到、茶到、毛巾到」的三到服務就顯得非常重要，而對於大部分商務飯店來說，則可以省去這些服務。

其他因素。其他一些因素也會對客房服務項目的設立及其具體的服務內容有一定的影響。這些因素有：飯店的類型、硬體條件、房價、成本費用及勞動力市場等。

飯店為客人提供盡可能全面的服務，不僅可以滿足客人的需求，使其更覺舒適與方便，而且還可體現飯店的規格和檔次，引導和刺激客人消費，最終達到名利雙收的目的。

二、客房部對客服務模式的選擇

客房部不同的對客服務模式具有不同的特點，對軟硬體有不同的要求，從效果上看各有利弊，重要的是我們是否在綜合考慮各種因素的基礎上進行選擇。

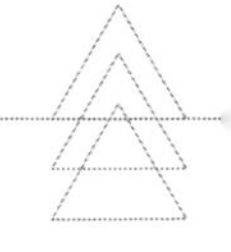

（一）對客服務的模式

目前，飯店客房主要有樓層值臺服務和客房中心服務兩種模式。

1. 樓層值臺服務模式

該模式即在客房樓層設立服務臺，配備專職服務員。這種模式是客房服務中最基本、最傳統、最普通的一種模式。

樓層值臺服務的優點是有利於加強面對面的對客服務，突出人情味，還有利於對樓層的安全管理，尤其適合於車站等人流量大、治安較亂的地區。但這種模式也有不足的一面，就是花費的人力較多，不太適合現在飯店「開源節流」的趨勢。

2. 客房中心服務模式

這種模式具有減少人員編制、建立專業化對客服務組織及強化客房管理的特點。

由於對客服務溝通方式由客人找樓層服務員轉變為打電話給客房中心聯絡員，原來在樓層值臺的人員就可省去，每個樓層 1 天 3 個班次可省去 3 名員工，10 個樓層就可省去 30 名，加上休息替班的人員就會超過這個數字。所用人員減少，費用就會大大降低，對客服務將會更專業，服務質量也更容易控制。

客房中心聯絡員以電話服務為主，由於人數不多，所以招聘、培訓及管理工作相對來說要容易得多。除了提供電話服務以外，客房中心還承擔著客房與其他部門、客房部內部的資訊傳遞、工作協調、出勤控制、鑰匙管理、遺留物品管理、資料彙集等工作，從而使得部門的管理更加規範化。

除了以上兩種模式外，有些飯店採用既設立客房中心、又設立樓層服務臺的綜合模式，以吸取前兩種模式的優點而克服其部分缺點。白天，樓層服務臺有專職服務員，因為白天樓層事務以及對客服務工作任務較多，樓層服務員的工作量較為飽和，而夜間大多數住客都已休息，對客服務的工作也較少，一般可不安排專人值臺。如果客人需要服務，可由夜班服務員提供。夜班服務員一般在客房中心待命，上樓層服務時，將電話轉移到總機，由其提供電話服務。

（二）對客服務模式的選擇和設計

飯店採用什麼樣的客房對客服務模式，取決於多方面的因素：

客源的類別與層次。通常情況下，高檔次飯店特別是涉外飯店和以商務客人為主的飯店，採用客房中心的模式較為可行；以會議團體客人為主的飯店，採用樓層值臺的服務模式較為適合；特別豪華的飯店為進一步提高其服務規格，往往會在一部分樓層提供值臺服務，我們把這些樓層稱為商務樓層。該樓層的值臺員被稱為侍者或管家。他們所提供的服務項目和服務規格要多於也高於一般的值臺服務。

硬體條件。飯店在選擇服務模式時，首先要考慮到服務的垂直交通問題，相當一部分飯店，在建築設計時沒考慮到員工電梯，或電梯數量嚴重不足，如果設立客房中心就會影響對客服務的速度。其次要考慮通訊條件，是否能確保客房中心與樓層服務員的及時溝通。因此，飯店通常採用店內尋呼系統，此外，根據樓的形狀，還可考慮使用子母機電話。如果沒有良好的通訊條件，客房中心就無法迅速把客人的需求及其他對客服務資訊傳遞給樓層服務員。第三是要考慮安全監控系統、鎖匙系統是否完善，能否適應客房中心的需要。最後還應考慮飯店建築特點，客房是集中於一幢建築裡，還是分散在各個小樓或別墅，不同類型的建築對服務模式有不同的要求，客房部的管理人員應分別對待。

安全條件。飯店所在地區的安全情況及本飯店的安全設施，也是在選擇服務模式時應考慮的條件之一。安全性高、安全設施完備的飯店，採用客房中心模式較適合；反之，則採用樓層值臺服務模式較好。

勞動力成本。從成本的角度考慮，飯店還要根據當地勞動力成本的高低，去選擇其服務模式。一般在經濟發達地區勞動力成本較高，員工的素質也較高，採用客房中心模式較可行；反之，則採用樓層服務臺較合適。

（三）對客服務模式的發展趨勢

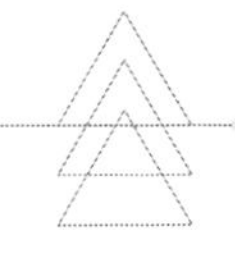

從國際上客房服務的發展趨勢看，在對客服務模式方面將會出現以下趨勢：

(1) 客房中心服務模式將逐步取代樓層值臺服務模式。

(2) 提供商務樓層服務的飯店將逐步減少。

(3) 夜班客房中心聯絡員與客房部夜班服務員的職位合二為一。服務員在上樓層服務或巡視時，電話轉移到總機或總臺，由其接收客房電話。

(4) 中、小型飯店客房中心的職能將由飯店總臺取代，大型飯店的總臺將取代客房中心的對客電話服務。

第三節 對客服務的要點

大多數飯店都制定了對客服務規範，客房部管理人員還應在此基礎上對客房部各項服務的要點進行更深入的研究，以確保為賓客提供優質的服務。

一、貴賓服務

貴賓是接待的重點，在貴賓接待中應特別注意以下問題：

及時傳遞資訊。保持資訊傳遞的暢通和及時是做好服務工作的一個重要環節，這在貴賓接待中顯得尤為重要。貴賓接待通知單是客房部接待貴賓的主要資訊來源和依據，客房部管理人員應對此單認真研究，並將有關資訊和需要採取的措施傳達到所有有關人員，以確保其根據此單的要求進行準備。

注意細節，精益求精。飯店管理和服務水平的高低，往往見於細節之中，因此，在接待貴賓過程中要特別注意細節、精益求精。通常，有經驗的管理人員會給貴賓房選用新的印刷品、棉織品及其他用品；在使用兩層床單的飯店增加一層床單，即護單，以提高其檔次；對房間進行大清掃，完成所有的計劃清潔項目，必要時，甚至要對地毯進行徹底的清洗；注意將電視的頻道調到客人的母語頻道；由於檢查客房的人員較多，最好在貴賓抵達前進行地毯吸塵和家具設備除塵。

確保員工盡可能地用姓氏或尊稱稱呼客人。通常，客房中心將貴賓通知單放在醒目的位置，貴賓的姓名和房號寫在客房部、洗衣房辦公室以及樓層工作間的告示白板上。客房部管理人員的任務是確保部門員工記住有關的資訊，並在與客人的交往中加以使用。

在硬體上，飯店應在客房中心、洗衣場客衣服務接線員處配置顯示電話，最好在顯示房號的同時還顯示客人的姓名和性別，以便服務人員在接電話時能立刻以姓氏稱呼客人。

提供針對性的服務。客房部的管理人員應認真查看客史檔案和貴賓接待通知單，並根據客人的具體情況提供針對性的服務。善於觀察細節並提供相應的服務是高質量客房服務的體現，客房服務員在整理客房時往往能從某個細節瞭解到客人的需求。

例如，早晨床上有床罩說明客人夜裡嫌冷；床上有多餘的枕頭說明客人喜歡高枕頭；開好的夜床沒用而另用它床，說明客人喜歡另一張床的位置；所放的水果沒用，說明客人可能喜歡其他品種的水果。如果服務員不注意研究客人的需求，那這些信號就不能引起他們的重視，客人的需求也將得不到很好的滿足。訓練有素的客房服務員絕不會放過這些細節，他們會將這些情況報告給上司，或在換班時轉給中班服務員，由其對服務做出相應的調整，以爭取最大限度地滿足客人的需求。

儘量不打擾客人。在接待貴賓中常出現的一個問題是因過多地關心客人而造成對客人的打擾，清掃客房的時間安排不當是其表現之一。由於是重要客人，樓層服務員往往會首先去清掃他們的房間，而飯店的重要客人一般晚上應酬較多，早晨起床可能會相對遲一些，這就造成了對客人的打擾。因此，除非確定客人已離開房間，一般不要過早去敲門，清掃時間安排在早晨 9：30 以後比較合理。過多地檢查是另一種打擾的表現。大多數飯店對貴賓房每天要清潔三次以上，即早晨的清潔、下午的小整理及晚上的做夜床，正常的檢查要達三次，如果主管和經理再查的話，進房要達 6 次～ 7 次，加上服務員的三次進房及送報、換水、補充飲料等，進房的次數可高達十幾次，這對

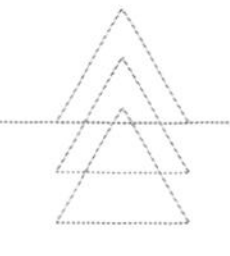

於客人來說是無法接受的。因此，對客房清潔、檢查的時間和次數一定要掌握好，既要保證客房的清潔，又要不打擾客人。

服務適度。有些飯店的客房管理人員過分地重視貴賓，從而過多地提供了一些不必要的服務，反而引起了賓客的不滿，除上述過多地打擾外，還存在著一次性消耗物品更換過於頻繁等問題。對客人而言，他們大多認為自己所使用過的物品是乾淨物品，如：牙刷、牙膏、梳子、香皂等，服務員完全沒有必要把剛剛使用一次的用品給換掉，這反而給客人以浪費的感覺。高星級的飯店甚至就客人使用過的浴廁棉織品是否需要換洗，還要徵求客人的意見。很多貴賓對房內茶水被頻繁更換表示不滿。客人在沏好茶後常會因某種原因而暫時離開房間，回房後還要繼續用茶，並不希望在此期間茶被換掉。

協助前廳選好用房。接待貴賓中常見的另一個問題是客房服務員根據前廳的安排準備好了客房，而管理人員檢查時卻發現該房因某些問題而不能使用，其結果是浪費了寶貴的準備時間。從理論上講，所有可供出租的客房都應處於百分之百的完好狀況，而對於一個運轉數年的飯店來說，要做到這一點卻非常困難。因此，客房部管理人員應對飯店的客房完好狀況非常瞭解，為前廳部的選房提供幫助。

二、洗衣服務

一般二星級以上的飯店為住店客人提供洗衣服務。對於星級飯店的客人來說，洗衣服務是他們很重視的一項服務，因為他們需要整潔的外表。從客人對客房的投訴來看，對洗衣服務方面的投訴已占相當的比例，因此，提供優質的洗衣服務對提高客人對客房工作的滿意率具有非常重要的意義。

電話接受客衣是國際上大部分飯店的例行做法。客衣服務員在電話中往往需提醒客人填寫洗衣單，並將所需洗燙的衣物一同裝入洗衣袋，放於客房內。客人有時會有一些特別要求，服務員應問清楚並做好記錄。在收取客衣的過程中，要特別注意以下一些問題：

(1) 客衣組在接到快洗及貴賓送衣電話後，應在 10 分鐘內趕到樓層收取客衣，在接到正常收衣電話後，應在 30 分鐘內趕到樓層收取客衣。

(2) 凡是放在床上、沙發上，未經客人吩咐、未放在洗衣袋內的衣服不能收取。

(3) 在使用塑料洗衣袋的飯店，服務員在收取客衣時應用記號筆在洗衣袋上寫上房號。

(4) 檢查洗衣袋內是否有洗衣單，洗衣單上的房號是否與房間的房號一致，單上的有關項目的填寫是否符合要求，衣服的數量是否正確。

(5) 不要將客衣隨意亂放，不要把客衣袋放在地上拖著走，要愛護客人的衣服，對於需熨燙的高級時裝，應用衣架掛好。

(6) 樓層服務員要配合客衣服務員的工作，發現客人把客衣袋掛在門外後，要將其收至樓層工作間並電話告知客衣組。

(7) 大部分飯店規定了正常送洗的截止時間，客衣組服務員應在此時間後巡視一遍樓層，確保不漏收客衣。有的飯店客房部甚至要求樓層服務員在這一時間進房檢查（但不能打擾客人）。

(8) 收到的所有送洗衣物均需記錄在「客衣收衣記錄表」上。

返送客衣主要有兩種方式：一種是由客衣服務員直接送回客人房間，另一種是客衣服務員將客衣送至樓層服務臺，再由樓層服務員將其送給客人。客衣服務員直接將客衣送到客房的做法是國際上大部分飯店的例行做法。

大部分飯店每天在 18：00 左右將當日洗好的客衣集中送至客人房間。此做法在一定程度上可以節省人力，但也存在著一些問題。一種較好的方法是分批洗滌，洗好一批，返送一批。分批返送的方法首先方便客人，使客人在盡可能短的時間內拿到洗好的衣服，有時客人甚至會因此而感到驚喜；其次，分批返送特別適用於大型飯店，因為集中裝包會因衣物太多而增加難度，分批裝包則因衣物較少而減少差錯；最後，分批裝包可以均衡客衣服務員的工作量，因為在一些飯店客衣服務員在客衣檢查、打碼後事情會變少，而這時安排一定的送衣工作就恰到好處。

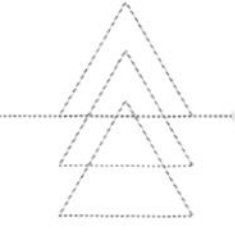

客衣服務員上樓層送客衣前應設計好送客衣的線路，從而節省送衣時間。準確無誤是送返客衣工作中需要特別注意的問題。常見的錯誤是送錯樓層和送錯房號，如618的客衣送到816，或618的客衣送到608等等。送衣車內客衣擺放是否整齊，往往反映客房部管理的正規程度，擺放無序及超載等現象應加以避免。對於「請勿打擾」及雙鎖房的客人，客衣服務員不可打擾，要把客衣交給客房中心服務員，並從門下放入「衣服已洗好」的說明卡，注意記下客人房號。

為適應環保的需要，中外一些高星級飯店用本白色棉布洗衣袋替代塑料洗衣袋，用柳藤籃取代塑料送衣袋。

三、房內小酒吧服務

三星級飯店70%客房內要有小冰箱，提供適量酒和飲料，備有飲具和酒單。

國際飯店業在設立房內小酒吧的初期，大多由餐飲部負責管理和服務，近年來，房內小酒吧逐步轉由客房部管理。客房部管理房內小酒吧可以減少跑帳和打擾客人的次數，增加安全係數並便於溝通協調。

在房內小酒吧的配備方面，客房部管理人員首先根據本飯店的星級及目標市場，確定飲料的配備品種及各品種的數量。然後再設計小酒吧帳單，帳單上應列出飲料及其他備品的品種、數量、價格及有關注意事項。目前，飯店所用的帳單多為無碳複寫紙，一式三聯，兩聯送前臺收款，其中一聯作為計帳憑證，第二聯以備客人結帳時查看，第三聯則由客房部留存。但如果用四聯小酒吧帳單則更好，因為這樣就可在檢查過飲料消費後，將一聯留在客房內，供客人瞭解飲料的消費情況。此外，房內還需配備飲料杯、酒杯、杯墊、調酒棒、開瓶器等用品。

對於住客房小酒吧的檢查，通常由服務員在每次例行進房時進行，如：清掃客房、小整理、做夜床時檢查，若有消費，應立即輸入帳款，並做好補充。如果客人已填好「客房小酒吧帳單」，應收取並補充新帳單並注意查對帳單填寫是否正確。

對於離店客人，大部分飯店要求總臺收款服務員在其結帳時通知客房部，由樓層服務員檢查客人的飲料消費情況，並立刻電話通知總臺結帳處。該過程需要一定的時間，客人常常會因等待時間過長而提出投訴。國外絕大部分飯店則在客人結帳時詢問客人是否消費了小酒吧飲料，根據客人的回答進行結帳，從而大大加快了結帳速度。某高星級飯店曾做了兩個月不查房的測試，統計結果是損失了兩千多元的飲料。於是，飯店決定客人結帳時不查房，用兩千多元的損失換取快速結帳的效率，將方便讓給大部分客人。當然，不同檔次、不同客源、不同地區的飯店，應從本飯店的實際出發，根據本飯店飲料損失率的高低，做出相應的決策。如果飯店的房內小酒吧損失率過高，則應考慮本飯店設房內小酒吧是否符合目標客源市場的需求，飯店是否應在所有客房設置小酒吧。小酒吧的一定量的損失率應屬正常現象，即使在先進國家，房內小酒吧的損失率也在 7% ～ 10% 左右，由於飯店房內小酒吧的飲料價格是市場價的數倍，已考慮了損耗，飯店不應在此問題上與客人過分計較。

對於團隊房飲料的檢查，客房部管理人員應做好計劃，每天研究次日團隊離店表，根據客人的計劃安排確定檢查時間。有些地區由於交通原因，離店高峰時間集中在清晨，而這時早班服務員還未上班，因此造成查房不及時。針對這一情況，客房部可對 PA 夜班服務員進行查房培訓，使其在客人離店高峰時幫助查房。

客房部需定期統計和盤點樓層的小酒吧飲料，確保所有房內小酒吧飲料不超過保質期，這是小酒吧服務與管理工作中的一個重點。客房部應每月檢查一次樓層所有飲料的保質期，更換快過期的飲料，將其退庫，由庫房將其調至餐飲及康樂部。在大型飯店，尤其在淡季，會出現餐飲、康樂部消化不了客房部快過期飲料的情況，報損率因此而提高。為解決這一問題，飯店可以與供貨商進行協商，將從房內撤出的飲料與供貨商調換，但前提通常是撤出的飲料須距保質期三個月以上。

客房部管理人員應注意定期研究客人的消費情況，根據客人的需求定期調整小酒吧的品種。

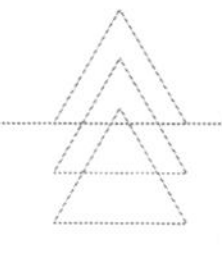

四、拾遺服務

飯店的住客或來店的其他客人，都有可能在飯店逗留期間或離店時將個人物品遺忘在客房或飯店的公共區域，飯店有責任為其妥善保管遺留物品。

在提供遺留物品保管中，應特別注意以下一些問題：

遺留物品必須歸口管理。遺留物品分部門或多部門管理，勢必會給失者帶來不便。相當一部分丟失物品的客人不會確切知道自己將物品丟失在何處，因而在多部門管理遺留物品的飯店，客人的問詢可能被轉來轉去，從而影響效率。此外，遺留物品的管理需要一套嚴密的程序，歸口管理不僅可提高效率，而且會使錯誤率降至最低限度。

明確專人管理。在設有客房中心的飯店，一般由中心服務員負責登記和保管。客房部祕書通常分管客房中心，因而對遺留物品保管處理的管理也由祕書負責。一般來說，祕書需每月對遺留物品儲存櫃進行一次清點和整理。

配備必要的貯存櫃。飯店要視自身的規模和星級，配備放置遺留物品的櫥櫃，一些大型高星級飯店甚至要設專門的遺留物品貯存室。相當一部分飯店遺留物品櫃的空間太小，遺留物品塞滿了櫥櫃。這不僅會損壞遺留物品，而且還會使得查找變得非常困難。還有一些飯店的遺留物品櫃不上鎖，或不隨時上鎖，這勢必造成遺留物品的流失。

確定保管期。飯店行業對遺留物品的保管期沒有硬性規定，慣例為 3 ～ 6 個月。高星級飯店的遺留物品中，有相當一部分是客人不要的遺棄物，只不過客人沒有把它們放入垃圾筒而已，所以遺留物品的量很大，因而保管期也就比低星級的要短。貴重物品和現金的保管期一般為 6 ～ 12 個月，水果、食品為 2 ～ 3 天，藥物為 2 周左右。衣物類保存前應先送洗衣場洗淨。

確定保管期後的處理方式。客房部應對遺留物品超過保管期後如何處理做出規定。按國際同行業的慣例，遺留物品應歸物品的拾獲者，但整瓶的酒須上交給飯店供餐飲部使用，開過封的酒應拋棄。貴重物品和現金須上交給飯店。國外一些飯店在找不到失主的情況下，將物品拍賣並將所得錢款捐給慈善機構。

客房部的員工在處理客人遺留的文件、資料時應特別慎重，凡沒被放進垃圾筒的，都應被視為遺留物品，不可將其隨意扔掉。

對於客人對遺留物品的問詢，客房部應及時給予答覆。

五、其他服務

1. 物品租借服務

物品租借已成為客房部的一個重要服務項目，飯店可供客用租借物品的種類取決於飯店的服務標準以及該飯店客人的需求；租借品的數量取決於飯店的大小以及預計的需求量。客人對各種租借品的需求量是不一樣的，這主要取決於飯店的類型、出租率、進店和離店的時間規律、主要客源的類型，客房部經理需與市場營銷部和總經理共同決定客用租借品的品種及數量，而確保向客人提供充足的租借品則是客房部經理的責任。客房管理人員應根據客人需求的變化，不斷補充租借物品的品種，調整其數量。

客房部應對租借物品進行編號，根據本飯店的實際情況，確定存放位置，最好將不太常用的物品存放於客房中心，將常用的物品存放於樓層工作間內。

客房管理人員須制定服務的時間標準，即在接到客人電話或通知後，必須在多長時間內將客人需要租借的物品送到房間。

借出物品時，要檢查其清潔、完好情況，對電器類物品，還須當面演示使用方法。服務員在將轉換插座或接線板送至客人房間後不應立即離開，而應主動幫助客人接好插頭，看所提供的轉換插座或接線板是否符合要求。同時，這也給服務員提供了一次觀察機會，看客人是否準備使用飯店禁用的電器。

收回租借物品後，要檢查完好情況，並用酒精棉球進行清潔、消毒。

客房部可透過「租借物品記錄表」瞭解賓客需求。該記錄表記錄了借出物品的名稱、客人房間號碼、客人請求借用的時間以及借出和收回的時間。在有些情況下還應將客人預計離店的時間備註上，因為特別的枕頭、床板、嬰兒床等物品，通常要在離店時才歸還。該統計表可反映出客人需求量最大

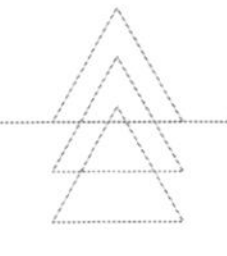

的租借物品，各種物品需要借出的時間以及客人借用時間的長短。此外，該統計表還能反映各借出物品目前所在的房間，從而可以確保所有物品能夠收回。

2. 訪客接待

做好訪客的接待也是客房部的一項對客服務工作，接待中應注意以下事項：

(1) 熱情地接待來訪者，問清被訪住客的姓名及房號，透過電話與該住客聯繫。

(2) 如果住客不在房內，向訪客說明，並提示其可以去總臺辦理留言手續；如果住客不願接見訪客，應先向訪客致歉，然後委婉地請其離開，不得擅自將住客情況告知訪客；如果住客同意會見，按住客的意思為客人引路；如果住店客人事先要求服務人員為來訪客人開門，要請住客去大堂副理處辦理有關手續。來訪客人抵達時，服務人員須與大堂副理聯繫，證實無誤後方可開門。

(3) 如果會客地點是在客房，將來訪者引領進房後，禮貌地詢問住客是否需要茶水、毛巾，若訪客超過三人，還要詢問住客是否需要座椅。並主動詢問住客有無其他服務要求。

(4) 若會客時間較長或人較多，應及時為客人補充茶水。

(5) 會客完畢後如有需要，應再次整理好房間，以利住客休息。提供這項服務時，客房部服務員應特別注意，要在先徵得住店客人的同意後方可將來訪者帶到客房，在住客不在時，除非住客事先書面說明，不得將訪客帶進住客房。

3. 擦鞋服務

一般三星級以上飯店向住店客人提供免費擦鞋服務。樓層服務員在接到客人要求擦鞋的電話或通知後，應在飯店規定的時間內趕到客人房間收取皮鞋，到工作間擦試；收取皮鞋時，應在小紙條上寫明房號放入皮鞋內，以防送還時出現差錯；擦鞋時，先在鞋下墊上一張廢報紙，將表面的塵土擦去，然後根據客人皮鞋的面料、顏色選擇合適的鞋油或鞋粉，仔細擦試、拋光；將擦淨的鞋及時送至客人房間，如果客人不在，應放於壁櫥內的鞋簍旁。

樓層服務員在住客房工作時發現髒皮鞋，應主動詢問客人是否需要擦鞋服務。如果客人不在，可先將皮鞋收回，留一張擦鞋單於門底縫隙處，讓客人知道服務員正在為其擦鞋；如果皮鞋置於房間門口或鞋簍裡，可直接收取到工作間。

若遇雨、雪天氣，服務員應在客人外出歸來時主動詢問客人是否需要擦鞋。

4. 托嬰服務

托嬰服務是高星級飯店向客人提供的一個服務項目。該項服務可為攜帶孩子的客人提供方便，使其可以擺脫孩子的拖累而不致影響外出活動。飯店一般不設專職的人員負責托嬰，此項服務大多由客房部服務員在班後承擔。兼職的服務員須接受照料孩子的專業培訓，懂得照看孩子的專業知識和技能，有照看嬰幼兒的經驗並略懂外語。

在接受客人托嬰服務時，客房服務員應請客人填寫「嬰兒看護申請單」，瞭解客人的要求及嬰幼兒的特點，並就有關注意事項向客人說明。

看護者在規定區域內照看嬰幼兒，嚴格遵照家長和飯店的要求看護，不隨便給嬰幼兒食物吃，不將尖利物品及其他危險物品充當玩具，不託付他人看管。在照看期間，若嬰幼兒突發疾病，應立即報告上級，請示客房部經理，以便得到妥善處理。

5. 加床服務

加床服務是客房部提供的服務項目之一。有時客人會直接向樓層服務人員提出加床服務要求，客房部服務員應禮貌地請客人到總臺辦理有關手續，不可隨意答應客人的要求，更不得私自向客人提供加床服務。

客房服務員接到總臺有關提供加床服務的通知後，應立即在工作單上做好記錄，隨後將所需物品送至客房，如果客人在房內，主動詢問客人，按客

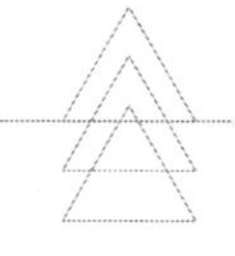

人要求擺放好加床，如客人無特別要求，則移開沙發、茶几，將加床放於牆角位置，為客人鋪好床。在加床的同時，還須為客人增加一套客房棉織品、杯具、茶葉及浴廁日耗品。

第四節 對客服務的質量控制

客房部是飯店一個主要的對客服務部門，該部門對客服務質量的高低，在很大程度上決定了飯店產品的品質。因此客房部管理人員必須把對客服務質量的控制當作一項最重要的工作去抓。

一、對客服務程序的制定

（一）對客服務程序的重要性

對客服務程序是指用書面的形式對某一服務進行描述。其重要性在於：

使客房服務規範化。對客服務程序的制定，使飯店服務擺脫傳統作業方式，使本來較瑣碎的看似雜亂無章、隨機性很大的服務工作能夠規範化，有章可循，使服務工作從隨心所欲的狀態轉為有規則的和有一定標準的狀態。

便於培訓。有了書面程序，培訓就有章可循，在操作上也簡單易行。而且還可避免不同的培訓員培訓內容不一致的問題。

對客服務程序的重要性還表現在便於對服務質量的控制上。

（二）對客服務程序的制定

對客服務程序的制定是一項十分重要的工作。服務程序科學與否，直接影響客房的服務質量，決定了客房服務水平的高低，因此制定服務程序是一項慎重而細緻的工作。在制定對客服務程序時要考慮以下因素：

賓客的需求。服務是為賓客提供的，服務程序也要滿足客人需求，制定程序前必須對客人對客房服務的需求做詳細的調查和分析。

本飯店的特點。服務程序要與本飯店的檔次、風格、管理等特點協調一致，研究本飯店特點時，要考慮飯店的接待對象、客房部組織形式、服務模式、員工素質等各方面的情況。

中外的先進水平。服務程序要有時代感，並具有一定的超前性，因而要瞭解中外飯店業客房服務的先進水平，洞悉各種服務的合理和不合理之處，從而集各家之長為己所用。

動作及作業研究。在編制程序前，要對每個作業進行過程分析和動作分析，把這些資料作為依據保存起來。

客房部管理人員是對客服務程序制定的參與者和組織者，在制定服務程序的過程中，要盡可能地讓客房員工參與討論，該過程本身就是對員工的一種培訓。由員工參與制定的服務程序不僅更加符合實際、操作性強，而且在程序的落實過程中效果會更好。以下是某飯店貴賓接待程序：

(1) 客房中心在接到「貴賓接待通知單」後，應熟悉有關內容，瞭解貴賓的日程安排、生活習慣與愛好等，並及時通知相關樓層，做好準備工作。

(2) 樓層服務員提前清掃好房間，協助花房服務員、房內用膳服務員將增放的物品放入房間。

(3) 房間布置完畢，領班進行嚴格檢查，發現問題，立即糾正。

(4) 領班檢查合格後，通知樓層主管前往檢查。

(5) 樓層主管檢查合格後，通知客房部經理前往檢查。

(6) 客房部經理檢查合格後，通知大堂副理前往檢查。

(7) 樓層服務員再進房巡視一遍並吸塵，確保萬無一失。

(8) 貴賓住店期間，客人一出客房即進行小整理。

(9) 根據貴賓的生活習慣和愛好，提供針對性服務。

(10) 留心貴賓喜好，做好記錄並將有關資訊傳遞到總臺，以便完善客史檔案。

二、對客服務標準的制定

(一) 建立優質服務標準的重要性

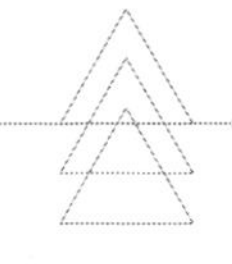

確立目標。書面的服務標準為客房部的所有成員確立了努力目標，使他們明確為什麼而努力，以及要努力到什麼程度，從而使工作有重點，不偏離方向。

傳達期望。準確、簡潔、可衡量以及可操作的服務標準，形成了對所有服務行業的期望基礎。透過標準的建立，向所有成員傳達了「這是我們大家共同期望的，這是我們所有人都要求的，這就是出色工作的確切含義」。標準的建立實際是對客房部的所有成員大聲而明確地傳達了賓客和領導的期望，大家應就此達成共識。

創造有價值的管理工具。一旦制定出一整套的服務標準，就會成為招聘新員工、制定工作職責以及任免決定的部分依據。服務標準還是培訓的重要內容之一，成為員工能否上崗的重要標準。此外，服務標準還是有效的員工表現評估制度的基礎。

（二）對客服務標準的制定

客房部所追求的高質量對客服務標準應是準確—表達清楚而準確；簡潔—短而說明問題；可衡量—可以看得到，可以被衡量；可操作—實用並能達到。

1. 在制定標準時，應注意的問題

(1) 標準的制定應讓所有有關員工參與，並能為大家所接受；如果可能，最好也能有顧客參與並為他們所接受。

(2) 標準對服務的要求應最大限度地接近完美。

(3) 標準應用書面的形式完整、明確地描述出。

(4) 標準必須能滿足顧客的需求。

(5) 標準必須可行、易懂。

(6) 標準必須得到上一管理層的支持（否則將不能生效）。

(7) 標準一旦確定，在工作中就不允許出現偏差。

(8) 對過時和不能發揮作用的標準應加以修改。

（9）應根據需要增加新的標準，任何新的標準必須為大多數員工所接受。

（10）標準必須反映組織目標。

2. 應制定的標準

（1）服務程序標準。是服務環節的時間順序標準，即在服務操作上先做什麼、後做什麼。該標準是保證服務全面、準確及流暢的前提條件。

（2）服務效率標準。是對客服務的時效標準。這項標準是保證客人能得到及時、快捷、有效服務的前提條件，也是客房服務質量的保證。不過對於這項標準的制定，要視各個飯店的具體情況進行，且要有專業管理人員的參與。

（3）服務設施、用品標準。是飯店為客人所提供的設施、用品的質量、數量標準。這項標準是控制硬體方面影響服務質量的有效方法。它是從質量、數量、狀態三個方面去制定的標準。例如，在質量上四星級飯店所用的浴巾不得小於 1400mm×800mm，重量不得低於 600g；數量上要求每間客房備冰桶一只，並配冰夾；狀態上要求提供 24 小時的冷熱水及空調服務。

（4）服務狀態標準。是對服務人員言行舉止所規定的標準。如接待客人時要站立服務、面帶微笑、使用敬語。

（5）服務技能標準。是對客房服務人員應達到的服務操作水平所制定的標準，如各式鋪床標準、浴室清潔標準、抹浮塵標準、做夜床標準等，只有熟練掌握服務技能，才能提供優質的服務。

（6）服務規格標準。是針對不同類型賓客制定的不同規格標準。如在貴賓的房間放置鮮花、水果，根據貴賓的不同級別還需布置其他物品，根據長住客人的客史檔案記錄布置房間等。

（7）服務質量檢查和事故處理標準。是對上述各項標準貫徹執行情況的檢查標準，也是衡量客房服務質量是否有效的尺度。此標準重點由兩方面構

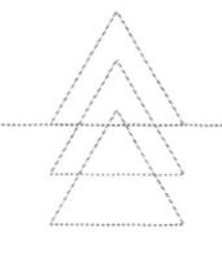

成：一方面是對員工的獎懲標準，另一方面是對賓客補償及挽回影響的具體措施。

三、對客服務工作的質量控制

客房部管理人員應把質量控制的重點放在事先控制、事中控制及事後控制三個環節。三個環節中無論哪個環節發生問題，都會破壞整個服務循環，使服務工作不能進行而產生不良影響，所造成的損失又常常難以彌補。

（一）事先控制

在事先控制環節中，管理者們應注意以下要點：

制定程序和標準。程序和標準的制定屬管理中的基本建設，是管理的基礎、是質量控制的依據。管理者們不僅要重視程序和標準的制定，而且還要注意根據各種因素的變化，不斷對其進行修改和完善。

加強培訓。加強對員工的培訓是確保對客服務質量的重要手段。在對員工對客服務規範培訓的基礎上，著重進行個性化服務的培訓，提高員工對客服務的靈活性，把正確處理賓客投訴作為重點中的重點。培訓的形式要多樣化，組織員工對典型問題進行討論，不僅可以找到正確的服務方法，而且該過程本身就是一種極好的培訓。

預測問題並採取積極有效的防範措施。在管理上「防患於未然」比「亡羊補牢」要更經濟、更有效。客房部管理人員最好能每月預測次月在對客服務中可能出現的問題。其方法是查閱前兩年的資料，找出同期所發生的問題。此外，根據次月的客情預測及本飯店所要開展的活動，再結合其他各方面的情況，分析可能出現的問題。例如：在春節來臨前，應估計到春節期間員工要過節，人手不夠，班次難排將是可能出現的一個問題；另一個可能出現的問題是春節期間家庭旅遊者較多，要求加床的客人將會增多；在夏季來臨前，要預計到天氣變熱對客房服務的要求，如蚊蟲的預防等。針對可能出現的問題，部門管理人員研究出對策，並採取具體的措施。一般來說，預測的問題不宜太多，以每月 2 ～ 4 個為宜。客房部管理人員如能始終堅持這種預測方法，必定能收到事半功倍的效果，部門的對客服務質量就會因此而不斷提高。

加強溝通和協調。要建立良好的資訊溝通系統，疏通溝通渠道。客房部所設計的表格及工作程序要便於資訊的傳遞和回饋，要完善會議及換班制度。透過以上方法，確保對客服務資訊的暢通，使客人的需求得到滿足。

建立客房部內部檢查體系。只有建立了檢查體系，才能確保對客服務的正常進行。客房部內部實行逐級檢查制，管理人員不僅要注意清潔工作的逐級檢查制，更要重視對客服務方面的質量檢查。

（二）事中控制

在事中控制環節中，客房部管理人員的走動式管理顯得比其他部門更重要，因為客房部人員相對分散，要確保對客服務質量，管理人員就必須多走動，親臨現場，只有這樣，才能及時發現問題並採取補救措施。客房管理人員還應重視蒐集賓客回饋，以瞭解賓客需求、發現問題。《賓客意見書》是飯店常用的一種資訊回饋文件，除此之外還可用《長住客人需求徵詢表》（見表 10-1）、《賓客維修意見卡》（見表 10-2）等。定期或不定期地拜訪客人，邀請長住客人參加飯店專門為其組織的活動，也可獲得寶貴的對客服務的第一手資料。對於賓客的意見和投訴，要盡可能在客人離店前將問題解決，使客人滿意而去。如遇到超出客房部權限方面的問題，客房部經理應及時向上級匯報，以確保問題的妥善解決。

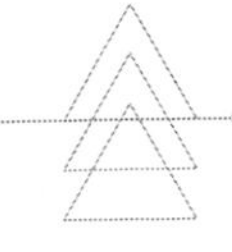

表 10-1 長住客人需求徵詢表

尊敬的賓客：

首先請允許我對閣下長住我酒店表示熱烈的歡迎。如您需要我店客房和洗衣部的任何額外服務，請撥分機_____找我。為給您提供盡可能滿意的服務，請將您的需求填入下表：

1.您希望我們何時清潔您的房間？______________________

2.您希望我們晚上幾點為您開夜床服務？______________________

3.您喜歡羽絨枕頭還是木棉枕頭？______________________

4.您喜歡每晚將早餐卡放在床上嗎？______________________

5.您喜歡每天幾點叫醒服務？______________________

6.還需什麼其他服務？______________________

祝您住店愉快！

____

客房部经理

表 10-2 賓客維修意見卡

尊敬的賓客：

如果我們在客房的維修保養上有什麼疏忽，請通知我們。如果需要立刻維修，請撥電話XXX，通知大廳副理。

姓名__________

房號__________

日期__________

備註__________

註：為更快進行維修，請將該表交給大堂副理。謝謝您的幫助，祝您住店愉快！

（三）事後控制

雖然從時間上說晚了些，但「亡羊補牢，猶未為晚」。客房部在對客服務方面的事後控制方法有：

定期分析賓客意見。對賓客意見進行分類，排出賓客投訴的主要問題，分析原因，並採取相應措施。部門管理水平和對客服務質量就是要在不斷解決主要矛盾的過程中得以提高。

定期召開部門質量分析會。客房部的主要管理人員要負責此項工作，會前要有專人進行準備，參加者們也應有所準備。這類會議不僅能找到部門對客服務中存在的問題，研究出對策，而且能增強部門全體員工的質量意識。

及時進行整改。根據賓客需求的變化，對服務程序和標準進行修改，對服務用品進行調整。

例如，某飯店在程序中規定服務員在客人進店時，要求客人查點小酒吧飲料，該做法受到了部分客人的投訴，經研究將程序做了修改，取消了該做法。又如，飯店從安全考慮一般不將熨斗、熨衣板作為借用物品，但近年來客人對其需求量增大，一些飯店開始配備出借，受到了賓客的好評。

將賓客投訴的問題與工作表現評估掛鉤。對於賓客投訴率高的問題，評估分將相對占較大比重。例如，如果客人普遍投訴服務態度不好，那麼在考察員工工作表現時，對服務態度一項的評估分將占較大的比重。採取這樣的措施後，員工將特別注意改善對客服務態度，賓客對這方面的投訴勢必減少。隨著賓客對服務態度投訴的減少，對其他問題的投訴率就會相對增加，客房部可建議飯店根據新的情況制定新的評估評分標準，長此以往，賓客的投訴將大大減少。

本章小結

1. 服務人員只有「與時俱進」，更新觀念，改變模式，講究方法，提高標準，才能把服務工作做到位、做到家。

2. 瞭解賓客的特點和需求，為賓客提供「定製化」服務，是優質服務的基本要求。

複習與思考

1. 行業內是如何對賓客進行分類的？常說的賓客類型有哪些？各類賓客的特點是什麼？

2. 設立客房對客服務項目應考慮哪些因素？

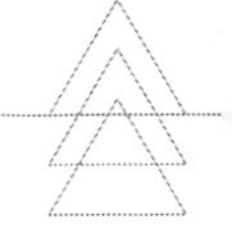

3. 常見的客房對客服務模式有哪些？試對這些模式進行分析和比較。

4. 一家飯店究竟應該選擇何種客房對客服務模式，其決定性因素有哪些？

5. 透過角色扮演等多種形式，熟悉各項對客服務的操作規程。

6. 優質服務必須符合哪些標準？

7. 如何才能有效地控制客房對客服務工作的質量？

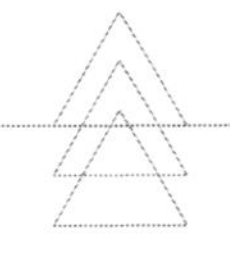

第 11 章 洗衣場、布草房的運行與管理

導讀

洗衣場、布草房的功能、布局、設備用品的配備及洗衣房、布草房的運行程序與管理方法是本章的主要內容。瞭解和掌握這些內容，對於專業的客房部工作人員具有非常重要的意義。

閱讀重點

熟悉洗衣房、布草房的功能布局

熟悉洗衣房、布草房設備用品的配備及性能用途和使用方法

熟悉洗衣房、布草房的運行程序，掌握其管理要求與方法

第一節 洗衣場的運行與管理

一、洗衣場的設置

飯店大多設有店屬洗衣場，負責飯店棉織品、員工制服和客人衣物的洗滌與熨燙。有些飯店洗衣場設備較好、技術力量較為雄厚，還兼營店外的洗滌業務。飯店是否配置店屬洗衣場，必須綜合考慮下列因素：

飯店的規模。飯店規模的大小是考慮是否設置店屬洗衣場的一個重要因素。通常規模大的飯店，布草的日常洗滌量大，如果送到店外洗衣公司洗滌，一是洗滌費用高，二是洗滌質量不易控制，三是布草損耗大，四是周轉速度慢。所以，大型飯店一般都設有店屬洗衣場。小型飯店通常布草洗滌量少，考慮到資金、場地、人員、技術力量等方面的因素，一般不設店屬洗衣場。

飯店的場地。洗衣場占地面積比較大，如果飯店場地較大，空間允許，可以考慮設置洗衣房；反之，則不予考慮。

飯店的資金。洗衣場投資比較大，飯店在決定是否設置店屬洗衣場時，必須考慮飯店的資金情況，考慮投入與產出的關係。

飯店的技術。洗衣場技術要求高，飯店應考慮自身的技術力量及有無專業的洗衣技術人才來確定是否設置洗衣場。

本地洗滌業的社會化程度。飯店所在地洗滌業的社會化程度如何，也是考慮是否設置店屬洗衣場的重要因素，如果當地洗滌業社會化程度較高，飯店可採用與店外洗衣公司簽訂長期洗滌合約的方式，由洗衣公司負責飯店的洗滌業務。如在香港地區，社會化服務程度高，飯店基本上都不設洗衣場，洗滌業務由專業的洗衣公司承擔。

二、洗衣場的布局

洗衣場應最大限度地利用空間，節約能源，提高工作效率，減少噪音汙染等負面影響。在選擇洗衣場位置時，一定要充分考慮能源供應、噪音、排汙及方便運行等問題。洗衣場的內部布局要根據其功能及洗滌流程設計，方便運行，提高效率。

洗衣場通常可分以下幾個功能區：髒布草、髒衣物處理區，水洗區、乾洗區、熨燙折疊區、內部辦公區等。

1. 髒布草、髒衣物處理區

髒布草、衣物與乾淨的布草、衣物，應從不同的出入口進出。送進洗衣場的髒布草需要分類，所以靠近進口處應留有分揀的地方，並配有打碼機和稱重器，以便衣物打碼、編號、布草稱重。

2. 水洗區

通常設在髒布草、髒衣物處理區的近旁。一般飯店配有容量不同的洗衣脫水機若干臺。小型飯店如資金、場地有限，可配有兩臺小容量的洗衣機。洗衣機旁應放置烘乾機。

3. 熨燙折疊區

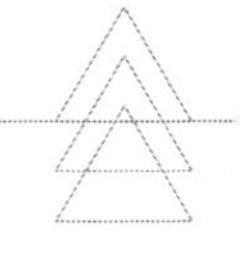

應靠近乾衣機，以便於對洗過、烘乾的布草進行熨平、折疊處理。熨燙折疊區配有熨平機、折疊機等設備。

4. 乾洗區

通常在洗衣場內單獨劃出，將所有與乾洗有關的設備放置在一起，如乾洗機、光面熨衣機、絨面熨衣機、人像熨衣機、抽濕機等。機器熨燙和人工熨燙部分相對集中在一起，最好靠近出口處。

5. 內部辦公區

通常設在進出口處，辦公區內設有洗滌用品儲存室。洗衣場布局平面圖可參見圖 11-1。

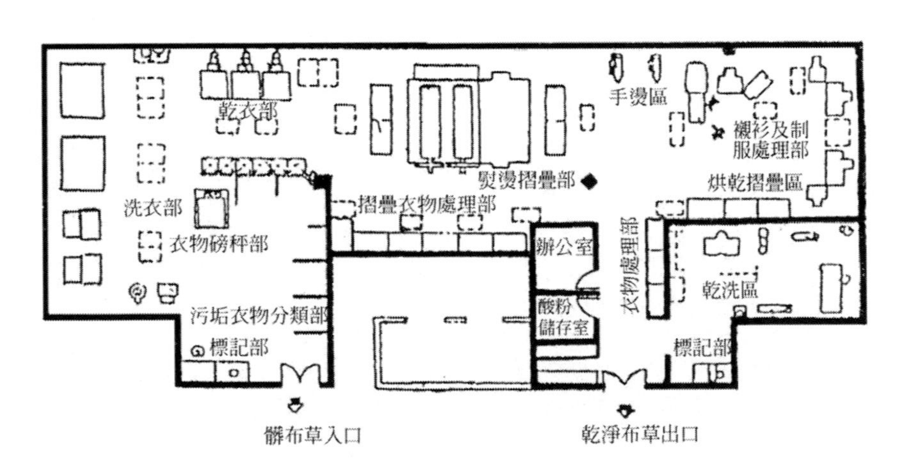

圖 11-1 ×× 飯店（客房 800 間）洗衣場平面圖

三、飯店洗衣場的設備工具

飯店應根據自身規模、資金來源、洗滌業務等來配備洗衣場的設備工具，並合理使用設備工具，提高工作效率。

1. 機器設備

濕洗機。主要用於洗滌床單、枕套、毛巾等布件，分全自動、半自動、機械操作三種，容量大小有 50kg ～ 140kg。洗衣場最好能同時配備大小容量不同的濕洗機，既保證大宗布件的洗滌效率，又能滿足小件衣物的洗滌需要，節省能源。

烘乾機。經濕洗機洗淨甩乾後的布件及衣物仍含有較多水分，若直接整燙，耗時、耗力，所以洗衣場應配置不同容量的烘乾機。烘乾機分電和蒸汽兩種，飯店應根據能源供應情況選擇。

棉織品熨平機。專門用於熨燙床單、枕套、臺布等面積較大的棉織品。其原理是透過蒸汽高溫楨桿滾壓，平整和乾燥棉織品。新一代的熨平機只需人工將甩乾後的棉織品平整送入熨平機傳送帶，機器便自動熨平、熨乾、折疊，有些機器還能在折疊時辨別棉織品的洗淨度和破損情況，不合要求會自動剔除。

乾洗機。乾洗機用於洗滌不能水洗的衣物，工作原理同濕洗機，所不同的是除有主洗機外，還增加了回收乾洗液的裝置。另外，現在普遍使用的乾洗劑為有毒溶劑，所以還附有安全裝置。

人像熨衣機。人像熨衣機是根據熨燙的原理設計而成的，利用蒸汽和壓力共同作用來達到平整、定型衣物的效果，由於外表酷似人型，所以稱人像熨衣機。該機器用於一般的衣服的熨平，如西服、夾克、襯衣、運動衣等。機器的人型套袋肩膀可以根據衣物肩膀的大小進行手工調節，其胸部、腰、下擺也可以按需要調節，使用較為方便。

絨面蒸汽熨衣機。絨面蒸汽熨衣機是根據熨燙原理而設計的，可以熨燙大部分的衣物，因而有萬能熨衣機之稱。該機器操作方便、熨燙質量好、省時省力。

光面蒸汽熨衣機。光面蒸汽熨衣機是根據熨燙原理設計的，主要熨燙一些能耐一定溫度和可直接加熱的纖維織物，對純棉、混紡或某些化纖類織物熨燙效果更好，具有省時、省力、效率高、熨燙質量好等優點。

打碼機。打碼機專用於衣物的打碼編號，是以加熱的形式將自黏膠打壓到衣物上，打壓的同時將編號印在自黏膠片的正面，快速完成編號。打碼機替代了將編號寫在布條上，再縫在衣物上的繁瑣工作。

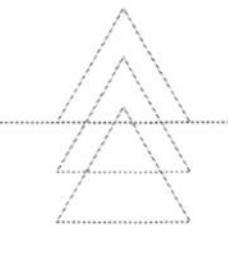

去漬臺。去漬臺用於布草衣物的去漬，在去漬臺上能對織物各部位進行清楚的檢查和去漬，與真空抽濕機配套使用。

2. 手工工具

熨斗。幾乎可以熨燙所有的衣物，特別適宜熨燙某些特殊的服裝或衣物的某些部位，如肩、領。洗衣場通常選用自動調溫型蒸汽電熨斗。根據蒸汽的不同提供方式，這種電熨斗可分為兩類：一是外接蒸汽式，由中央蒸汽系統提供蒸汽；二是內置蒸汽發生器，使用時不斷補充水源即可。

燙床。與熨斗配套使用，可以將整件衣物平鋪在上面熨燙。

燙臺板。燙臺板的面積只有普通燙床的 1/3 ～ 1/4，熨燙西褲、裙子、襯衣等比較靈活方便。

噴水壺。即普通市售噴霧式塑料噴水器，熨燙衣物時根據需要噴水。

棉枕頭。用棉花作枕心，外包軟布縫製而成，作為墊子用在一些不規則形狀的衣物部位，如某些衣物的肩部、胸部、褲腰等。棉枕頭以長 15cm、寬 9cm、厚 5cm 為適宜。

木手骨。用木板製成，側剖視圖似栘型，木板以長 70cm、寬 12cm 為宜。上層木板墊有棉毯，用軟白布包好並縫合，上下兩板相隔 20cm 左右，熨燙衣物袖子等處時使用。

去漬刷。用於刷除衣物上的汙漬，有黑鬃刷和白鬃刷兩種。黑鬃刷一般用於乾性溶劑，白鬃刷用於濕性溶劑。

刮板。是一種去漬的輔助工具，用來軟化汙漬，使去漬劑更易滲透到織物中。刮板可用骨頭、金屬或塑料製成。

地磅秤。專用於稱布草重量，根據布草重量投放洗滌劑用量以達到最佳清洗效果為好。

桌子。洗衣場應配有若干張桌子，用於折疊布草、衣物。

3. 用品

（1）洗滌用品

棉織品主洗劑。目前，通用的主洗劑均為有機合成類，除含鹼外，還含有表面活性劑、過氧化氫、增白劑、泡沫穩定劑、酶製劑和香精等，pH 值＝ 10。主洗劑有液體和粉狀兩種，液體主洗劑含有機成分多、易溶化；粉狀除垢效果好（含鹼量高），但不能完全溶化和均勻分布。全自動洗衣機最好使用液體主洗劑。

化油劑。化油劑是專為洗滌餐巾和臺布而配置的，與主洗劑同時使用。pH 值＝ 13 ～ 14。

酸粉。一般為檸檬酸和醋酸，pH 值＝ 3，有粉狀和液體兩種，用於中和鹼。主洗劑的鹼性在漂洗時不容易過清，因此，在棉織品洗滌最後一次過水時，加入適量的酸粉去中和鹼，能使棉織品的 pH 值降至 6 ～ 6.7，以增加使用時的舒適度，延長棉織品的使用壽命。

氧漂劑。過氧化氫漂白劑 pH 值＝ 3 ～ 4。專用於彩色織物，主洗時適量加入，可避免鹼對色彩的破壞作用，從而保持布件原有的光澤。

氯漂劑。有次氯化鈉和過硼酸兩種，前者 pH 值＝ 8 ～ 9，後者 pH 值＝ 10，起漂白作用，主洗時適量加入。

上漿粉。上漿粉主要針對臺布、餐巾、某些制服等配置的，透過上漿，能使被漿織物表面挺括、防止纖維起毛，有良好的觀感，同時使被漿織物表面有一保護層面，可延長織物的使用壽命。洗衣場常用的有澱粉和聚乙烯醇兩種漿料。澱粉價格低廉，在洗衣場使用廣泛。聚乙烯醇的價格為澱粉的數倍，因其對合成纖維及纖維素纖維有良好的上漿性能，所以多用於小批量衣物的上漿，一般不用於臺布、餐巾的上漿處理。

柔軟劑。洗衣場的織物水洗屬於工業形式洗滌，透過洗滌，織物可達到良好清潔度，但有明顯的粗糙手感，如床單、內衣，尤其是毛巾，使用時會使人的皮膚有不舒適之感，柔軟劑是為解決這一問題而配置的。在洗滌的最後一次過水時加入適量的柔軟劑，可使織物表面和內部平滑，增加其柔軟感。

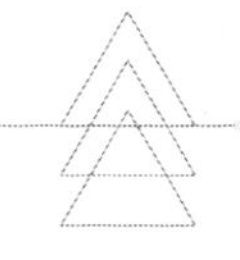

乾洗劑。四氯乙烯，專用於乾洗織物。目前飯店使用的四氯乙烯主要是進口的。國產四氯乙烯為工業用料，並非專門為織物洗滌而研製生產，所以雜質較多，對織物紐扣的腐蝕性較嚴重，不適於蒸餾織物。

領潔淨。用於清洗衣物汙漬，可洗去油斑、色斑和其他髒跡，洗前使用，不影響衣物色澤。

（2）服務用品

衣架。洗衣場應備有一定數量的大衣架、襯衣架及裙褲架，以便掛衣。

包裝袋。主要用於包裝客衣，分別有小包裝袋（用於小件衣物）、襯衣包裝袋（包裝襯衣）、吊掛包裝袋（用於外套）。

表格。洗衣場運行的各類表格。

四、洗衣場的流程設計與控制管理

飯店洗衣場每天都要洗滌大量的布草、員工制服及客衣，任務繁重，要達到良好的工作效率和質量，必須科學合理地設計各類布草、員工制服及客衣洗滌的運作流程，加強對洗衣場的控制與管理。

1. 洗衣場運行流程設計

每一件布草或衣服從髒到乾淨，必須經過一系列的過程，這個過程就是洗衣場生產的運行流程。運行流程的設計要本著省時、省力、提高工作時效的原則，明確每一環節的任務、責任，以保證洗衣場工作正常、有效地運行。下面以客房床單、枕套的運行流程為例，做一說明（見圖 11-2）。

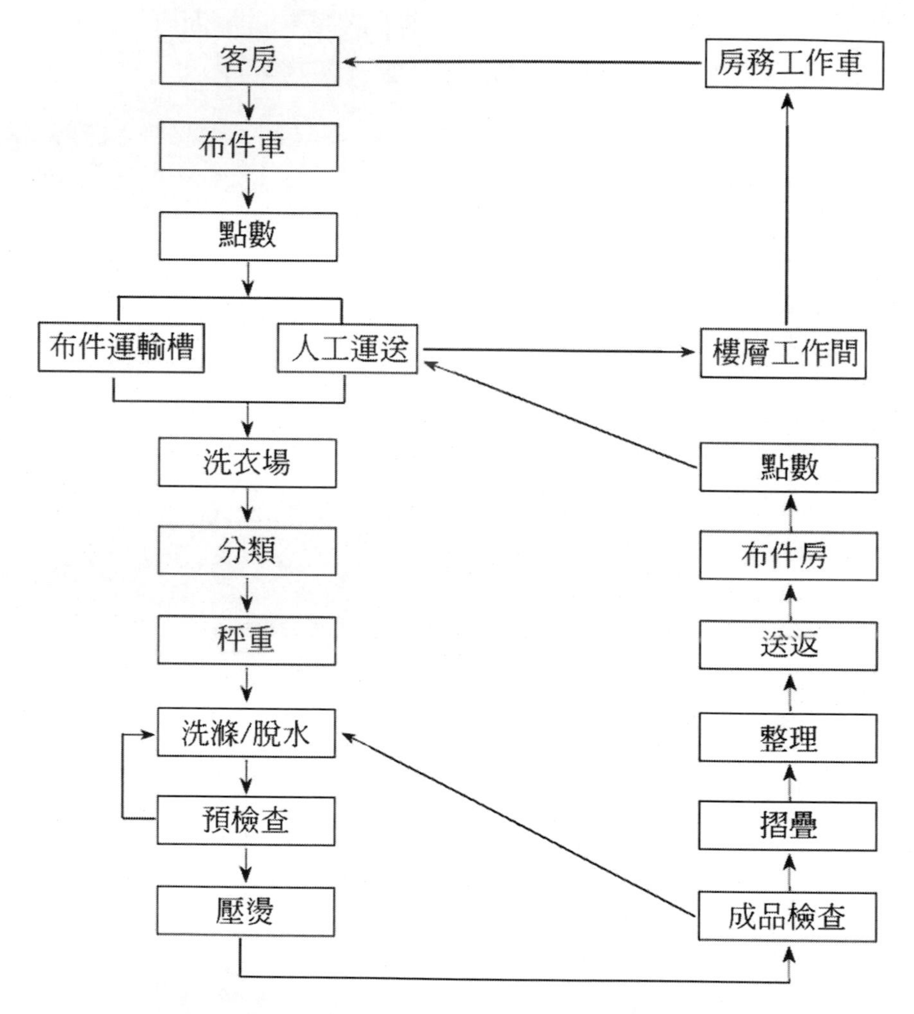

圖 11-2 客房床單、枕套洗滌運行流程圖

從圖 11-2 中可以看出，床單、枕套洗滌運行流程環節較多：

(1) 客人結帳離店後，客房服務員必須更換床單、枕套，已出租的客房根據客人需要，適時更換。

(2) 將客房撤出的髒床單、枕套放入布件車。

(3) 在設有布草輸送槽的飯店，對髒布草點數後，包紮好放入布草輸送槽。布草輸送槽設在每一樓層工作間，平時不用時需上鎖，以免發生安全事

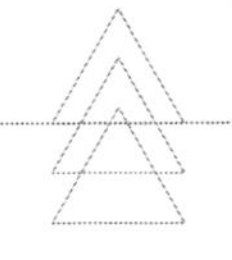

故。若飯店沒有布草輸送槽，則由布草房或洗衣場派人將布草送至洗衣場，人工運送要用專門的推車，不能將布草在地上拖拉。

(4) 布草運送到洗衣場。

(5) 根據布草的種類、汙染程度與洗滌方式分類。

(6) 根據洗衣機的洗滌容量將布草稱重後放入洗衣機。

(7) 布草洗滌並脫水。

(8) 整理床單、枕套，並同時做預檢查，發現未洗淨的，剔除出來再處理。

(9) 床單、枕套壓燙處理。

(10) 自動折疊機折疊的床單，因無法對成品再檢查，所以必須進行預檢。人工折疊前要注意成品檢查，發現問題（如未洗淨、破損等），剔除出來再處理。

(11) 對壓燙好的床單、枕套機器折疊或人工折疊。

(12) 根據不同的要求整理床單、枕套。床單、枕套每十條做一個包裝捆紮。

(13) 送返到布件房存放。

(14) 設有布件輸送槽的飯店，布件房按樓層客房要求領用數量點數後送到各樓層工作間，由客房服務員點收，或者由客房服務員到布草房領取。沒有布草輸送槽的飯店，通常採用以一換一的方式，即在客房服務員交送髒布草到洗衣場的同時，到布草房領回同等數量的乾淨布草。

(15) 客房服務員按工作車配備要求，將適量布草放在工作車上。

(16) 清掃整理客房時，補充乾淨布草進房。

2. 洗衣場的質量控制與設備管理

(1) 質量控制

洗衣場洗滌質量主要包括兩個方面的內容：一是出品質量，即洗燙、包裝的質量；二是服務質量，指對顧客的服務質量。

在出品質量控制方面要注意：

①明確各類出品的質量標準。洗過的布草衣物如何才算是符合質量要求，不少飯店沒有明確的標準。由於洗衣設備欠佳、洗滌技術不過關、員工培訓不到位等原因，洗過的布草發灰泛黃、衣物洗不乾淨是洗衣場常見的問題。因此，要保證出品質量，首先應明確質量標準。衣物洗滌的出品質量無異味、無串色現象，無明顯可洗脫的汙漬，無變形、縮水、脫線，無熨燙的雙重摺痕和不平整現象，無灰塵汙染。布草洗滌質量標準參見第四章第四節。

②制定質量保證計劃和制度。這是為落實洗衣場出品質量要求而制訂的可靠的技術和組織措施。主要包括：資金投入計劃，洗衣設備維護保養制度，員工培訓計劃，洗衣場運行流程設計，員工培訓計劃，安全生產制度，質量管理計劃等。

③加強工序、步驟的質量控制。洗衣場內部分工比較明確，每一出品的洗燙工作都有一整套工序（程序），每一道工序裡又可分為多個步驟。如床單的洗滌，需經過收取、點數、運送、洗滌、熨燙、整理送回等多道工序，而整理工序中又包括檢查、折疊等小步驟。要確保出品質量，必須道道把關、步步控制，明確每一道工序的質量標準，加強對每一道工序、每一個步驟的質量控制。

④建立完善的質量保證體系。完善的質量保證體系，是洗衣場質量管理高水平的重要標誌，其根本任務是透過對洗衣場產品質量的檢驗，保證出品的質量。

部門建立個人自我檢查、互相檢查、管理人員抽查、質檢員全面檢查制度。

自檢——各工序完成某一工作時，應做自我檢查，發現問題及時處理，為下一道工序提供良好的出品質量。

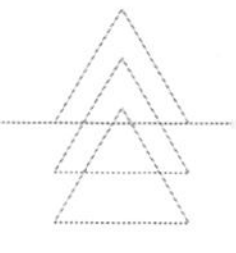

互檢——是下一道工序對上道工序出品的再檢查，以彌補上一道工序的某些遺漏與失誤，與自檢形成雙重質量控制。

抽檢——是洗衣場管理人員對各工序的出品或成品做隨機性檢查，以及時找出問題，加以改進。

全面檢查——大型飯店洗衣場通常設有質檢員，負責全面檢查各類布草、衣物出品的質量；定期或不定期地舉行質量分析會，由洗衣房各工種人員及飯店其他相關部門人員參加；管理人員必須在出現出品質量問題後，及時查找原因，並提出整改措施，限期改進。造成事故的當事人，必須填寫《事故登記表》並存入部門檔案。

在服務質量控制方面要注意：

洗衣場服務質量的優劣，關係到客人的滿意程度、飯店的形象、聲譽及日常運轉效率。客房部管理人員對此應予以足夠的重視。

洗衣場的服務對象包括外部顧客（客人）和內部顧客（飯店其他部門及員工），洗衣場作為二線部門，每天要洗滌大量的床單、枕套、毛巾、口布、臺布、員工制服及客衣等，沒有良好的服務意識及態度就不可能提供優質服務。

①制定服務質量標準。為保證服務質量，洗衣場應制定有關服務質量標準，以此考核培訓員工。

②強化「顧客第一」觀念。不論是對外部顧客還是飯店內部顧客，洗衣場員工都要樹立「顧客第一」、「下一道工序是顧客」的觀念，生產顧客滿意的產品，提供顧客滿意的服務。管理人員應透過多種途徑、採用多種方式強化員工的服務意識。

③講信譽、創品牌。從經營的角度，洗衣場尤其是對社會營業的洗衣場在服務質量控制上，應講究信譽、創出品牌，為飯店爭得更多的效益。

（2）設備管理

加強對設備的管理，既可以減少維修次數、延長設備的使用壽命、降低成本，又能保證前臺工作的正常運轉。在大多數飯店，洗衣場設備的管理一般由工程部負責，但洗衣場管理人員及員工也應懂得設備管理，在日常工作中與工程部密切合作，確保設備的正常運行。

①做好固定資產管理。洗衣場設備屬於飯店的固定資產，建立設備帳卡檔案，是做好設備管理的基礎工作（參見第三章第二節設備管理）。

②加強設備使用前的培訓工作。洗衣場設備操作技術性較強，在使用前應做好員工的培訓工作，使員工掌握設備的性能、操作技術和相關的維護知識。員工經培訓合格後才能上崗操作。此項培訓工作最好由設備供應商承擔，也可由飯店專業人員負責。

③制定設備操作規程。為了確保設備的正常運行，操作設備必須按照一定的規程進行。表 11-1 為洗衣機操作規程。

表 11-1 洗衣機操作規程

步驟	做法及標準
1.準備工作	①使用前，對洗衣機的機門、滾筒、洗滌用品加注器、傳動皮帶等做目視檢查。 ②打開各機位電閘。檢查各按鈕、開關的靈敏度，溫度、蒸汽、氣壓是否正常。
2.將待洗衣物分類	①將不同質地、顏色、洗滌溫度的衣物分別堆放。 ②檢查客衣、制服有無破損、褪色等情況。
3.裝機	①將不同洗滌要求的衣物分別放入機內。 ②裝載量爲洗衣機設計容量的85%，不得超負荷洗滌。 ③關機門時應注意切勿使機門夾住衣物。
4.開機洗滌	①根據洗滌要求，選擇洗滌程序。 ②洗衣原料應在進足水位後再投入機內，不可與乾衣物同時投入 ③衣物若要做漂白處理，應按要求操作。 ④機器運行過程中員工不得離開崗位，應注意觀察工作情況，若有意外馬上切斷電源，水源、氣源。
5.關機裝衣	①洗衣機使用完畢後，關閉機內電源開關。 ②準備好乾淨裝衣車，將洗淨的衣物裝入車內，注意檢查機器有無小件衣物遺留。
6.結束工作	①每天機器使用完畢後，都應檢查電動機及傳動系統是否有異常。 ②關閉蒸汽閥、冷熱水開關、總電源開關。 ③對洗衣機做適當清潔工作，保證機器內外潔淨。 ④按要求做好洗衣機的保養工作。

④建立設備維護保養制度。不同的洗燙設備應根據其保養要求，建立相應的維護保養制度，對設備進行有計劃的保養，以保證並延長設備的預期壽命。

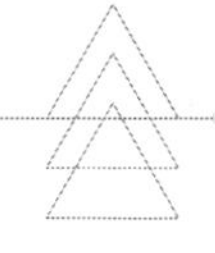

例：×× 飯店洗衣房設備維護保養制度

①設備維護保養方法

所有設備均由專人負責並報辦公室備案（人員可定期輪換），並簽訂責任狀。

②設備清潔保養標準

a. 設備周圍地面清潔整齊。

b. 設備內外凡是可以清潔到的部位，要求無灰塵、無油汙、無雜物。

c. 清潔設備的頂部。

d. 電器部位只清潔表面，不得隨意清潔內部，以免發生危險。

e. 需要更換的附件，如襯墊、人像機罩等，應及時報告上級，進行更換。

f. 合理安排設備負荷。

洗衣場設備都有一定的運轉負荷，做好設備管理，應合理安排設備的負荷，既不能使設備長期閒置，造成損耗浪費，又不能使設備超負荷運轉，影響設備的使用效果和使用壽命，嚴重的還會引起安全事故。

③設備清潔保養項目及要求（見下表）

設備清潔保養項目及要求

設備名稱	清潔保養項目	要求
1.水洗機	1 投料器 2 機器表面	每天清潔 每天清潔
2.烘乾機	接塵器塵毛	每天清除
3.乾洗機	1 機器表面 2 接塵器 3 主軸 4 風扇電機	每天清潔 每天加油 每天加油 每天加油
4.工衣夾機	1 機器表面 2 襯墊	每天清潔 損壞或用髒後及時更換
5.空氣壓縮機	排水、放氣	每天進行
6.人像熨衣機	1 人像機罩 2 機器表面	用髒或破損後及時更換 每天清潔
7.熨平機	1 機器表面 2 傳動部位	每天清潔 每天或每週加油1次
8.各類熨衣機	1 機器表面 2 襯墊	每天清潔 用壞或用髒後更換
9.打碼機	機器表面	每天清潔
10.吸濕機	①機器表面 ②排放冷卻水	每天清潔 每班後排放
11.電熨斗	底座及表面	每天清潔

④建立檢查監督制度。設備清潔保養由專人完成，領班督促檢查，主管及部門經理不定期進行抽查。

⑤建立獎懲制度。凡清潔保養不符合質量要求的員工，第一次給予口頭警告，第二次部門書面警告並存檔，第三次填寫過失單。成績顯著者，由部門給予表揚並酌情獎勵。

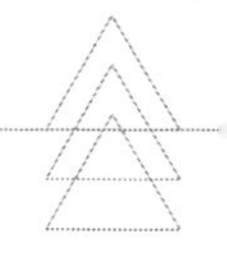

(3) 安全管理

安全管理是洗衣場管理的一個重要方面，洗衣場必須在確保員工安全、設備和飯店財產安全的基礎上，進行高效生產。

①建立安全生產管理責任制。為加強員工責任心，確保安全生產，洗衣場應建立職位安全生產責任制，將安全管理落實到每個職位上去，做到人人重視安全、保證安全生產。

例：×× 飯店洗衣場消防隊職位責任制

●洗衣場消防隊員組織編制

隊長：洗衣場經理 ×××

副隊長：洗衣場副經理 ×××

隊員：××× ×××

●消防隊消防工作方針

預防為主，防消結合，加強宣傳，組織落實，措施落實，定期培訓，考核上崗。

●消防隊員消防工作原則

誰在崗誰負責，誰主管誰負責。

●消防隊消防職位責任制

消防隊隊長、副隊長每天必須檢查、巡視洗衣場，一天兩次，上下午各一次，發現問題及時處理。

每天下午 17：00 ～次日 8：00 由值班人員自行代理隊長職責，做巡視檢查。

②制定安全管理制度。制度是確保安全管理的一項重要措施，洗衣場安全管理制度包括安全生產守則、安全生產檢查制度、消防安全制度、安全操作制度等。有了相應的制度，客房部還要運用行政和經濟手段確保安全制度的實施。

例：×× 飯店安全操作制度

為保證員工人身及設備安全，員工操作機器時應遵守下列制度：

●接通電源前，應檢查機器的電器部位是否有漏電處。

●正式工作前應先試機，以確定機器是否運轉正常。

●機器運行時操作工不能離崗，並隨時觀察運行情況，發現異常及時處理。

●使用各類熨燙機時，應集中注意力，嚴格按操作規程操作。

●使用電熨斗，應做到人離開即切斷電源，防止發生安全事故。

●工作中若發現機器設備有故障，或其他不安全因素，應及時上報。

●工作結束後，須關閉機器電源、切斷所有輸入電源。物品應遠離電源、碼放整齊、保持清潔通風。

●所有機器設備應按規定的操作程序操作，按要求進行維護保養。

③加強員工的安全教育。管理人員應定期對洗衣場員工進行安全教育，使每個員工都明白安全生產的重要性、熟悉各自職位的安全生產管理制度、掌握對不安全問題的應對措施。新員工上崗前，首先應接受整體的安全生產教育，再進行職位安全培訓教育，考核合格後才能上崗。為了強化員工的安全生產意識，洗衣場可不定期地舉辦安全管理講座、安全知識競賽、安全防火實地演習等活動。

④制定勞動衛生措施。為消除洗衣場生產中潛在的危及員工身體健康的不衛生因素，預防職業病，保證員工身體健康，管理人員應制定相關的勞動衛生措施，並加以落實。

現場防護。採取治理措施，改善作業現場條件，儘量避免有毒、有害物質危及員工健康。如通風系統性能良好，保持空氣流暢；操作者嚴格遵守操作規程；盡可能選擇無毒性或毒性小的洗滌劑；做好設備管理。

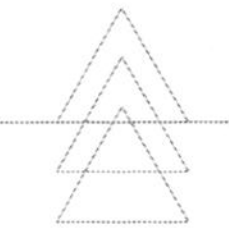

個體防護。洗衣場應給相關職位的員工配備個人防護用品，如防毒面具、手套等，防止有毒、有害物質進入人體。

第二節 布草房的運行與管理

布草是飯店業對棉織品的一種專稱。在飯店經營活動中，無論有無店屬洗衣房，布草房都是必須設立的，其主要功能是負責飯店所有布草、制服洗滌後的交換業務，保證飯店布草、制服的及時供應。布草房的管理水平和服務質量，直接影響到飯店經營活動的開展。因此，飯店應加強布草房的管理工作，力求減少費用、降低成本，為飯店提供良好的後勤服務。

一、布草房的布局

布草房通常分為棉織品房和制服房。為利於布草的運送，棉織品房一般設在洗衣場附近；制服房則設在鄰近員工更衣室、員工浴室之處，以方便員工交換制服。

布草房主要包括收發區、貯存區、加工區和內部辦公區。飯店要根據不同區域的功能，合理地進行內部布局，以方便運轉，提高效率。

(1) 收發區應設在鄰近布草房門口的地方，有些飯店設有開放式的收發臺，且收發臺設計成可活動式的，以便於布草的交換。收發區應備有布草分揀筐。

(2) 貯存區是布草房的主要功能區，配有棉織品架及制服架，設在收發區的內側。

(3) 加工區一般設在布草房的裡側，靠近窗戶、自然採光比較好的地方，或室內燈光比較明亮之處。加工區配有縫紉機和工作臺。

(4) 內部辦公區通常設在收發區附近，以便控制管理。

二、布草房的設備用品

棉織品架。棉織品架用於存放床單、枕套、毛巾等棉織品，應設計成開放式的，以利棉織品通風散熱。棉織品架上需貼有標籤，註上分類號，以方便查找。

掛衣架。制服房需配有若干高低不同的掛衣架，衣架桿上最好有固定掛鉤並標有工號或姓名，以利制服對號上架。工號或姓名可按數序或姓名拼音字母順序排列，以方便存取，提高效率。

工作臺。棉織品房及制服房應配有若干工作臺，用於收發、登記、臨時放置布草。

縫紉機。布草房配有若干臺縫紉機、鎖邊機等縫紉設備，以供縫補加工布草、制服之用。

布草分揀筐。用於分揀棉織品及制服，一般是塑料製品，也可用竹製的或柳編製品。

叉衣桿。制服房應配有叉衣桿若干個，長短可靈活調節，用於掛取制服。

包裝袋。制服房應備有大小不同的包裝袋，用於存放制服。

表格。布草房的各類表格用於記錄布草房的運行情況。

三、布草房的運行與管理

（一）布草房的運行流程

布草房每天需收發大量的布草、制服，工作任務比較重，為保證運行效率和效果，必須科學合理地設計布草房各項工作的運行流程。

1. 布草的收發

（1）客房布草的收發

①樓層提出申請。每天由樓層客房服務員根據出租率提出「每天樓層布草需求單」，並交領班核准簽名。

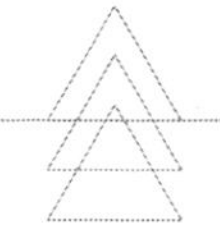

②配貨。布草收發員根據需求單上的需求品種和數量準備乾淨布草待運。

③運送。用布草車將配好的乾淨布草送到樓層。

④簽收。布草收發員將送到樓層的乾淨布草與需求單一起帶到樓層，讓該樓服務員核對，並在需求單上簽收。

（2）餐廳布草的發放

①接收。布草收發員逐一點收餐廳髒布草的品種、數量並做好記錄。

②發放。收發員按記錄本上的數量逐一清點，發放乾淨布草。餐廳布草一般採用「以一換一」的發放方法，即以髒布草換回同等數量的乾淨布草。

③簽收。餐廳服務員在領取乾淨布草後，要在表單上簽字。

2. 制服的領換

（1）制服的領發

①申領。由申領部門填寫「制服申領單」，註明員工部門、工種，部門經理審批。

②發放。制服房根據員工身材準備制服，可能需要加工或改動制服的肥瘦、長短。員工試穿合適後，將號碼標記在制服上，並將配套的其他物件按規定統一發給員工。一套制服交員工自己保管，另一套由制服房保存。

③記錄。將發放制服情況登記在「員工制服登記卡」（見表 11-3）上，並存檔。

（2）制服的換洗

①收取髒制服。制服房服務員將員工送洗的髒制服清點準確。

②分類。將髒制服分類放入不同的布草分揀筐內。

③發放乾淨制服。取出相應的乾淨制服（乾淨制服與髒制服號碼須一致），員工領用時，再次核對，並送交員工手中。

④換洗制服應按規定時間進行。

(3) 布草的修補加工

①檢查。從洗衣房返回的所有布草和制服，都要徹底檢查是否有破損。

②修補。能夠修補的布草、制服，都要交縫紉工做必要的縫補。

③鑑定。所有低於標準的布草，都要經客房部經理鑑定後，才能決定是否繼續使用或作報廢處理。

表 11-3 員工制服登記卡

姓　　名＿＿＿＿＿＿　　員工號碼＿＿＿＿＿＿

部門職位＿＿＿＿＿＿　　職　　務＿＿＿＿＿＿

日期	服裝樣式	數量	簽字	歸還日期	由誰接收	其他

④加工。將可再利用的報廢布草進行加工，改製成嬰兒床單、枕套、洗衣袋等。

3. 布草的盤點

(1) 客房布草的盤點

①通知。預先通知有關部門及人員做好準備。

②清點。對所有布草進行清點，包括貯存在樓層工作間、工作車和洗衣房、布草房的布草。根據不同的規格，在同一時間段內對所有項目進行清點。清點時，需停止布草的流動，防止漏盤和重盤。

③記錄。將全部盤點結果填寫在盤點表上。

(2) 餐廳布草的盤點

①通知。預先通知餐飲部和洗衣房、布草房做好準備。

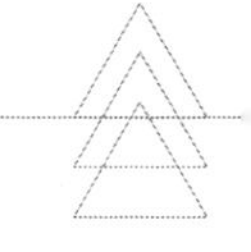

②清點。檢查餐飲部存放的髒布草和乾淨布草。根據不同的規格、顏色，在同一時間內對所有項目進行清點，盤點時要停止布草的流動，防止漏盤和重盤。

③記錄。將全部盤點結果填寫在盤點表上。

4. 布草的報廢與再利用

（1）提出申請。因下列情況布草可以申請報廢：①布草破損或有無法清除的汙跡。②使用年限已到。③統一調換新品種、新規格等。

通常由布草房主管核對需報廢的布草，並填寫報廢單。

（2）審批。布草的報廢由洗衣場經理或客房部經理審批。

（3）報廢布草的處理。報廢布草應洗淨、做上標記，捆紮好集中存放。

（4）報廢布草的再利用。報廢的布草如果可以再利用，可由布草房縫紉工加工，改製成其他用品。

5. 布草的添補與更新

（1）申領。根據布草的報廢情況，確定需申領的種類和數量。

（2）填寫申領單。將布草申領單上各欄目填寫清楚，如：數量、規格、顏色等。申領單交客房部經理審批。

（3）領取與核實。憑申領單到總庫房領取所需補充的布草，提取布草時，應仔細檢查布草數量、種類、規格等，是否與領用單相符，質量是否合乎標準要求。

（4）洗熨。領回的布草需全部拆封，送洗衣場洗熨後再使用。

（二）布草房的管理

布草房主要是做好設備、安全管理及日常工作的安排。

1. 布草房的設備管理

（1）專人負責。布草房所有設備均須指定專人負責，並報客房部辦公室備案。

(2) 做好日常清潔工作。布草房必須保持整潔，設備周圍地面清潔，每天擦拭設備，設備內外凡是可以清潔到的部位，要求無灰塵、無雜物、無油汙。

(3) 制定維護保養方法。布草房每一種設備都應有規定的維護保養方法，並培訓員工，使其掌握設備日常保養的基本內容。其主要包括以下幾點：

①除塵。每次機器使用完畢，即進行除塵工作，保持機器乾淨、運轉正常。

②上油。每週一、四給機器除塵並上油保養，要求無遺漏。

③檢查。上油後檢查機器使用是否正常，有無汙染布料等異常情況。

(4) 建立定期檢修制度。有關人員應定期檢查布草房設備，以便及時發現問題進行處理，保證設備處於正常完好的狀態。

2. 布草房的安全管理

(1) 員工的安全。培訓員工正確使用布草房設備，制定安全操作規範，如搬運重物操作規範；給員工灌輸安全生產意識，避免一切不安全事故的發生。

(2) 設備的安全。布草房的設備較多，有關人員必須重視設備的安全管理，要正確使用和保養各種設備，儘量減少設備損壞，以保證布草房工作的正常運行。

(3) 防盜。布草房為飯店棉織品及員工制服的集中存放處，日常工作中應落實防盜措施，如布草房門窗的防盜；制定有關制度，如交接班制度、定期盤點制度等，加強對內部員工的管理，防止偷盜事件的發生。

(4) 防火。布草房物品大多是易燃物品，客房部必須採取有效措施，防止火災事故的發生。要加強對員工防火意識的教育，普及滅火知識與技能的教育與訓練，提高火災發生時的自救能力；制定防火措施；配置防火及滅火設施，並定期檢查。

3. 布草房的工作安排

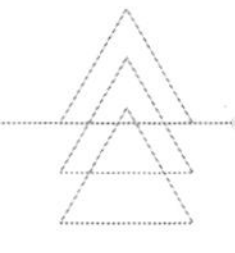

（1）加強計劃安排

①一日工作的安排。布草房工作有一定的規律性及階段性。管理人員應合理安排一天的工作，做到忙時不慌亂、閒時有事做。

②員工制服更換的安排。布草房應主動與洗衣房取得聯繫，對不同部門、不同職位員工制服的換洗頻率、換洗時間做出統一安排。

③布草盤點、大批更換的控制。布草盤點、大批更換工作的工作量大、涉及的部門職位多，布草房在進行這兩項工作前，一定要考慮周全、合理安排、制定計劃、預先通知，盡可能不影響相關部門工作的正常運行。

（2）做好人員安排

布草房的工作通常分為兩個班次，日常工作量受飯店經營活動的影響，不易控制。因此，管理人員應合理安排各職位員工的工作量，避免出現忙閒不均的現象。另外，必須重視布草房不同職位員工之間的交叉培訓工作，把員工培訓成為「多面手」，以利於內部人員的調配。

（3）制定規章制度

沒有規矩，不成方圓。必要的規章制度是布草房管理的重要組成部分。布草房規章制度主要有：①員工勞動紀律；②交接班制度；③清潔衛生規定；④布草存放規定；⑤安全管理制度。

本章小結

1. 隨著社會化程度的提高，洗衣房已經不再是每家飯店必配的設施，但無論有無店屬洗衣房，布草房的配置還是很有必要的。

2. 無論是洗衣房還是布草房，都要合理布局，一要保證空間能夠得到充分合理的利用，二要做到功能完善，三要合理安排作業流程，以保證運行的快捷、高效、安全、低耗。

3. 洗滌工作的技術性強，質量要求高。

複習與思考

1. 飯店是否配置店屬洗衣房，主要考慮哪些因素？

2. 洗衣房一般都有哪些功能區域？

3. 洗衣房一般配備哪些洗燙設備和用品？簡述這些設備用品的主要性能與用途。

4. 簡述飯店布草洗燙的運行程序。

5. 簡述布草房的功能與運行程序。

6. 如何做好洗衣房、布草房的質量與成本控制？

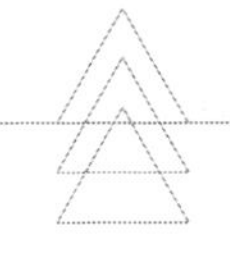

第 12 章 客房部的安全管理

導讀

客房部是飯店安全事故的重災區，安全管理是客房工作的重要內容。增強安全意識、提高對安全事故的預防與處理能力，是本章程教學的重點。

閱讀重點

充分認識客房部安全管理工作的重要意義

瞭解客房部安全管理工作的任務及目標

瞭解客房部安全事故起因及對各種安全事故的預防與處理辦法

熟悉安全設施設備的功能與使用方法

第一節 客房部安全管理工作概述

客房安全不僅指飯店客房以及來店客人的人身和財物不受侵害，而且指不存在其他因素導致這種侵害的發生，即飯店客房安全狀態是一種既沒有危險也沒有可能發生危險的狀態。一個飯店的客房如果存在下列因素，又沒有相應的防範措施，就很難說是安全的。例如，客房中混進了流氓、騙子、盜賊、精神病人和其他違法犯罪分子；客房通道地面濕滑或地毯破損、鋪墊不平；客房的門鎖損壞、鑰匙管理混亂；安全通道和安全門失靈或無明顯的標誌等。因為，所有這些因素都會在一定條件、一定場合、一定時間內突然導致發生危險，從而造成人身傷亡和財產損失。

客房安全是整個飯店安全工作的一個重要方面。客房部負責住店客人的起居生活，客房部管理著大量的飯店財產，客房部員工每天都在從事著各種各樣的清潔保養和對客服務工作。無論是客人還是飯店員工，安全都是大家共同關心的突出問題，因此，安全管理就成了客房部工作的重中之重。

一、客房部安全管理工作的意義

（一）客房安全與否，直接關係到客人的滿意程度

安全是客人的基本需要，要提高客人的滿意程度，有一個安全的住宿環境是很重要的因素。如果在客房工作中忽視必要的安全防範意識，客人要求開門不核實身分、非住店客人進入樓層不詢問，那麼就可能給犯罪分子以可乘之機。試想，一位客人在客房住了幾天，對客房服務讚不絕口，但就在他離開的那一天，一只錢包在客房被盜，客人對飯店的好印象就會一掃而光，留下的只有遺憾和不滿。

（二）客房安全與否，直接關係到飯店的經濟效益

安全工作不力所造成的損失不僅表現為直接的經濟損失，如發生火災、財物被盜，而且更主要地表現為一種聲譽的損失，即形象的破壞。這種損失具有一種輻射作用，往往難以用數量來衡量。如果一家飯店剛開業不久，客房就發生兩起較大的盜竊案件，使受損的客人叫苦不迭、怨聲載道，而其他客人膽顫心驚，飯店因此而報上有名，則會使客人望而卻步，從此，飯店便會門庭冷落，經濟效益一落千丈。

（三）客房安全與否，直接關係到員工的積極性

安全不僅指客人的安全，也包括員工的安全。如果客房安全管理工作混亂，各種防範和保護措施不力，工傷事故不斷，員工的安全沒有保障，就很難使員工安心，積極而有效地工作。

二、客房部安全管理工作的主要任務

根據公安機關安全工作的有關規定和安保部門對客房部安全管理工作的具體要求，結合部門工作的基本特點，可以把客房部安全管理工作的主要任務總結為以下幾點：

（1）做好安全宣傳工作，經常進行安全培訓，增強員工的法制觀念和安全意識。

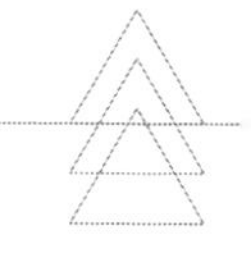

(2) 做好客房的防火、防盜，防災害、事故等工作，確保賓客和飯店員工人身及財產安全。

(3) 制定客房部安全管理規章制度和工作計劃，建立和健全安全防範措施。

(4) 根據「誰主管、誰負責」的原則，落實客房部各項安全職位責任制；監督、檢查、指導各個職位的安全工作。

(5) 協助公安機關和飯店保安部門，做好案件的偵破及事故預防和處理工作。

(6) 在飯店的統一領導下，做好社會治安綜合治理工作，確保客房區域的安全，維護客房的正常秩序。

三、客房安全的侵害因素

客房安全的侵害因素種類多、範圍廣、變化快。按照侵害因素產生的原因和性質，大致可以分為人為侵害因素和自然侵害因素兩大類。

(一) 人為侵害因素

包括違法犯罪行為、非違法犯罪行為和由於工作失職造成的安全事故。

1. 違法犯罪行為

違法犯罪行為是指行為者違反了法律規定，實施了法律所禁止的行為，或不去實施法律所規定的必須實施的行為，行為者的心理狀態大多為故意，即明知自己的行為會發生危害他人的結果，但仍然希望或放任這種結果的發生。在飯店所發生的違法犯罪行為，其行為者都是以飯店和客人的人、財、物作為侵害目標，作案地點大多在客人活動的範圍之內。客房是違法犯罪分子在飯店作案的重要區域。犯罪分子作案手法隱蔽、目標明確，往往裝扮成客人或訪客的模樣，混入客房區域，伺機作案。除了故意的違法犯罪行為以外，也有一些是由於過失而造成的違法犯罪行為，如失火、過失傷害等。

2. 非違法犯罪行為

非違法犯罪行為是指其行為本身多數屬於行為者道德觀念、思想品德和生活作風等問題，如打架鬥毆、酗酒鬧事等。其行為並不屬於違法範疇，但確實影響了客房安全。處理這些問題，必須謹慎，更須注意方法。

3. 工作失職引起的安全事故

據有關資料統計，飯店中 60% 的安全事故是由於職工不安全操作而造成的，包括超重運載、貪圖方便、急躁情緒、漫不經心等以及不安全的工作環境，如潮濕、油膩、不平的地板路面，照明不足，缺乏安全裝置等。另一項研究表明，那些心不在焉、社會責任感差、對本職工作不感興趣、情緒容易波動以及接受能力差的人，特別容易促成安全事故。因此，強化職工的工作責任心和安全意識十分重要。

（二）自然侵害因素

是指由於自然力的作用而直接影響客房安全的因素。自然侵害因素具有很大的危險性，會給飯店和客人造成嚴重損失。根據人們對自然侵害因素的認識程度，可以把自然因素分為下列三種：

1. 能夠預料並能預防的自然侵害因素

自然侵害因素是多種多樣的，有些是可以為人們所預料並能預防的。如房屋年久失修造成屋頂泥灰脫落、大風颳破門窗而引起的傷害客人事件；電源線老化而引起火災等等。這些因素普遍存在，往往被忽視，但又經常引起安全事故，必須引起我們的重視，提高警惕，盡可能減少和消除這種自然因素所造成的侵害。

2. 難以預料或不可抗拒的自然侵害因素

有些自然因素是難以預料的，有些自然因素即使可以預料但又是不可抗拒的，如臺風、洪水、雷擊、地震等。難以預料並不是不要去預料，而是應該透過多種途徑瞭解其發生的準確時間、途經路線和危害程度，做好充分的準備。不可抗拒也不是不要抗拒，而是應該力盡所能，把損失減少到最低的限度。

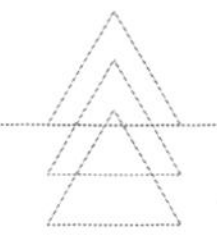

3. 無法預料的自然侵害因素

自然侵害因素的難以預料是指因侵害因素的突發性和偶然性而造成的人們認識上的障礙；而無法預料則是由於現代科學技術的限制，人們對於某些物質的特性及其變化尚未認識。這些物質在人們並不知曉的條件下發生變化，從而發生或造成事故。對於這種自然侵害因素，除人們密切注意客房各方面的變化和工作上特別加以注意外，似乎別無他法。當然，在這些侵害事故發生之後，要及時研究總結，以便制定防範措施，改進客房的安全保衛工作。

客房安全保衛工作就是向人為侵害因素和自然侵害因素作抗爭，其中更為重要的是同各種人為侵害因素作抗爭。

四、客房安全管理的特性

（一）複雜性

客房安全的侵害因素普遍存在，而且不斷變化。僅違法犯罪這類侵害因素就有 8 類 130 多種，其他侵害因素則更為複雜多樣。它們以不同的形態、不同的方式存在著，若疏於防範，就會危及客人及飯店的安全。

飯店屬公共場所，客房是來店客人的主要逗留之地。賓客來自四面八方，其國籍、職業、教育程度、社會背景、宗教信仰、興趣愛好、住店目的多種多樣。從客房安全工作的性質及任務來看，客房部的安全管理工作具有多樣性。例如客房的安全管理不僅涉及到治安、消防等，還涉及到國家安全、社會綜合治理等多方面的內容。

（二）長期性

客房安全的侵害因素不僅廣泛存在而且長期存在。即使是某些侵害因素在某些時候、某些地方被消滅了，只要氣候適當、條件具備，又會捲土重來，或以新的形式實現新的侵害。特別是某些自然因素造成的侵害，當未發現發生災害的原因時，往往會一再發生，如火災等。所以安全保衛工作是一項十分艱巨和長期的工作。

（三）緊迫性

從宏觀上看，客房安全是一項長期性的工作，必須常抓不懈。從微觀上看，客房安全又具有緊迫性，遇到具體的事故必須及時處理，例如發生火災時，飯店必須及時、迅速地做出反應和處理，否則將釀成大禍，造成不應有的重大損失。

（四）預防性

客房安全工作應以預防為主。一般來說，客房安全的各種侵害因素在發生作用前，多數會有各種跡象和徵兆。如犯罪分子實施犯罪行為，一般都會有一個計劃、預謀、準備的過程，違法行為的產生與當時環境、氣氛及違法人的心理情緒有一定關係。人們只要認真研究違法犯罪的種種規律、違法犯罪人員的心理特徵，就可以採取預防措施，爭取減少違法犯罪行為的發生。同樣，自然因素的侵害要有一定的「氣候」和條件。只要瞭解侵害產生的條件，做到防患於未然，就可以儘量減少侵害對人身、財產所造成的損失。在一定的條件下，客房安全的侵害因素也會發生轉化，或者停止侵害，或者由侵害因素轉化為有利因素。

（五）服務性

客房安全工作的最終目的之一是給住店客人提供安全保障，即為客人創造一個安全、舒適的生活和工作環境。客房安全也是客房對客服務的一項重要內容，也要貫徹「賓客至上，服務第一」的宗旨，把客房安全寓於客房服務之中，優質的客房服務必須要有安全作保證。

五、客房安全管理工作的手段

（一）思想教育手段

採取多種形式提高職工群眾的思想政治覺悟、道德水平和科學文化知識，增強安全意識，特別重視對新職工的法制教育和安全教育，重視對違紀人員的教育和管理，並要盡可能採取多種形式，對住店客人進行必要的安全教育。

（二）法律手段

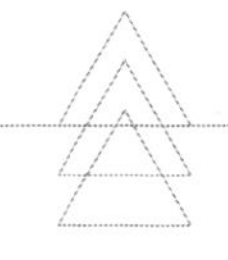

根據現行的法律、法規和規章，依法維護客房部的治安秩序，做好各項安全保衛業務工作。對各種違法犯罪行為，依據法律予以制裁。透過貫徹實施法律、法規和規章，做好各種形式的安全防範工作，最大限度地減少違法犯罪行為的發生。

（三）技術防範手段

採用現代化的設備，安裝電視監控裝置、自動防火、防爆、防盜系統，做到能夠及時發現和掌握違法犯罪活動和其他侵害因素，並加以制止。

（四）經濟手段

實行安保責任制，把客房部安全工作的各種目標或要求，同酒店全體職工的職位考核聯繫起來。凡是安全保衛工作做得好的，給予獎勵。

（五）行政手段

要做好客房的安全保衛工作，就必須透過有力的行政管理手段，建立健全必要的客房安全管理工作標準。標準是衡量事物的準則、尺度。所謂客房安全工作標準，就是衡量和確保客房安全與否的一系列措施和具體規範。客房部制定客房安全管理工作標準的一般做法是：

1. 收集客房安全方面的有關法規和條例，並以此作為制定客房安全標準的依據。如有關客房建築的防火標準，法規做了具體的規定。

2. 根據客房工作的特點及實際情況，制定各個工作職位的安全規範。如客房樓層的安全管理、鑰匙的控制、通道和電梯的安全控制、財產的保管、安全設備的保管和使用、緊急情況的處理等。

六、客房安全管理工作力量的組成

客房安全保衛工作是一項十分重要的工作。客房部除了積極配合飯店保安部門的工作外，還要在本部門充分發動群眾培養安保骨幹分子，上上下下齊抓共管。

（一）管理力量

管理人員應充分重視安全工作的重要性，具體負責，分工落實，要教育客房部員工重視安全保衛工作，增強安全防範意識；經常檢查督促各項安全保衛措施的落實情況；積極支持安全保衛部門開展工作；對做好安全保衛工作的個人予以表揚獎勵；對忽視安全保衛工作，疏於防範或工作失職者予以懲處。

（二）群眾力量

客房部的全體員工是維護客房安全保衛工作的基礎力量。各個職位的職工都要透過安全保衛職位責任制，把規定的安全要求貫徹到自己的工作、業務中去，以保證本職位的安全，自覺遵守飯店安保的有關規定，維護客房安全。

第二節 客房部安全設施的配備

安全設施是指一切能夠預防、發現違法犯罪活動、保障安全的技術裝備，由一系列機械、儀器、儀表、工具等組合而成。當前，飯店常用的安全設施有：由多類報警器組成的自動報警系統；由攝像機、錄像機、電視屏幕組成的電視監控系統；由多類火警報警器、防火門、消防泵、正壓送風機等組成的自動滅火系統等。

一、客房安全設施配置的目的

（一）有效地預防、發現、控制和打擊違法犯罪活動和各種災害事故的發生

客房是為客人提供住宿和各項服務的地方，人、財、物比較集中。犯罪分子的犯罪活動正朝著智慧化、科技化、集團化的方向發展。不法分子又都善於偽裝，犯罪預謀周密，難以發現和控制，只有使用更加先進的技術裝備、採用先進的技術手段，才能更加有效地發現、控制和打擊犯罪活動。

（二）滿足客人的安全心理要求

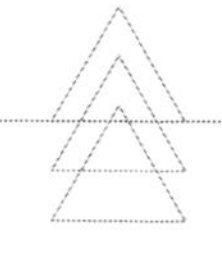

客人特別是外國客人住店，首先關心自己的人身和財產是否安全，其次才關心住店是否舒適、溫馨。客房配備和使用安全設施，既符合客房安全「外鬆內緊、預防為主」的特點，又能滿足客人快快樂樂、無憂無慮的要求。客房在設置安全設備時，要考慮到危害客房安全的各種因素和危險易發部位。這些部位一旦出現情況，設備要能立即實現報警及撲救。

二、客房安全設施配備的原則

（一）為客人安全服務的原則

客房配備安全設施的主要目的是為了保障客人的人身和財產安全。客人住店需要食宿、文化、娛樂、交通、通訊等各方面的服務設施。其中安全設施也是不可缺少的。因為客人住店首先關心的是飯店有無現代化報警裝置和安全疏散指示標誌;其次是客人的行李、貴重物品的保管、寄存設施是否可靠;第三是客人如受侵害，飯店能否及時採取保護措施等等。因此，客房配備安全設備，首先要考慮客人的心理需求，盡可能配備足以保障客人人身和財產安全的先進安全裝備。

（二）與管理體制相適應的原則

由於飯店的規模大小、建築結構、功能布局、地理環境等諸多因素各有不同，加上管理體制也有很大區別，因此，客房安全設備的配置應與飯店管理體制相適應，同安全設備的功能和安全保衛力量有機結合。一般有三種配置方法：

（1）安全設備功能齊全，組成整體性安全控制網路。如重點部位、關鍵道口以及安全人員流動巡查的地段等，均配備現代設備，設置控制中心。

（2）安全設備功能齊全，組成兩條中心線安全監控網路。一條以消防中心為主線，另一條以電視監控中心為主線。

（3）安全設備功能齊全，有整體性的消防自動報警和滅火裝置以及區域性的監控網路。

（三）積極預防、保障安全的原則

積極預防是客房安全保衛工作的基點，它要求飯店在配置安全設備時，要考慮到危害客人安全的各種因素和危險易發部位。客房有了安全設備，便在硬體上有了保障安全的條件，但這些設備歸根結底還需要人來控制和操作。因此，保障安全取決於人的責任心，只有人的高度責任心和現代科學技術、設備功能的有機結合，才能造成積極的作用，達到保障安全的目標。

三、客房安全設施的配置

（一）電視監控系統

飯店設置電視監控系統是現代管理設施的一個重要組成部分，設置的目的是提高安全效益、優化安全服務、預防安全事故的發生、保障客人的安全。它由多臺電視屏幕、攝像機、自動或手動圖像切換機和錄像機組成。安全人員透過屏幕控制各要害部位的情況。電視監控系統主要設置在飯店公共區域、客房走廊和進出口多而又不易控制的地方。

（二）安全報警系統

安全報警系統是飯店組成防盜、防火安全網路的一個重要環節。防盜重點是對非法進入者監督控制，在出現危害客人安全、偷盜財物等情況時，能夠及時報警。飯店安全通道一般都晝夜暢通，但一般客人是不會從通道出入客房區域的。違法犯罪分子為逃避監視，會利用通道無人看守而出入客房區域作案。有的飯店為彌補這一漏洞，夜間採取上鎖的方法，而這樣做又違反了消防安全管理規定，最好是裝上監控攝像機，也可裝上各種報警器。報警器的種類和性能如下：

1. 微波報警器

微波報警器是根據波的反射原理設計製造的。微波發射器向前發出一束微波信號，微波信號遇到障礙物就會被反射回來，然後由接收器接收，但固定目標和活動目標有差異。固定目標反射回來微波信號的頻率和原來相同，活動目標反射回來微波信號的頻率則有所改變。微波報警器就是利用這一頻率的差異而報警的。所以微波報警器適用於發現動態目標，而對固定目標作用不大。

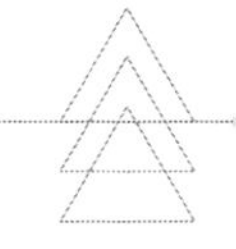

微波具有一定的穿透能力，將微波報警器用薄木板或塑料板罩上，不會影響微波的作用，所以比較容易隱蔽和偽裝。微波的輻射一般不受溫度的影響，但受氣候的影響較大。下雨、下雪、大風等都會引起報警，所以微波報警器不宜在室外使用。在室內使用時還應考慮報警視角的大小，窄視角適宜控制細長的過道。

2. 被動紅外線報警器

任何物體都會發射紅外線，物體本身的溫度越高，發射的紅外線就越強；反之，發射的紅外線就弱。被動式紅外線報警器是根據物體的這一特點研製而成的。它主要由紅外線接收器和控制裝置組成。接收器把所控制區域內各物體發射的紅外線接收過來，傳給控制裝置，當紅外線達到一定強度時，控制裝置就會報警。

被動式紅外線報警器最大的缺點是受氣溫的影響較大，夏天和冬天氣溫高低相差很大，這種報警器的靈敏度會發生明顯變化，夏天氣溫高，使一些物體發出的紅外線增多，有些無生命的物體發出的紅外線可能達到了控制裝置的報警點，這樣就會引起誤報。冬天氣溫低，人們穿戴厚一些的衣物，發射的紅外線相對減少，這樣就容易出現該報不報的現象，而且在冬天低溫情況下，第一次報警靈敏度非常低，甚至用手摸也不報警，需待元件自身溫度提高後才恢復靈敏度。這種報警器比較適用於氣溫宜人的春秋季和有空調的場所。在使用時還應考慮控制的範圍，如果用它控制十幾米範圍，還是相當理想的，超過 20 米，效果就要差一些。

3. 主動紅外線報警器

這種報警器材由收、發和控制裝置三部分組成。發射裝置發出一束紅外線，在離發射裝置幾十米甚至幾百米處，有個和它對準的接收器，當有物體穿越時這束紅外線被擋住，接收器接不到紅外線而將這一資訊傳給控制裝置，發出報警信號。

控制裝置有兩個報警點，一是長報，一是瞬報。長報，就是當物體擋住紅外線時，報警器就會發出持續報警，只有關機或放到瞬報位置才能解除報警；瞬報，就是物體擋住紅外線時即報警，物體離開時就停報，在使用時，一般放在長報位置上。

主動紅外線報警器一般受氣候影響不大，控制距離長並且成線狀，所以適用於室外的開闊地。

4. 開關報警器

開關報警器是以開或關來形成的報警，分為兩種形式，一種是短接式，另一種是斷接式。短接式就是探頭線路短路時形成報警；斷接式是在探頭線路中斷時形成報警。探頭的結構形式一般有三種：即微動式、磁控式和金屬條斷裂式。微動式探頭一般適用於保險櫃、貴重物品存放處等；磁控式探頭一般適用於門窗；金屬條斷裂式探頭除適用於門窗外，也可將金屬條粘在玻璃上，玻璃破碎造成金屬條斷裂，遂發出報警，也可利用其引線形成警戒防護網。

5. 超聲波報警器

是以多普勒效應為工作原理的報警器。它的發射裝置向控制區域發出超聲波，只要入侵者進入控制區域，就會立即被發現。這種報警器材受氣候和外界干擾較大，適用密封性較好的倉庫和比較安靜的客房環境，冬天靈敏度比夏天高。

6. 聲控報警器

聲控報警器由一個特別敏感的話筒和放大器組成。話筒能接收很微弱的聲音信號，放大器將這一聲音放大後送入揚聲器，使值班人員能清楚地聽到現場活動的聲音。此報警器適用於室內，具有話筒探頭小、便於隱蔽和價格低廉等特點，在實際使用中和其他報警器配套使用效果更好。

（三）鑰匙系統

周密的鑰匙系統是客房最基本的安全設施。隨著電子門鎖系統逐漸在飯店廣泛使用，老式的金屬、塑料門鎖由於其易損壞、易仿製等缺陷已不被人們所看好。使用電子門鎖的飯店，客人要進入房間不需要一般的鑰匙，而是

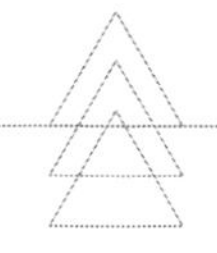

一種內置密碼的磁卡，開門時只需將磁卡插入門上的磁卡閱讀器，若密碼正確就可以打開房門。

電子門鎖在飯店客房所顯示的優點主要有四個：一是便於控制。它可以在飯店需要其失效時失效；也可以預設為一天或二天，過時再也無法打開房門。二是具有監控功能。客人和有關工作人員雖都有打開房門的磁卡，但號碼不同，因此如果某客房發生失竊，管理人員只要檢查門鎖系統就可以得到一段時間內所有進入該客房的記錄。三是增設服務功能。如果將裝在房門上的門鎖微處理器連接到主機上，與飯店其他系統配合，將會給飯店的管理及客人帶來更多的方便。例如與能源管理系統聯網，則客人在開門的同時，即可開通室內空調、照明等；如果與電視、電話系統連接起來，服務人員就不能在客房隨意打電話，也不可以收看客人付費的電視，因為其磁卡上的密碼不同；還可將門鎖系統與飯店物業管理系統相連，客人手上的門鎖磁卡就像一張信用卡，憑卡就可以在飯店消費。四是不易仿製。

除了已開始採用的電子門鎖系統外，現在還有一種更先進的生物門鎖系統。這種系統是利用人的生理特徵，如指紋、頭像、聲音等，作為開啟門鎖的資訊。由於這些生理特徵比密碼更具有獨特性，因而給客人和飯店帶來更大的方便和安全。

（四）消防控制系統

即在酒店的客房、走廊等要害部位裝置煙感器、溫感器等報警器材，由消防控制中心管理。這些地方一旦發生火警苗頭，消防控制櫃就會顯示火警方位，控制室值班人員即可採取緊急撲救措施。

1. 火災的定義和分類

火災是因失火而造成人員傷亡及物質損失的災害。按其災害程度，火災一般可分為三級：

（1）一般火災。是指物質損失在1元以上，不到5萬元，或人員死亡1～2人，或傷不到10人的火災。

(2) 重大火災。是指物質損失 5 萬元以上，不到 50 萬元，或人員死亡 3 人以上，不到 10 人，或傷 10 人以上，或雖未達到上述數字，但危及首長、外賓和知名人士的安全，造成嚴重不良社會政治影響的火災。

(3) 特大火災。是指物質損失在 50 萬元以上，或人員死亡 10 人以上的火災。

2. 火災的預防

根據燃燒的基本原理，防火的主要措施是把燃燒三要素（可燃物質、助燃物質和著火源）分隔開來。

(1) 減少可燃物質。飯店建築要符合《高層民用建築設計防火規範》和《高層建築消防管理規則》的要求。其建築耐火等級定為一級。裝修客房應當採用非燃或難燃材料，盡可能減少使用可燃材料。

(2) 預防著火源。嚴格控制明火的使用。建立感溫防火系統，及時發現溫度異樣上升的跡象，採取降溫措施，防止火災的發生。

(3) 建立防火分隔。在飯店建築規劃設計時，就要按規定的建築物防火要求，用防火牆及防火門等將建築物分隔成若干防火、防煙分區，每層樓之間也要有防火、防煙分隔設施，萬一發生火災，便於控制，防止蔓延。

3. 滅火的基本原理

(1) 冷卻滅火。指將燃燒物的溫度降到燃點以下，使燃燒停止下來。

(2) 窒息滅火。指採取隔絕空氣或減少空氣中的含氧量，使燃燒物得不到足夠的氧而停止燃燒。

(3) 隔離滅火。指把正在燃燒的物質同未燃燒的物質隔開，使燃燒不能蔓延而停止。

(4) 抑制滅火。指用有抑制作用的化學滅火劑噴射到燃燒物上，參與化學反應，與燃燒反應中產生的游離基結合，形成穩定的不燃燒分子結構而使燃燒停止。

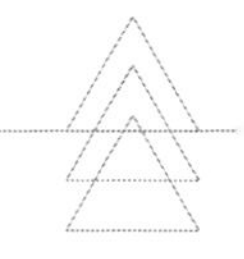

4. 常用滅火劑及滅火器

在滅火過程中，最常用的方法是以水來滅火。在飯店建築物內外，都配置有消防栓和水龍帶、水槍等。用水龍滅火要有接水龍放水等一系列準備工作，需要一定的時間，所以還必須輔以必要的滅火劑及滅火器。此外，還有些火災，如油類、電氣等火災，不宜用水撲救。因此，客房員工要熟悉滅火劑及滅火器的功能。

(1) 酸鹼滅火劑及其滅火器。適用於一般固體物質的火災，但不可用來撲救油類及帶電的電氣設備火災。其滅火原理是使滅火器內的碳酸氫鈉溶液與強酸混合而發生化學反應，產生大量二氧化碳氣體，形成強大的壓力，透過滅火器噴嘴將水和氣射向燃燒物，達到滅火效果。使用手提式酸鹼滅火器時，只需把筒身顛倒過來，上下搖晃幾下（讓筒內的酸、鹼充分混合起化學反應），筒內液體即噴出。

(2) 泡沫滅火劑及其滅火器。原理與酸鹼滅火器基本相同，不同的是在滅火液體中增加了發泡劑，使用時將筒身顛倒晃動即噴出帶泡沫的液體。泡沫滅火劑適用於油類火災、一般固體物質火災和可燃液體火災，但不適於忌水物質火災和帶電的電氣設備火災。

(3) 二氧化碳滅火劑及其滅火器。二氧化碳是一種比較穩定的不燃燒、不助燃的氣體，而且易於液體貯存在鋼瓶中，用來滅火既可隔絕空氣造成阻燃作用，又在氣化過程中吸收大量的熱量，使燃燒物的溫度降至燃點以下而停止燃燒，而且滅火後沒有遺留物和痕跡，因此是一種有效和適應性較廣的滅火劑。凡是酸鹼、泡沫滅火劑能撲滅的火災，它都適用，而且還適用於帶電的低壓電氣火災，對於貴重的儀器、設備、物品和檔案資料等火災更為適宜。但是，它不適用於鉀、鈉、镁、鋁等金屬火災。在使用時，要把二氧化碳滅火器的喇叭式噴嘴靠近燃燒物，先噴旁邊再噴中間。對裝有閥門的滅火器，應先去掉鉛封再打開閥門，裝有手柄式閥門的要先拔去保險銷再壓手柄。

(4) 乾粉滅火劑及其滅火器。乾粉滅火劑是以碳酸氫鈉為主要成分的乾粉和鹼性鈉鹽乾粉組成的，是一種乾燥的易於流動的微粒固體粉末，具有滅火效力高、速度快、無毒性、不導電、久貯不變質的優點。其性能與二氧化碳相仿，適用範圍也基本相同。但是，由於乾粉中的鹼性鈉鹽會殘留下來，故不適用於精密儀器、電器設備、檔案資料的火災。使用時應在火場的上風處，將滅火器噴嘴對準著火處，拔去保險銷，按下手柄（有的是提起拉環），瓶內壓縮氣體即將乾粉噴向目標。

（5）鹵代烷滅火劑及其滅火器。鹵代烷由鹵素（氟、氯、溴、碘）原子取代烷烴分子的全部或部分氫原子後的有機化合物的總稱。常用的有 1211、1202、1301、2402 等。鹵代烷滅火效力高，約為二氧化碳的五倍，滅火後不留殘跡，毒性低，不導電，久貯不變質，凡能用二氧化碳、乾粉、泡沫滅火劑撲滅的火災，都可用鹵代烷撲滅，並特別適用於精密儀器、電氣設備、文件檔案資料火災的撲救。使用時，要在火場的上風處接近火點，打開閥門，對準火焰根部，頻頻掃射，注意死角，以免復燃。

5. 客房消防設備的基本要求

根據《建築設計防火規範》和消防部門的有關規定，客房消防設備的基本要求大致有以下幾個方面：

（1）建築結構防火的一般要求。凡高度超過 24 米的高層飯店均屬於一類建築物，一類建築物的耐火等級應為一級。現代的建築物耐火等級分為四級：一級為最高級，其建築構件都要用非燃燒材料。除耐火牆要求極限為 4 小時外，其他隔牆、柱樑、樓板、疏散樓梯等，都要求有 1 ～ 3 小時不同的耐火極限。

（2）防火區的劃分。防火分區是指用防火牆及防火門把建築物分隔為若干防火分區。防火分區的面積不應超過 1000 平方米，上下層敞開相通的部分作為一個防火分區。安裝有自動滅火裝置的防火分區面積可擴大 1 倍。防火分區防火牆上開有門窗的，應安裝防火極限不低於 1 ～ 2 小時的防火門窗。

（3）安全疏散通道。飯店每個防火分區的安全出口不應少於 2 個，並應設防煙疏散樓梯。防煙疏散樓梯要設有前室，前室不少於 6 平方米，並設有防煙、排煙設施。通向前室和樓梯的門均用防火門，並應向疏散方向開啟。疏散樓梯在每層的位置不變，底層應設有直通室外的出口。

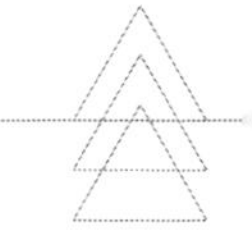

(4) 消防供水系統。飯店應設室內外消防栓給水系統。室外消防給水管道應布置成環狀，其進水管道不宜少於兩條，並宜從市政給水管道引入，以保證當一條進水管道發生故障時，其餘進水管仍能保證全部用水量。消防栓的數量及其與道路、建築物的距離，都應按規範的要求設置。室內的消防給水管道也應布置成環狀，其引入管也不應少於兩條。因每根水龍帶長度為 25 米，故消防栓的間距不應大於 30 米。

(5) 防煙、排煙系統。飯店及客房區域一旦發生火災，除有火焰外還有大量的煙霧。這些煙霧有的是產生於燃燒物的不完全燃燒，高溫，一遇到充足的氧氣就轉為火焰而使火勢蔓延開來。因此，一方面要設法防止煙霧的流竄，另一方面要透過排煙管道把煙排到室外。排煙口平時處於關閉狀態，採取手動或自動方式開啟，排煙口和排煙風機有聯鎖裝置，當任何一個排煙口開啟時，排煙風機即自動運行。

第三節 客房部安全計劃與制度

一、計劃的制訂和實施

飯店客房安全工作計劃管理是指把客房安全工作作為飯店管理機制的一個有機組成部分，進行規劃和付諸實施。星級飯店設施的現代化和服務的高標準必然要求管理現代化。現代化管理的一個重要標誌就是計劃管理，即用科學的方法進行全面規劃，在實施中發現偏差及時糾正，使管理水平不斷得到提高。客房的安全工作作為飯店管理工作的一個重要組成部分，也要實行計劃管理，即加強安全工作計劃，使安全工作規範化、程序化，把安全工作融合於客房的日常管理之中。

(一) 計劃的制訂

實施計劃管理首先要制訂計劃。凡事「預則立，不預則廢」，沒有計劃就沒有計劃管理，所以，計劃是進行管理的最重要的一環，是進行管理的基礎。計劃的重要性在於它提出了目標，規定了實現目標的方針和政策，是分工和力量組織的依據，是檢查和衡量工作的標準。

1. 制訂客房安全工作計劃的依據

（1）領會上級的有關指示精神。上級指示包括國家頒布的有關法規、政策的基本精神；上級主管部門（如旅遊局）的批示、指示精神；飯店總經理室根據飯店總體規劃提出的安全保衛工作的基本精神和各職能部門職位責任制中的安全要求；公安機關的治安、保衛、外國人管理等部門提出的公安保衛工作的基本要求。

（2）瞭解現實社會的治安情況。飯店客房的安全與外界社會治安有著密切的聯繫，對現實的社會治安狀況瞭解得越充分，安全工作計劃的針對性就越強，效果就會越好。現實的社會治安狀況包括：本地區的治安案件和刑事案件的發案率、破案率；違法和犯罪的種類、特點；本飯店發生過的內部職工和客人的違法犯罪情況；客人中經常出現的違法犯罪行為的種類和特點。

（3）全面掌握飯店內外部的基本情況。外部情況：如飯店的地理位置；飯店所在城市的人口密度、民族風情；距飯店最近的公安機關，如需警察幫助，需要多少時間；距飯店最近的消防隊在哪裡，如有意外情況，需要多久才能到達等等。內部情況：如有多少間客房，各房間的位置如何排列；飯店樓高多少層、有無消防雲梯、有多少條樓梯及如何分布、有多少部電梯及如何分布；有無中心控制室，包括哪些系統；如發現可疑情況，報告飯店保安部、飯店總經理、公安機關的最快速度是多少；同時還要具體分析客房部安全工作中可運用的人力、物力；瞭解客房部員工的人數、工作時間的分配、夜班職工的值班情況、員工中有無違紀情況和其他不安定因素；住店客人一般來自哪些國家和地區以及該國家和地區的風俗習慣等。

2. 確定安全工作的總目標和分目標

客房的安全工作計劃是飯店全局工作的一部分，要由飯店各個部門和全體職工共同努力才能做好。因此，在飯店安全工作的總體計劃中，要提出客房部安全工作的計劃或要求，並將其納入本部門的職位責任制。客房安全的目標是計劃的出發點，要制訂計劃首先要明確目標。客房安全工作的目標與飯店安全工作的總目標是一致的，即確保飯店、職工和客人的安全，其中又

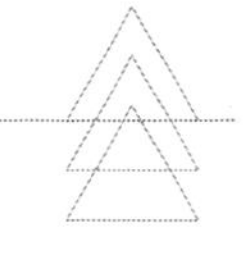

以客人安全為第一位。在總目標下，客房部根據自己工作的實際又可以分若干個分目標，如客房安全目標、樓層安全目標、職工更衣室安全目標等。

（二）計劃的實施

1. 計劃要由總經理批准

計劃經總經理批准即生效。飯店管理實行總經理負責制。總經理的批准認可，說明該項計劃符合飯店總體要求，同意付諸實施。反之，凡不批准的，說明該項計劃與飯店總體計劃不符，不同意實施。同時總經理的批准有利於協調本部門與其他部門的關係，對飯店全體員工都有約束力。

2. 形成有機的管理網路

飯店的管理體制是在總經理統一領導下的各部門的有機結合。因此，客房安全保衛工作計劃與各部門的部門工作計劃及安全要求應該是一致的，各個計劃互相銜接，便於協調地貫徹實施。

3. 實施安全保衛職位責任制

實行安全保衛職位責任制是計劃實施的關鍵。目前星級飯店多數已經建立起比較先進的管理體制，各個工作職位都建立起了職位責任制。其中也包含了安全職位責任制，即把每個職位安全保衛的職責，充實到已經建立的職位責任制中，形成該職位工作規範的一部分。這樣做的好處可以「寓安全於保衛之中」，真正做到安全保衛人人有責。

（三）計劃的控制

控制是一種管理活動，是指按照計劃標準去衡量計劃完成情況和糾正計劃執行過程中的偏差，以確保計劃目標的實施。

在客房安全管理中，把控制活動作為計劃管理的保證手段放在重要位置上，建立起控制系統是非常重要的。在制訂計劃時就要考慮到便於控制，規定計劃實施的同時，也規定實施要求，使之系統化，以便於控制和檢查。計劃實施時，控制活動要有專門的力量（或機構）系統地進行。飯店實行總經理負責制，各個部門是飯店內相對獨立的經營管理部門。部門經理向總經理負責。客房部經理全面負責本部門的經營管理，同樣也負責本部門的安全工作，在貫徹安全工作計劃管理上，實行「誰主管、誰負責」。部門內各個職位的責任制中也包括對安全工作的要求，把專門的檢查控制、日常制度控制（報表、統計）和技術監控等手段有機地結合起來。控制過程應是個系統，即透過發出指令——執行——出現偏差——回饋——提出糾正措施——發出指令的週而復始的過程，把工作推向前進。

二、客房安全制度

為了使安全工作落實到實處，保證客房的安全和秩序，必須制定一套安全規章制度來制約人們的行為，為人們的行動提供規範依據。

（一）客房部安全管理制度

(1) 客房部在日常工作中要貫徹內緊外鬆，安全第一，做好服務的原則，做好防火、防盜、防破壞、防自然災害的工作。

(2) 有步驟地、逐級地完善安全職位責任制，服務員及領班、主管、經理，應熟悉各自工作範圍（責任區）的安全要求。

(3) 經常檢查本部門各部位的安全保衛設備是否齊全與完好。

(4) 庫房必須設專人管理，做到庫存物資有帳目，出入庫品有登記，帳物相符。

(5) 經常性地對治安、消防隱患進行自查，並及時採取有效措施加以整改。

（二）樓層安全服務制度

(1) 服務員在清掃房間時，必須實行做一間開一間、做完一間鎖一間的規定。客人不在房間時，洗衣房送返衣物及遇有工程維修時，服務員必須記錄進出時間、員工姓名、房號，必要時還要在場陪同作業。

(2) 在客房責任區內發現可疑人員要主動盤問。凡被開除、勸退、辭職和調出的職工，不得進入樓層。其他部門人員不得私自進入樓層區域。客房

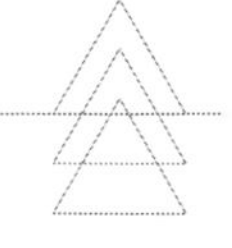

區域發生治安刑事案件時，應認真保護好現場，積極提供線索，配合保安部做好調查取證工作。

(3) 遇到住店客人沒帶鑰匙或丟失鑰匙而無法進入房間時，應禮貌地告訴賓客到前臺辦理進房手續。樓層服務員只有在接到指令後，方可為客人打開房間。

(4) 發現客人使用電爐、電烤箱及在房間內多種電器同時用電時，應立即通知保安部，以免因超負荷用電而發生意外。

(5) 對客人遺留物品及撿拾物品，要按有關規定及時上交客房服務中心，不得以任何理由截留。

(6) 發現各種反動、淫穢的書刊、畫報、錄影帶及封建迷信用品等，一律上交部門經理，由部門經理及時轉交保安部。

(7) 客房區域內發現易燃、易爆等危險物品時，服務員不得隨意翻動，要派人控制，並及時報告保安部處理。

(8) 服務員應隨身攜帶所保管使用的萬能鑰匙，嚴禁轉借他人，每天接交萬能鑰匙要有嚴格的登記（簽名、簽時間）手續。

（三）來訪客人管理制度

(1) 來訪人員需要進入客房的，經服務員認真查驗來訪者的身分，並填寫「來訪人員登記表」，徵得被訪人同意後，才可準予進入客房會客。沒有有效身分證明的，不準進入客房會客。來訪人一天內多次來訪同一住客，經查驗證件無誤，可在其第一次登記表「備註」欄內加注來訪次數和來訪、離開時間。

(2) 凡住客本人引帶的來訪客人，服務員可不予詢問，目送進房，但要在記事本上做好記錄，記明進出時間、性別、人數。

(3) 來訪人員離開時，要在「來訪人員登記表」的「來訪時間」欄內準確寫明時間。來訪人員離開時，住客沒有送行的，服務員應注意查看被訪的客房。

(4) 晚上 23 ： 00 到次日 7 ： 00，來訪人員不準進入客房訪客。來訪客人因事要在客房留宿的，必須按規定到總臺辦理入住登記手續。至晚上 11 ： 30，來訪者不辦手續，經提醒仍不願離房的，服務員要及時報告大堂副理。

(四) 突發事件處理制度

(1) 遇有突發事故，所有員工必須無條件地服從主管經理的指揮調遣。

(2) 員工一旦發現可疑情況或各類違法犯罪活動，應立即報告保安部。

(3) 發生偷竊、搶劫、兇殺或其他突發事件，應在第一時間報告保安部和值班經理，同時保護好現場，除緊急搶救外，無關人員不得進入現場。

(4) 保安人員進行安檢和處理案件時，有關員工應積極配合，如實提供情況。

(5) 發生火警、火災時，就近的員工除應立即報告消防中心外，還應馬上採取有效措施，先行撲救火災，撲救完畢保護現場，待有關部門檢查後方可清理現場。

(五) 客人失竊處理制度

(1) 接到客人報失後，立即通知部門經理及保安部。

(2) 由部門經理協同保安人員到現場瞭解情況，不得擅自移動任何東西，並保護現場，不讓外人進入。

(3) 請客人填寫財物遺失報告，詢問住客是否有任何線索、懷疑對象等情況。如需要，在客人同意及在場的情況下，由保安人員檢查房間。

(4) 如果客人需要報警，可由保安部負責聯繫，經部門經理同意後報告總經理。

(六) 客房部防火制度

(1) 經常檢查防火通道，保證暢通。

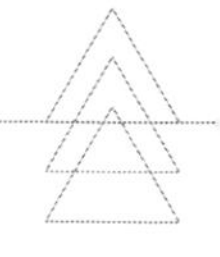

(2) 經常檢查用電線路，如發現電線磨損、接觸不良，應立即報告上級主管處理；留意及警覺電器漏電或使用不正確而造成的火災隱患。

(3) 發現客人房間有未熄滅的煙頭、火種，應立即處理。

(4) 飯店員工必須瞭解火警系統，熟知消防栓、滅火器及其他滅火用具的位置。

(5) 當發生火災及其他緊急事故時，應保持鎮定，在確定出事地點的同時，應立即打電話通知消防中心及部門經理或主管。

(6) 報告火警時，應清楚說出火警發生的正確位置、火情及報上自己的姓名，同時將滅火器材取出，拿到著火部位進行滅火。

(7) 要先切斷電源、空調，採取一切可能採取的措施撲滅火災於初期。

(8) 火勢不受控制時，應關掉一切電器用具的開關，離開前把門窗關閉，撤離現場，切勿乘電梯。

(七) 洗衣場、布草房安全操作規範

(1) 部門主管經常教育員工，嚴格按照本職工種操作程序進行作業。

(2) 每天下班指定專人做到三關、二鎖、一檢查，即關閉電源，關閉電器，關閉水源；鎖好抽屜，鎖好門窗；檢查有無安全隱患，發現問題要認真處理並記錄備查。

(3) 室內棉織品的擺放位置要和電源、水泵、機器保持一定的距離。

(4) 熨燙後的衣物一定要等散熱後再碼放成堆，防止熱量內蓄自燃。

(5) 洗衣部人員到客房取送洗衣時，要在客房服務員協助下辦理，不準單人進入客房；要做好收發記錄（人員姓名、時間、取送衣物及種類、數量），並存檔備查。

(八) 員工安全操作制度

(1) 不得在飯店內及樓層內奔跑。

(2) 不得將手伸進垃圾桶或垃圾袋內，以防利器和碎玻璃把手刺傷。

(3) 必須用雙手推車，工作場地如有油汙或濕滑，應立即擦乾淨，以免滑倒摔傷。

(4) 不要用損壞的清潔器，也不可自行修理。

(5) 拿取高處物品時應使用梯子，不應使用任何代用品。

(6) 搬運笨重物品時應兩人或多人合作，須用腳腿力，勿用背力，最好用手推車。

(7) 發現公共區域照明不良或設備有損壞，應馬上報告領班，盡快修理，並採取臨時救急措施，以免發生危險。

(8) 在公共場所清潔時，使用工作車、吸塵器、洗地機和地毯機，應留意是否有電線絆腳的可能性，清潔器具應靠牆邊停放。

(9) 洗地毯和洗地時，要特別注意是否弄濕了電源插頭和插座，小心觸電。

(10) 當使用較濃的清潔劑時，應戴手套，以免化學劑腐蝕皮膚。

(11) 發現房間的玻璃杯或茶杯有裂口，應立即更換，妥善處理；發現桌、椅、床不牢固，應盡快修理，以免傷人。

(12) 大塊玻璃隔面或大扇門上要貼上有色標誌，以免客人或員工不慎撞傷。

本章小結

安全對於飯店來說是極其重要的，哪怕很小的安全事故都可能給飯店造成很壞的影響，甚至巨大的損失。因此，安全管理工作必須常抓不懈。另外，安全工作強調的是防患於未然。

複習與思考

1. 客房部安全管理工作的主要任務和基本目標是什麼？

2. 詳述常見的安全侵害因素。

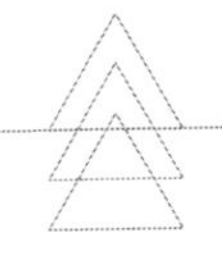

3. 為什麼說客房部是飯店安全事故的重災區？

4.論述「客房部安全管理工作具有複雜性、長期性、緊迫性、預防性和服務性」。

5. 客房部安全管理的主要手段有哪些？

6. 客房部（客房區域）有哪些安全設施和設備？它們的作用是什麼？

7. 列表概述常用消防器材的種類、用途和使用方法等。

8. 客房部安全管理制度包括哪些內容？

9. 制定一份《消防演習計劃》。

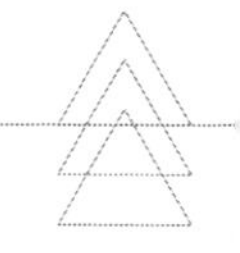

第 13 章 客房部的人力資源管理

導讀

「不能吸引顧客的飯店必將死亡，而不能吸引並留住人才的飯店實際已經死亡」……這充分說明了人力資源管理對於企業的重要性。隨著人們擇業觀念的改變、行業競爭的日趨激烈，加之飯店內部改革的不斷深化以及客房工作本身所固有的特點，客房部人力資源管理越來越重要，也越來越困難。如何在社會環境和飯店內部環境的雙重壓力下，選擇和培養一支過硬的客房部員工隊伍並按照高效、優質、經濟的原則用好這支隊伍，是本章教學的主要任務和基本目標。

閱讀重點

瞭解客房部人力資源管理的意義、任務與目標

掌握客房部編制定員的標準（數量標準和質量標準）與方法

熟悉客房部員工招聘工作的程序與方法

樹立「學習型的飯店、飯店化的學習」理念，重視學習、重視培訓

按「以人為本」的原則，做好員工管理

能合理控制勞動力成本

第一節 客房部的編制定員

編制定員是人力資源管理的一項重要內容和基礎工作，其任務就是合理地確定所需配置的員工數量。

一、編制定員的原則

（一）夠用

夠用是一種通俗的說法，具體的要求是所確定的員工數量必須與實際需求相符合，要在滿負荷、高效率運作的前提下，高質量地完成各項工作任務。

（二）精簡

在編制定員時既要保證夠用又要力求精簡。要改變那種以為人多好辦事的觀念。從現代科學管理的角度看，人多未必好辦事，人多也未必能夠辦好事；相反，有時往往因為人多反而導致效率低下、狀態不佳、負擔沉重、責任不清、是非增多。

（三）高效

客房部在確定所需配置的員工數量時，一定要把滿負荷、快節奏、高效率作為前提條件，要確保人人有事做、事事有人做。

二、編制定員的步驟和方法

（一）選擇服務模式

每一種服務模式都直接影響客房部的編制定員，所以，飯店應根據自己的具體情況，對客房服務模式做出正確的選擇。

（二）設置組織機構

客房部的組織機構如何設置，與所需配置的員工數量有著直接的關係。如果客房部的分支機構、機構層次及所設的工作職位多，所需配置的員工數量必然也多。客房部在設置組織機構時，應儘量壓縮層次、減少分支機構和工作職位，從而儘量減少人員配置。

（三）預測工作量

工作量是編制定員的重要依據，工作量的大小與所需的員工數量成正比。客房部在編制定員時，必須科學準確地預測部門、各分支機構及各職位的工作量。對於整個部門而言，客房部的工作量主要包括三個部分：即固定工作量、變動工作量和間斷性工作量。

固定工作量。固定工作量是指那些只要飯店開門營業，就必然存在且必須有人去按時完成的日常性例行工作任務，如客房部管理工作、客房中心的工作、布草房的工作、公共區域的日常清潔保養工作等。只有保質保量地完

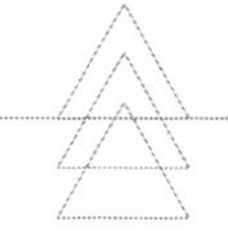

成這些工作，才能保證部門甚至整個飯店的正常運營，保持飯店的規格標準。固定工作量的多少往往反映一個飯店或一個部門工作的基本水準。

變動工作量。變動工作量是指隨著飯店業務量等因素的變化而變化的那部分工作量。對客房部來說，其變動工作量主要是指受住客率等因素影響的那部分工作量，如客房的清掃整理、對客服務、洗衣房的布件洗燙等，影響最大的還是客房出租率。因此，客房部在預測這部分工作量時，還是以客房出租率為主要依據。

間斷性工作量。間斷性工作量通常是指那些時間性、週期性較強，只需定期或定時完成的非日常性工作量，如飯店外牆、外窗的清洗、地毯的清洗、大理石地面的清洗、打蠟等工作。客房部在預測工作量時，不能疏忽這部分工作。

（四）制定工作定額

工作定額是指勞動過程中時間消耗的數量界線，就是在一定的物質技術和勞動組織條件下，在充分發揮員工積極性的基礎上，在保證質量的前提下，為生產一定產品或為完成一定的工作量所規定的必要勞動消耗量的標準。工作定額可用時間定額和工作量定額兩種方法來表示。時間定額是指在一定的物質技術和勞動組織條件下，採用合理的方法完成某項工作，或生產某一產品所需消耗的時間標準，如按傳統方法和要求鋪一張單人西式床的標準時間為 2 分 30 秒。工作量定額是由時間定額推算出來的，即在一定的物質技術和勞動組織條件下，採用合理的方法，在單位勞動時間內應該完成的達到合格標準的工作量，如一名早班客房服務員在 8 個小時的工作時間內，應該清掃整理 14 間客房（標準間），並達到合格標準。

在絕大多數飯店，凡能實行定額管理的部門和職位，都實行了定額管理。實行定額管理使編制定員、確定用工標準等工作有據可依，能充分調動員工的工作積極性、提高工作效率，也便於檢查、考核，還有利於開展勞動競賽和總結推廣經驗。

1. 制定工作定額的原則

（1）定額指標必須先進合理。是指所制定的工作定額指標既不能過高也不能過低。如果過高，員工則難以完成，從而挫傷他們的工作積極性；如果過低，就不能充分發揮每個員工的能力水平，難以保證應有的工作效率和正常的工作狀態，從而失去定額管理的意義。所謂先進，應該是在平均基礎上的先進，既要反映員工能達到的工作效率水平，又要預見進一步提高的可能性；所謂合理，就是要實事求是，從實際出發，全面、充分地考慮設備、管理、員工的思想狀況和技術水平等各種主客觀因素，盡可能把定額指標定在經過努力能夠實現的可靠基礎上，使大多數員工可以達到、一部分員工能夠超過、少部分員工經過努力可以接近。只有先進合理的定額指標才能對全體員工造成鼓舞和促進作用。

（2）定額水平應盡可能平衡。定額水平是否平衡最終會影響到定額管理制度能否順利推行以及推行這種制度的實際效果。就整個飯店而言，部門與部門之間、工種與工種之間、職位與職位之間，工作定額水平都應盡可能做到平衡，避免鬆緊不一、忙閒不均，給一些員工造成不良的心理影響。

（3）正確處理定額的穩定與修訂的關係。定額首先應保持相對穩定，不宜頻繁修改，否則容易挫傷員工的工作積極性和進取精神，但定額也不能一成不變，也需要根據各種相關因素的變化而適時地進行修訂，以促使員工工作效率與工作能力持續穩定地提高。

2. 制定工作定額所需考慮的因素

（1）員工素質。員工的年齡、性別、性格、教育程度、專業技術水平、工作習慣等諸多素質因素都對工作定額有一定的影響。因此，客房部在制定工作定額時，應對員工的素質水準有一個準確的判斷和瞭解，不能憑空想像，不切實際。

（2）工作環境。飯店的建築規模、功能布局、外圍環境、客源類別等諸多環境因素也會對定額水平有較大的影響。因此，客房部在制定定額時，絕不能簡單地照搬別人的經驗或做法。

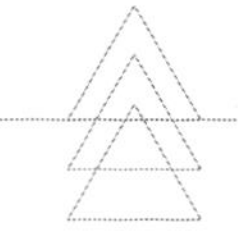

(3) 規格標準。規格標準的高低與工作定額的高低有著直接聯繫。通常規格標準越高，所需投入的勞動時間就越多。客房部在制定工作定額時，必須考慮各項工作的規格標準，使定額水平與工作的規格標準相適應，否則會顧此失彼。

(4) 勞動工具。勞動工具既是文明操作的標誌，又是工作效率和質量的保證。客房部在制定工作定額時，必須考慮勞動工具的配備情況，包括勞動工具是否齊全、是否精良，員工使用勞動工具的自覺性和熟練程度等。

3. 制定工作定額的方法

(1) 經驗統計法。包括兩層含義：一是以本飯店歷史上實際達到的指標為基礎，結合現有的設備條件、經營管理水平、員工的思想及業務狀況、所需達到的工作標準等，預測工作效率可能提高的幅度，經過綜合分析而制定定額；二是參照其他飯店的經驗和做法制定定額。用經驗統計法制定定額，方法簡便，工作量小，易於操作，所制定的定額能夠反映員工的實際工作效率，比較適合飯店工作的特點，但這種方法不夠細緻，定額水平有時會偏向平均化，不夠先進。

(2) 技術測定法。就是透過分析員工的操作技術，在挖掘潛力的基礎上，對各部分工作所消耗的時間進行測定、計算、綜合分析，從而制定定額。這種方法包括工作寫實、測試、分析和計算分析等多個環節，操作起來比較複雜，但卻較為科學。需要注意的是，抽測的對象必須能夠客觀、真實地反映多數員工的實際水平，測試的手段和方法必須比較先進、科學。

按「單項操作時間測試表」(見表 13-1) 中所列項目和要求，對一些具體操作項目進行測試，可以獲得各單項操作的標準時間，再根據各項工作的具體內容、操作程序和規格標準，將準備工作和善後工作等所花費的時間全部考慮進去，就可確定有關工作的定額標準。此表僅供參考，不作為統一標準。各飯店在實際工作中應根據本飯店的具體情況進行測試、分析和計算。

表 13-1 單項操作時間測試表（樣表）

序號	工作項目	基本時間（分鐘）	間歇許可（%）	意外耽擱（%）	標準時間（分鐘）
1					
2					
3					

如何使用上述方法制定工作定額呢？

例：某家中高檔飯店早班客房服務員的工作時間為 8 小時，其中班前準備和下班結束工作共需 0.75 小時，工間休息 0.5 小時，對客服務 0.5 小時，更換布草、領取物品 0.5 小時，剩餘的 5.75 小時用於清掃整理客房。如果走客房和住客房平均每間清掃整理的時間為 0.45 小時，那麼早班客房服務員的工作定額就為$\frac{5.75}{0.45}\approx 12.7$（間），如果是專職客房清掃員，其工作定額還可更高一些。

（五）編制定員

客房部編制定員的基本方法有兩種，即按勞動效率定員和按職位定員。

1. 按勞動效率定員

按勞動效率定員，就是根據工作量、員工的勞動效率（工作定額）和出勤率等，計算確定所需配置的員工數量，計算公式為：

$$定員人數=\frac{工作量}{員工勞動效率 \text{ X } 出勤率}$$

按勞動效率定員的方法，主要適用於實行定額管理、從事變動性工作的職位。

2. 按職位定員

按職位定員，就是根據組織機構、服務設施等因素，確定需要人員工作的職位，再根據職位職責及業務特點，考慮各職位的工作量、開動班次、員

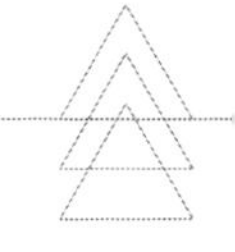

工的出勤率等，確定各職位所需配置的人員數量。這種方法適用於從事固定性工作的職位。

例：某四星級旅遊飯店，擁有 480 間客房（均折成標準間計），所有客房平均分布在 20 個樓層。這 20 個樓層中有 5 個樓層專為內賓和有特殊服務要求者開設，設有樓層服務臺，配有早、中兩班專職值臺員，負責樓層對客服務工作（每層每班次安排 1 名服務員值臺），其他樓層的對客服務工作由客房服務中心統一調控。客房服務員的工作定額為：早班每人 12 間客房，中班每人 48 間客房。客房樓層管理人員設主管和領班兩個層次，該飯店實行每天 8 小時、每週 5 天工作制。員工除固定休息日外，還可享受每年 7 天的有薪假期和 10 天的法定假日，估計員工病事假為年人均 10 天。預計該飯店年均客房出租率為 80%。

根據上面介紹的編制定員方法，該飯店客房樓層部分職位的人員編制為：

（1）樓層值臺員

①每位值臺員的年出勤天數為：全年天數 - 每週休息日 - 有薪年假 - 法定假日 - 病事假，即：365-（52×2）-7-10-10 ＝ 234 天

②每天所需值臺人數為 10 人，全年所需值臺人次為：10×365 ＝ 3650 人次

③樓層值臺員的編制為$\frac{3\,650}{234}$≈ 16 人

如果只考慮員工每週的固定休息日，而不考慮其他假期和休息日，可按下列公式計算：$\frac{10\times 7}{5}$＝ 14 人

（2）客房服務員

①全年客房出租的數量為：480 間 ×80%×365 天＝ 140160 間 / 天

②服務員的全年出勤天數與值臺員相同，即 234 天

$$\frac{140\,160\text{間/天}}{12\text{間 / 人天 X } 234\text{ 天}}$$

③早班服務員的編制為：≈ 50 人

④中班服務員的編制為$50 \times \frac{1}{4} = 12$ 人

如果也是只考慮服務員每週的固定休息日，而不考慮其他假期和休息日，那麼服務員的編制則為：

$$\text{早班服務員} = \frac{480X80\%X7}{12X5} = 45\text{人}$$

$$\text{中班服務員} = 45X\frac{1}{4} \approx 11\text{人}$$

（3）客房樓層領班

由於該飯店每層樓的客房數為 24 間，故為方便管理，每位早班領班可負責 3 個樓層，中班領班負責 6 個樓層，這些樓層所需的領班總數約為 12 人。

（4）樓層主管

客房樓層主管可分早、中、晚 3 班，共需 4 人。

另外，這家飯店還需安排 2 名夜班服務員，負責夜間客房的對客服務工作。

該飯店客房樓層的人員編制為 90 人左右。

第二節 客房部的員工招聘

籌備開業的飯店，在機構設置、編制定員工作結束後，即可著手員工招聘；正在運營中的飯店，也會因為員工的流動和內部人員調整、業務量的增加等原因而需要招聘員工。員工的招聘工作做得好壞，直接關係到能否建立一支高素質的員工隊伍。客房部的員工招聘工作須由人事部和客房部共同負責。人事部承擔篩選應聘人等基礎工作，客房部則負責最後面試，並決定是否錄用。客房部經理通常直接負責客房部的員工招聘工作，以提高這項工作的效率，保證所招聘人員的質量。

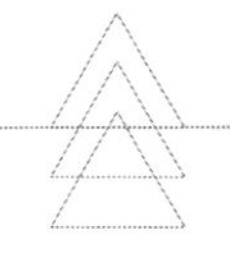

一、制定招聘方案

員工招聘是一項較為複雜的工作，其意義也十分重大。因此，有關管理者必須要有遠見卓識。在招聘工作正式開始之前，制定一整套招聘工作方案十分必要，有關人員須用方案指導和控制招聘工作。招聘方案的主要內容包括：招聘的職位、人員數量、質量標準、招聘工作的具體安排等。這裡需要特別強調的是，招聘方案中應明確規定質量標準。因為如果對所招聘人員的質量把握不好，會給後期的使用和管理留下很多隱患。負責招聘工作的人員還要把握好如下原則：即不能錄用不合格的人、不適宜的人和過分合格的人。所謂不合格的人，是指那些即使透過學習和培訓也根本不可能勝任工作的人，招聘這種人就像僱傭了不會加減法的會計；不適宜的人，往往存在心理上和性格上的缺陷，不適合某些職位的要求或難以成為某些職位合格的員工；過分合格的人，是指應聘人的資格和能力明顯超出了有關職位的工作要求，或者某些職位的工作對他們來說沒有挑戰性，難以發揮他們的能力和工作積極性，如果錄用這類人員，會有很多的消極影響。為了使招聘要求具體、明確，便於有關人員把握標準，有關部門最好能制定一套職務說明。

例：關於布件收發員的職務說明

職務名稱：布件收發員

工作時間：每週一至五，每天 7 ： 30 ～ 16 ： 00

勞工類型：非技術性工種

直接上司：布件房主管

聯繫員工：負責領用布件及所有穿著制服的員工

職責：布件和制服的收發與保管

工資：規定標準

有薪年假：兩年以下工齡一週，三年以上工齡兩週

額外待遇：工作服、免費工作餐

性別要求：女性

年齡限定：20 週歲～ 50 週歲

智力條件：辦事機敏能遵照指示和規定工作

品格：誠實、和藹可親、周到有禮

外貌：端莊大方

工作經驗：無特殊要求

教育程度：初中畢業以上

身體狀況：身體健康，無傳染病史，能承擔輕度持久的體力勞動，有一般性臂力，能舉起一般重量的物件，能辨別織物的色彩、抽絲、蛀洞等。其他：居住地與飯店之間交通方便；無犯罪記錄。

另外，客房部在制定招聘方案時，還須考慮下列問題：

(1) 有關職位的工作對應聘者的要求是哪些，是否包括經驗。

(2) 管理人員是從內部提升還是從外部招聘，如果從內部提升，則在招聘員工時就要考慮招聘有潛質的人。如果員工晉升與發展的可能性有限，那麼，大量招聘有發展前途的人就不實際。因為如果多數受聘人都希望透過努力獲得更好的職業或更高的職務，當其願望得不到實現時就會因失望而產生不滿，進而紛紛離職。

(3) 在招聘前，應先與相關職位的現職人員通氣，使他們對補充人員和人員變化有所準備，以穩定他們的情緒。

二、選擇招聘途徑

為了招聘到理想的員工，飯店要設法透過多種渠道招聘和補充人員。

(一) 現職人員的推薦介紹

招聘少量人員時，飯店可透過現職人員的推薦介紹提供人選。這種做法當然有利有弊。如果有職位空缺，周圍的員工當然會首先知道，如果這些員工熱愛飯店、熱愛這一職業，就會很自然地將這一資訊告知其親友及熟人，

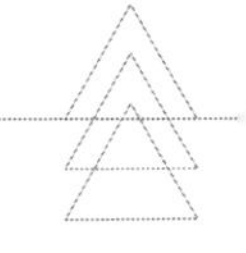

這樣招來的人因為有熟人容易與他人相處，能在其熟人的幫助下很快熟悉環境與工作。另外，這種招聘方法省時、省力、節省費用，但這樣做往往容易在員工中形成小團體，甚至會讓一些不良習氣在員工中相互影響。

（二）內部晉升

客房部的某些管理職位空缺時，未必非要從外部招聘。如果部門內部有合適的人選，從內部晉升則更為明智。

（三）廣告招聘

廣告通常是招聘的主要途徑和方法。招聘廣告的主要形式有報紙廣告、廣播電視廣告和海報等。

報紙廣告。在報紙上做廣告，對於招聘非技術性員工特別有效，而對於招聘管理人員和技術人員，則要看所在地的基礎情況。如果當地的經濟不景氣，有大量失業人員，刊登廣告要非常慎重，因為它會吸引大批的人前來應聘，其中必然有大量不合要求的人，要篩選甄別，必然要花費大量的時間和精力，而且還會引起很多落選人的不滿。用報紙刊登招聘廣告，一定要選擇合適的報紙類型。有些人常看刊登刺激性內容的小報，而有些人則喜看正規及比較保守的報紙，因此應視招聘對象選擇相應的報紙刊登招聘廣告。另外，廣告語要引人注目，如果招聘客房服務員，可用「沒有經驗是您的資本」、「您喜歡有規律的工作嗎？」等詞語。因為飯店多喜歡招聘從頭開始、沒有經驗即沒有陳規舊習的人。如果要招聘高級職員和專業技術人員，廣告中必須說明待遇優厚等吸引人的條件，但必須實事求是，不可欺詐；再者，廣告中不得有違反有關法律法規的內容。

廣播電視廣告。廣播電視招聘廣告最適用於招聘臨時工和非全日制員工。要注意的是選擇合適的廣告時間，只有在合適的時間發布招聘廣告，才能使所期望的應聘者獲得招聘資訊。

海報。在市中心、娛樂場所等人流眾多地方的公共廣告欄上張貼和分發招聘海報，往往也能收到很好的效果，但要注意不能違反市容管理規定。

職業學校。職業學校是飯店員工的主要來源之一。飯店應與當地甚至外地的一些職業學校建立長期穩定的合作關係。如果能從職業學校招聘員工，將是非常實惠的事。因為職業學校的學生有專業知識和基本技能，少有不良習氣，綜合素質較高。他們加入飯店後，能給飯店帶來新的氣息，優化員工隊伍。

除了上述幾種主要途徑外，還有下列一些途徑可以利用：職業介紹所、人才市場，同業機構，復員、轉業軍人安置機構，以往的求職申請表、推薦信等。

三、接受求聘申請和初選

招聘資訊發布以後，必然會有一些求職者前來應聘。負責招聘的人員對前來應聘的人員要熱情接待，並透過簡單的交流與觀察，做出篩選。對於明顯不合要求的，可禮貌地表明意見，這樣做對雙方都有一定的好處。對於飯店來說，可減省後期的工作量，節約時間和精力；對於應聘者來說，如果讓其過五關斬六將最終還是落選，會更加失望和痛苦。對於那些符合要求的應聘者，招聘人員可讓其填寫求職申請表，並將面試或測驗的時間、地點以及準備事項告知他們，之後，將參加面試或測驗的應聘人員名單及其申請表整理好，轉交客房部負責人。

四、面試

（一）面試的意義

招聘人員雖然可以透過申請表瞭解應聘者的基本情況，但僅僅根據申請表的內容，來判斷應聘者是否符合要求，並做出錄用與否的決定，顯然不夠慎重。為了對應聘者更加全面深入地瞭解，面試通常是必不可少的步驟和方法。

面試，就是雙方面對面地接觸，探討聘用的可能性。面試可以使招聘方有機會直接地瞭解應聘者的外表、舉止、表達和社交能力、氣質、對人對事的基本態度、應變能力等。透過面試，可使招聘人員獲得評估應聘者是否可

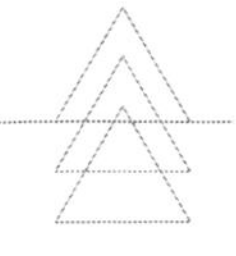

以錄用的依據。當然，面試也有一定的侷限性，如招聘人員往往很難僅透過短暫的面試過程瞭解應聘者的誠實、可靠、堅韌等內在性格，也難以瞭解其技術和實際工作能力等。

面試其實是雙方相互瞭解的一次機會，是一個雙向溝通的渠道。在面試過程中，招聘方要嚮應聘者講清諸如工作性質、工作時間、工資福利及對應聘者的體力與智力要求等，甚至要把一些工作後可能遇到的困難等不利因素如實相告，使應聘者冷靜考慮，理智地做出不會後悔的選擇。應聘者則應根據招聘方的要求，如實說明有關情況和想法。總之，主持面試的人不能把面試變成單純的測驗和考試，更不能變成審問，而是應把面試作為雙方相互瞭解、建立良好關係的最初渠道，這樣的態度和做法可使應聘者在未加入飯店之前，就瞭解飯店的良好意願，正式錄用後，勞資雙方的關係就有了良好的基礎和開端。另外，面試還是飯店樹立良好公共形象的一個機會，應聘者在面試過程中如果能對飯店有個良好的印象，無論被錄用與否，都不會诋毀飯店的聲譽。

（二）面試的準備工作

（1）明確面試的目的、瞭解有關標準和要求、熟悉有關情況。

（2）擬定面試提綱。

（3）確定對雙方都方便的時間。

（4）通知應聘者做好必要的準備。

（5）研究應聘者的個人資料，並做好筆記，以免遺忘。

（6）布置安排面試場地。

（三）面試的場地

面試場所的選擇、安排與布置，對面試的成功與否影響極大。由於面試場所會給應聘者認識飯店的第一印象，所以面試的場所必須清潔整齊、安靜、舒適、秩序井然、不受干擾且具有保密性，否則，既影響面試的效果，又會給應聘者留下不好的印象。為了不使面試中斷，保證面試的速度，面試場所還應設面試等候處，配備必要的家具、報刊、茶水、煙灰缸，燈光要明亮、柔和，附近要有浴廁，這樣既可方便應聘者，又可減輕應聘者可能產生的憂慮、煩躁和焦急不安。

（四）面試的過程

主持面試者通常要以友好的問候作為開場白，儘量為應聘者創造輕鬆愉快的氣氛。開始的提問可以與工作無關，但要避免提出無聊的話題。主持面試者不能有匆忙、焦急和不耐煩的表現，也不能以高人一等的姿態與應聘者說話，不要顯示權威或進行說教，更不能與應聘者爭論。面試是一種藝術。面試人必須扮演好角色，當然這不是說可以不真誠。面試人必須記住，自己的態度甚至說話的語氣、腔調等，都會對應聘者產生很大的影響，同樣一句話，用不同的態度、語氣和腔調說出來，就可能表現出不同的意思，絕不能使應聘者有被指責、嘲笑和歧視的感覺。另外，應聘者的條件可能不合適時，如果面試者表現出過分的熱情，可能使其產生肯定可以被錄用的錯覺，這種錯覺有時會造成意想不到的麻煩和後果。除此之外，面試人還須具有敏銳、細緻的觀察力。有時應聘者沒說或不說的，可能比說的更重要、更有價值。他們的一些舉止和表情可能說明很多重要的問題。因此，在面試過程中，面試人要善於觀察和分析，能透過現象看本質。

面試過程中，面試人特別是主持面試的人必須講究一定的方法和技巧，並遵循下列原則：

（1）認真負責。

（2）設法使應聘者保持平靜、輕鬆。

（3）提問盡可能直接了當。

（4）問題要有啟發性，不要用簡單的「是」或「否」就能回答，要引導和鼓勵應聘者多說話。

（5）讓應聘者回答問題時有充分的思考時間。

（6）要善於傾聽。一是不要自己唱獨角戲，二是聽對方說話時，不要只注意對方怎麼說，而是要注意對方說了些什麼。

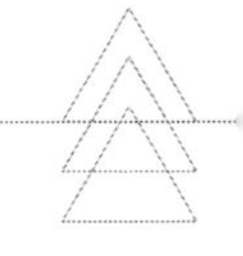

(7) 多問「怎麼樣」和「為什麼」。

(8) 不要隨便打斷對方的回答和提問，盡可能讓其說完。

(9) 語言要簡明扼要。

(10) 不要暴露你的觀點和情緒，是你瞭解對方，而不是讓對方瞭解你的傾向。

(11) 如果應聘者回答不夠清楚，可歸納一下你所理解的意思，以求澄清。

(12) 不要隨聲附和或喋喋不休。

(13) 有疑問時要追問。

(14) 要珍惜雙方的時間。

(15) 要給對方提問的機會。

(16) 避免提出一些不便問和不能問的問題。

(17) 不要對沒有專業經驗的人使用行話術語。

(18) 實事求是地回答對方提出的問題。

(19) 注意觀察，所有與應聘者的接觸、交流，都帶有評估的目的。

(五) 面試後的工作

(1) 整理面試記錄。

(2) 進行總結分析，對應聘者做出具體的評價。評價意見和結論不能簡單籠統，儘量不用「優、良、中、差」等評語，通常越具體、越形象越好。

(3) 核對有關資料。

(4) 做出結論或決定，即應聘者是否合格、能否錄用等。

(5) 盡快將決定告知應聘者。如果決定不錄用，告知對方時要注意方法，不能傷害他們的自尊心。特別需要注意的是，有時有的應聘者不能被錄用，並非他們不適合飯店的工作，只是飯店暫時沒有適合的職位，儘早、盡快地將錄用決定告知被錄用的應聘者，可以防止飯店流失理想的人才。

(6) 整理並保存所有應聘者的求職申請表。即使未被錄用的人，他們的申請表也有保存的價值。飯店可以用這些申請表建立人才資訊庫。

(7) 測驗、考試或調查核實。如果面試所掌握的情況還不足以證明應聘者是否合格、能否錄用，或對應聘者的某些情況尚有疑問，飯店還可對應聘者進行測驗、考試或對某些情況進行專門的調查核實。測驗和考試的內容主要是有關知識和技能等，測驗和考試的方法主要有筆試、操作考核等。調查核實的方式方法多種多樣，如面訪、電話、推薦信及其他書面證明材料等，其中面訪最可靠，電話核實最省時，推薦信及其他書面材料往往最不可信。

面試最好由用人部門的負責人負責，是否錄用的決定權也應在用人部門，而不能由飯店的人事部門一包到底。客房部的招工面試，通常是由客房部經理或副經理負責。在已經運營的飯店裡，有時也讓有關主管參加，其目的是讓主管直接瞭解應聘者的情況，發表他們的意見。因為主管透過面試，能夠判斷應聘者將來能否成為與自己和其他同事合作共事的夥伴。員工之間和諧、協調的關係非常重要，是團結合作的基礎。經理或副經理在做決定時，應儘量尊重主管的意見。

五、招聘員工時的注意事項

(1) 要更新觀念，適應社會的進步和行業的發展。

(2) 不要以木代林，不能因為應聘者具有某些突出的優點而忽視其整體素質。

(3) 不能以貌取人，不可被應聘者漂亮的長相、華貴的服飾、外向的性格所迷惑，因為這些表面的東西與能否做好工作沒有內在的聯繫。

(4) 過於籠統的回答、輕率的表態往往不可信。應聘者如果只是簡單地說「真的」、「很想」得到這份工作，而說不清或不解釋為什麼，切勿盲目輕信。

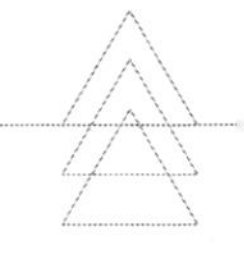

(5) 不要過於在乎應聘者的社會地位、資歷背景。

(6) 不要被口若懸河者所欺騙，也不能認為沉默寡言者就是忠厚老實。

(7) 不能混淆優缺點，野心和雄心、狂妄和自信、自卑和謙遜、愚笨和忠厚、狡詐與深沉、隨便和靈活、輕浮與熱情等並非是一回事。

(8) 要避免錄用「趕浪頭」的人，這種人見異思遷，「追新求異」，只要有機會就會改換門庭。

(9) 不要過分看重應聘者的「經驗」，一張白紙容易畫出精美的圖畫。

(10) 「內向」、「老實」已不再是現代飯店服務人員的優點。

(11) 「不漂亮」、「年紀大」往往也有其獨特的優勢。

(12) 能做經理的人不一定是個合格的服務員，技術能手也未必勝任、經理。

(13) 文憑不能代表水平，知識未必就是能力，能力不能完全反應素質。

第三節 客房部的員工培訓

飯店管理水平的高低、服務質量的優劣甚至飯店的興衰成敗，很大程度上取決於飯店員工的整體素質，而員工的素質高低又很大程度上取決於飯店對員工培訓的重視程度。因此，客房部必須高度重視、認真做好員工的培訓工作。

一、培訓的意義

(一) 提高工作效率和質量

培訓，是指培訓者將有關理論知識和經長期工作實踐證明的最好的方法和經驗傳授給培訓對象。培訓對象學會和掌握這些方法和經驗，並在工作中加以運用，不僅可以節省時間和體力，而且還能減少失誤和差錯，保證工作質量，從而達到事半功倍的效果。

(二) 降低消耗

經過培訓、達到合格標準的員工在工作中可以減少或避免因意識不強、方法不當、經驗不足而造成的人力、物力浪費，從而有效地降低消耗。

（三）提供安全保障

員工經過培訓，可以增強安全防範意識、掌握安全操作規程、提高預防和處理安全事故的能力，從而降低工作中安全事故的發生率。

（四）加強溝通、改善管理

內容豐富、形式多樣的培訓，對交流思想、溝通資訊、改善環境、活躍氣氛、消除隔閡、加強合作等都是十分有益的。管理者可以透過培訓，加強與員工之間的溝通和瞭解，增強集體的凝聚力，從而促進管理水平的提高和服務質量的改善。

（五）提高員工的自信心、增強員工的安全感

員工經過培訓，具備了適應和勝任工作的能力，並能在工作中有所作為，自然就會提高自尊心和自信心，增強自己的職業安全感，從而安心工作。

（六）為員工晉升創造條件

培訓可以使員工的業務水平和綜合素質不斷提高，不僅能夠勝任本職工作，甚至可以承擔更重大的責任，具備獲得晉升的條件。

二、培訓的類型

（一）入店教育

入店教育的對像是剛招聘的新員工，這項工作通常由飯店的人事培訓部負責。在一些規模較大的飯店裡，幾乎每天都有新員工入職。為了便於統一安排對新員工進行入店教育，飯店通常規定每星期一為新員工入職日，各部門招聘的新員工都在這一天來飯店報到，人事培訓部統一對其進行入店教育。入店教育的主要內容包括：舉行歡迎儀式；學習飯店的員工手冊；熟悉飯店的環境、瞭解飯店的情況；辦理有關手續；解疑釋難。

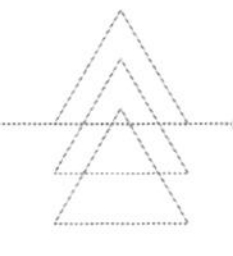

新員工的入店教育是一項非常重要的工作。各飯店的人事培訓部門都應有一套完整的方案。入店教育結束後，新員工即可到聘用部門去接受上崗前的培訓。

（二）崗前培訓

新員工在上崗前必須接受專門的業務培訓，培訓結束後，還須接受嚴格的考核。考核合格才能正式上崗。新員工的崗前培訓是飯店培養和造就合格員工的最佳時機。客房服務員的崗前培訓內容主要有：

本部門的組織機構及職位職責；本部門的規章制度；安全守則；禮貌禮節；儀表、儀容及個人衛生要求；溝通技巧；客房常識；清潔器具的使用和保養；清潔劑的使用方法和注意事項；客房清潔保養的程序和規範；對客服務的程序和規範；樓層的投資管理；各類表單的使用。

（三）在職培訓

對在職員工進行培訓是客房部及整個飯店培訓工作的重點，也是客房部及整個飯店日常工作的重要內容。那種認為培訓只是為了開業、培訓只是為了可以上崗的思想是非常錯誤的。員工的在職培訓主要有以下幾種形式：

日常培訓。日常培訓是指在日常工作中對員工進行的培訓。這種培訓不需專門安排和特別準備，也不會影響正常工作，通常是管理人員對其下屬進行臨時的個別指導和訓示，或者利用各種機會，對某些員工進行適當的提示或幫助。目的在於強化員工的質量意識、培養員工良好的工作習慣、提高員工的業務水平和工作能力，使部門或班組工作日趨規範和協調。日常培訓方便實惠、針對性強。各級管理人員要善於在日常工作中發現機會、合理安排。

專題培訓。隨著工作標準和要求的不斷提高、飯店內外各種因素的經常變化，客房部有必要對員工進行針對性的專題培訓，強化員工的進取心、提高適應能力。

交互培訓。交互培訓是在員工做好本職工作的前提下，安排員工學習其他職位的業務知識和操作技能。這種培訓可以在部門內部進行，也可以跨部門安排。透過交互培訓，可以使員工一專多能，既能豐富員工的工作內容，又有利於部門內部或部門之間的人力調配。

下崗培訓。對於一些不稱職的在職員工，如果尚未達到可以解除勞動合約的地步，可以讓他們暫時下崗，接受培訓，透過培訓重新安排工作。

脫產進修。對於一些專業性較強或準備提拔晉升的人員，以及由於其他某種原因而必須接受培訓的人員，飯店或部門可以讓他們脫產，參加一些專門的培訓班或到專業院校進修學習。雖然這種培訓的費用較高，甚至對目前工作有一定的影響，但從長遠利益考慮，對個人和單位雙方都是有益的。

（四）發展培訓

發展培訓的主要目的就是培養管理人員和業務骨幹。透過培訓使其能夠擔任更高層次的職務或承擔更重大的責任，發揮更大的作用。這種培訓的內容和方式等需根據培訓對象的基礎及發展的目標與具體情況來確定和安排，通常要有一套系統的方案，包括培訓的內容、要求、時間安排、指導老師、培訓方式、考試辦法等。

這裡需要特別強調的是，對準備提拔和晉升人員的培訓問題為許多飯店所忽視。目前，很多飯店存在的共同問題是忽視對這部分人員到職前的培訓，往往是一經任命立即就職。例如，今天是客房樓層主管，明天就是客房部經理；今天是客房服務員，明天就是領班、主管。這種做法過於簡單，甚至有些草率。儘管這些人員可能是經過長期考察的，有基礎也有潛力，但提拔晉升並非簡單的職務變更，而最根本的是工作環境、工作內容、責任範圍以及工作性質的變化。如果被提拔晉升的人沒有經過相應的發展培訓，就任新職後往往需要一個較長的適應過程，而在這一期間，他們會遇到很多新的問題和困難，甚至會遭受一些挫折，從而影響信心、影響威信，難以有效地開展工作。

三、培訓的原則

（一）因材施教原則

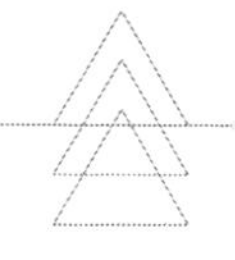

由於員工的智力、能力和經驗是有差異的，因此，在對員工進行培訓時，一定要針對不同的對象、根據不同的內容和要求，選擇適當的培訓方式，並合理安排培訓進程，保證培訓的效率和效果。

（二）壓力和動力相結合的原則

要想使員工都能認真刻苦地學習，必須要有一定的壓力。常用的辦法是規定進程、明確目標實行考核。另外，僅有壓力往往是不夠的，員工如果只是被動地應付，就難以收到良好的培訓效果。因此，動力也是必要的。培訓者要注意培養學員的學習興趣，調動學員的學習積極性。動力是由一系列因素激發出來的，其中很重要的一點，就是讓他們感受到學和不學不一樣、學好學壞也不一樣。有些飯店把培訓與定級、晉升、薪金分配等聯繫起來。在培訓中，如果能把動力和壓力有機地結合起來，必然能夠提高培訓工作的效率和質量。

（三）循序漸進的原則

在培訓過程中，目標的制定和進程的安排必須遵循循序漸進的原則，不能把目標定得太高，也不能把進程安排得太快，要有一個逐步提高和充分消化的過程。對於沒有基礎的新員工和學習能力差的在職員工，如果培訓目標過高、培訓進程太快，常常會因為難以達到要求或跟不上進度而失去信心。

（四）標準化原則

對員工進行業務培訓時，必須強調絕對標準。飯店的很多工作都是非對即錯、不好就壞，沒有模棱兩可的結果。例如，客房服務員絕對不能把客用布件當抹布使用，絕對不能與客人爭吵，任何時候遇到客人都必須微笑問候等。強調絕對標準，有利於增強員工的質量意識，培養員工良好的工作習慣。當然，強調標準與培養員工的靈活應變能力並不矛盾。靈活應變是指處理問題的方式方法可以靈活多樣，但最終的結果必須符合規定的標準，原則上不能有差錯。例如對客服務的方式方法可以根據對象的不同而多種多樣，但結果都必須使客人滿意。能達到客人滿意的服務就是好的服務，客人不滿意的服務就是不好的服務。

（五）實用性原則

培訓必須保證實用。對員工進行培訓，在內容、方式、要求上都必須實用，一要適合本飯店的實際需要，二要取得實實在在的效果，不能只是為培訓而培訓。

（六）系統性原則

培訓工作必須講究系統性。即飯店必須進行全員、全方位、全過程的培訓。

全員培訓。飯店的全體員工，包括前臺和後臺、領導和職工、新員工和老員工都必須接受培訓。只有進行全員培訓，才能統一認識、統一行動、統一標準，如果只重視對前臺員工的培訓而忽視後臺員工的培訓；只重視新員工的培訓而輕視老員工的培訓；只重視基層員工的培訓而忽視中高層管理者的培訓，其結果可想而知。

全方位培訓。培訓的主要目的是提高員工的綜合素質，而素質包括很多方面，如知識、技能、態度、習慣等。如果培訓只重視其中的某個方面，如重技能，輕知識；重動手，輕開口；重表面，輕實質等，就很難提高員工的綜合素質，員工也很難成為優秀的員工。

全過程培訓。培訓是飯店的一項長期性工作，而並非一段時間或某一階段的突出性任務。社會在進步，行業在發展，人也會變化，如果沒有常抓不懈的培訓，員工就會落後，飯店就會衰敗。因此，飯店必須始終把培訓當作一項戰略性工作，高度重視，常抓不懈，將培訓貫穿於飯店經營管理的全過程。

（七）科學性原則

飯店在制定培訓目標、確定培訓內容、選擇培訓方式、安排培訓時間等培訓的各方面工作時，都要尊重科學，講求合理，而不能隨心所欲，盲目行事。

四、培訓的方法

（一）講解

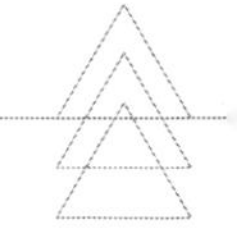

很多培訓都會採用講解的方法，即透過老師的講解向學生傳授知識和經驗。這種方法往往也是最枯燥的方法。採用這種方法，一方面對老師的要求很高，另一方面對場地和教學設備也有很多要求。沒有這方面的條件做保障，講解很難收到很好的效果。

（二）示範訓練

這種方法主要適用於技能培訓，即透過老師演示、學員模仿來培訓學員的操作技能。

（三）專人指導

專人指導多用於對新員工的培訓。新員工一般都有一些陌生和侷促感，要讓他們盡快適應環境，熟悉工作，融入集體，較好的方法就是為其安排專門的指導老師，對其進行個別的、甚至是一對一的幫助和指導。

（四）角色扮演

角色扮演是一種能夠將學習和興趣、特長結合起來的培訓方法，常常由學員分別扮演各種特定的角色，如服務員和客人等，這些學員在表演過程中可感受氣氛，獲得知識，悟出道理，而其他觀看的學員也能同時受到啟發和教育。

（五）情景教學和案例分析

由培訓老師設計一些情景或給出一些案例，讓學員進行討論和分析，找出答案和解決問題的辦法。這種方法對於培養員工分析問題、解決問題的能力非常有效。

（六）對話訓練

對話訓練往往與角色扮演、情景教學結合使用。透過對話訓練，提高員工的口頭表達能力，這對對客服務的員工來說十分必要。服務人員既要能動手操作，又要會開口說話。從一定意義講，開口說話比動手操作更重要，不會說話就不能與客人進行交流，就不能對客人進行宣傳和推銷。

（七）其他方法

客房部的員工培訓除了以上幾種方法外，還有一些非常方便、很有實效的方法可以採用，如影視錄像、照片圖表、參觀考察、交流研討、模擬演習、單項競賽等。總之，教無定法，在實際工作中，可根據需要而靈活多樣，原則是重實效、輕形式。

五、培訓的注意事項

(1) 培訓必須由合格的老師來承擔。飯店應高度重視對培訓老師的培養和選擇。

(2) 培訓普通員工時，只能教「應該怎麼做」，而不能講「不該怎麼做」，以免弄巧成拙。

(3) 不能使用陳舊過時的培訓資料。

(4) 不能急於求成，要先保質量，後求速度。

(5) 培訓技能時，老師應將一套動作完整地演示幾次，然後才能分步驟練習。

(6) 不要歧視學習能力差的學員，因為這些人雖然要比別人花費更多的時間和精力才能達到培訓要求，但他們普遍珍惜工作，一般不會主動要求辭職或調動。

(7) 要明確標準，適時評估。

(8) 要建立員工的培訓檔案。

(9) 為了防止員工培訓後「跳槽」，可簽訂培訓合約或實行有償培訓。

第四節 勞動力的安排與控制

勞動力的安排與控制既是客房部人力資源管理的一項重要內容，又是客房部運營過程中的一項日常性工作。對勞動力進行合理安排和有效控制，一方面能夠保證客房部的正常運作，另一方面能夠避免人力浪費。

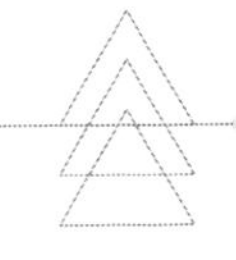

客房部勞動力的安排與控制是一項比較複雜的工作，這是由客房部工作的特點決定的。客房部工作的隨機性很強，其工作任務和工作量經常變化，沒有一個固定的標準，而勞動力安排與控制的主要依據就是具體的工作任務和工作量。在編制定員時，雖然對各個工種和職位所需配備的員工數量都是經過科學計算的，但在實際運行中，這一數量與日常工作的實際需要往往並不吻合。例如，客房服務員的編制主要是根據預計平均客房出租率確定的，而客房出租率是受各種因素影響而經常變化的，時高時低。客房出租率的變化，必然造成員工餘缺問題的出現。因此，如何避免和有效解決這一問題，就成了客房部管理者必須研究的重要課題。

一、採取合理的用工制度

用工制度對客房部勞動力的安排與控制有著直接的影響。針對客房工作變化多、隨機性強這一特點，在企業性質的飯店裡，客房部最好採用固定工和臨時工相結合的用工制度。如果當地的勞動力資源比較充足，客房部在編制定員時，非技術性工種的固定工人數可適當少一些，以滿足最小工作量時的用工需求為標準。這就可以有效地避免因工作量較少而造成的人員閒置和浪費現象。當客房出租率較高、工作量較大時，飯店可適當招聘一些臨時工來緩解人員緊張的矛盾。對臨時工可採用計時或計件工資制，確保飯店所付出的工資費用與所得到的回報相一致。如果當地的勞動力資源不夠充足，客房部則應將固定工的編制定得充裕些，以免一旦忙起來因無法補充人員而使大家都疲於奔命，甚至連正常的工作節奏都被打亂，造成質量下降、缺勤率高而陷入惡性循環的窘境。

對於大部分地區的飯店來說，勞動力資源都還是比較充足的。客房部採取固定工和臨時工相結合的用工制度是完全可行的，但應處理好質量和效益的關係。首先，要打破計劃經濟時代的傳統習慣，大膽改革用工制度。其次，要高度重視員工隊伍的穩定性。相對而言，臨時工的穩定性不如固定工，如果使用大量的臨時工，一方面會增加飯店的培訓工作量，另一方面，員工頻繁流動，又會影響飯店的正常運作和工作質量。

目前，很多飯店都與本地甚至外地的職業學校建立良好的合作關係。對於飯店來講，職業學校的實習生是優質的廉價勞動力，對於職業學校來講，飯店是穩定的實習基地。但值得飯店注意的是，實習生的供需關係已經發生了變化，在很多地區，過去是學校有求於飯店，而現在是飯店有求於學校，甚至一些境外飯店也在參與競爭，因此，飯店在對實習生的管理上，觀念和做法必須進行調整。

二、改革分配制度

分配制度對於調動員工的積極性、提高質量、控制費用等方面起著關鍵作用。合理安排和控制勞動力的基本目的，也正是為了在充分調動員工積極性的基礎上，最大限度地保證運行、提高質量、減少工資支出。

客房部大部分員工所承擔的工作都是可以計時計量的，因此，對於這部分員工，完全可以實行計時工資或計件工資。實行計時工資或計件工資制度時，客房部要注意以下幾點：第一，要合理制定工資標準，即單位小時或單位工作量的標準工資；第二，根據工種性質和工作任務確定對哪些員工實行計時工資，哪些員工實行計件工資，既要合理，又要便於操作；第三，要建立健全嚴格的質量考核制度，因為無論計時還是計件，都有可能促使員工過分追求速度而忽視質量；第四，要儘量保證員工的基本收入。對於業務較好的飯店來說，員工基本上都能有比較充足的工作量，而且比較穩定，其收入也比較有保障，因此會安心工作。而在業務比較差的飯店，員工的工作量不穩定，有時甚至可能無事可做，他們的收入就沒有保障，工作時就不會安心。在這種情況下，飯店就應該採取適當措施，如保證基本工資等，以保持員工隊伍的穩定性。

三、根據客情變化靈活排班

由於客情是不斷變化的，客房部的工作量也因此而不斷變化。客房部的員工排班必須依據客情變化而靈活操作。原則是首先安排固定工，然後根據工作量的變化而適量安排臨時工。要想保證排班的合理性，客房部的有關管理人員必須準確地瞭解客情、重視客情的預測預報。具體要求有：

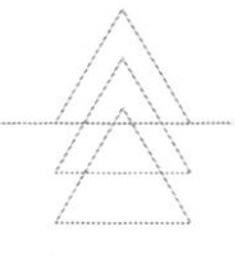

(1) 客房部經理要提前一週瞭解下一週的客房出租情況。

(2) 客房部經理要提前一週瞭解下一週的各種重大活動安排計劃。

(3) 客房部經理每天都要瞭解當日的客房出租率及客房安排使用情況。

(4) 客房部經理每天都要瞭解當日的客人進離店情況。

(5) 客房部經理每天都要瞭解預計次日客人進離店情況。

客房部必須建立客情預測預報制度，並能做到根據預測預報的客情提前排班，再根據客情的變化靈活調配人力。

四、制定彈性工作計劃、控制員工出勤率

制定彈性工作計劃、控制員工出勤率是保證客房部正常運行，避免員工餘缺的一項有效措施。客房部透過制定各種工作計划來調節日常工作的節奏、平衡日常工作總量，可以保證在客情不好時也能人人有事做，客情很好時也能事事有人做。如計劃衛生、臨時清潔保養、員工培訓等都是很好的調節辦法。控制員工出勤率的辦法也有多種多樣，除了利用工資獎金的分配制度和考核辦法外，還可透過合理安排班次、輪休補休等措施，來減少員工缺勤或閒置浪費。

五、在部門內部或跨部門進行勞動力的合理調配

在客房部，經常會出現各職位之間業務量不均的現象，有些職位任務繁重、人手不夠，而有些職位則工作量不足、人手富餘。就整個飯店而言，這種情況也經常發生。這時，客房部能在部門內部調配的則在內部調配，如果內部調配仍無法解決問題，則可透過飯店的人力資源部跨部門調配。為了保證做到這一點，飯店管理者首先要在觀念上有所突破，不要既分工又分家，各自為政;其次，要在制度上、措施上加以保證。最後，飯店要加強交互培訓，使大部分員工一專多能，這既有利於飯店臨時性的人力調配，又有利於調動員工積極性和飯店的人員調整。目前，有些飯店成立檢查小組，由人力資源部管理，其成員都是經過全面培訓的多面手，能夠勝任飯店前臺各職位的服務工作，且集中住在飯店的倒班宿舍。當某些部門的人手不夠時，由這些部

門向人力資源部提出申請，經核准，檢查小組的員工可以前往幫忙。這種做法是一種非常有益的嘗試，值得推廣。

勞動力的安排與控制是一項原則性和靈活性很強的工作，客房部在勞動力的安排與控制中要注意以下幾點：

（1）不得違反國家和地方政府的有關政策法規。

（2）控制工資費用不能以降低質量標準為代價。

（3）要控制用工的主動權，特別是臨時工的使用和安排。

（4）不要忽視員工隊伍的穩定性。

（5）要把臨時工和實習生當作正式工、固定工去使用和管理，尤其要公平對待。

（6）要重視對臨時工和實習生的培訓，價廉還須質優。

第五節 員工的考核與評估

員工的考核、評估通常是指管理人員依據既定的標準，按照一定的程序，採用適當的方法對下屬員工進行綜合考核和評定，並提出希望和要求。透過考核、評估，管理者獲得對員工進行工資獎金分配、提拔晉級、調職、培訓等的依據，有利於發現、選擇和使用人才，調動員工的積極性；員工可以瞭解自己的工作表現和實績，瞭解上司對自己的評價及希望和要求，從而認識自己，消除疑慮，明確目標，增強自信。因此，考核、評估對飯店和員工雙方都是非常必要的，客房部管理人員必須高度重視並切實做好這項工作。

一、考核、評估的方法

考核、評估的方法多種多樣，但其基本內容都是相似的。一般說來，只要簡單明瞭、無需花費太多的時間和精力，能夠對員工做出客觀公正的評價，並被員工所接受，達到考核、評估基本目的的方法，都是好的考核、評估方法。

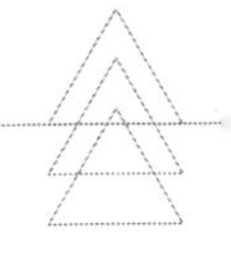

（一）計分考核法

所謂計分考核法，就是先確定每項考核內容的分值和要求，考核時，根據員工的具體表現，對照要求，評定出該員工的具體得分。

計分考核的問題是如何解釋和說明考核的內容和標準。如積極性，什麼是積極性？對積極性有什麼要求？做到什麼程度才是好的？有些內容和標準很抽象，也很難解釋和說明，操作中很難把握，因此，對於考核的內容和標準必須要有統一的解釋，考核雙方的理解必須一致。

採用計分考核法還要注意權重分配的合理性，要有所側重。每項考核內容的分值要根據員工所在職位的職責及工作的性質和特點來確定。另外，評分要有統一的尺度。

（二）表格評估法

表格評估法是將評估的內容、標準及評估的結果等所有項目和要求，用表格的形式詳細列出，評估時，雙方依據表格逐項討論，最終由考評者對被考評人進行逐項評定。這種方法簡單明瞭、方便操作，實踐中被廣泛採用。

（三）重要事件評估法

如果有些工作的實際成績難以量化，管理人員就可採用重要事件評估法，對有關員工進行評估，其基本做法是對有關員工在某一期間或某項工作中的突出成就或缺點錯誤進行評估。這一做法實際上與抽樣評估相似，而沒有全面評估可靠，且管理人員必須將平時所瞭解和掌握的情況及時記錄下來，否則容易遺忘或疏漏。另外，如果管理人員對被評估的員工有成見，採用這種方法進行評估就難免有偏向。

（四）工作效率考核法

工作效率考核法主要用於考核評估員工操作技能的熟練程度及綜合業務水平。如客房服務員打掃一間住客房或走客房通常要用多長時間，一個人一個班次能打掃多少間客房等。

（五）排列名次評估法

就是根據員工的實際表現和綜合成績，將對員工的評估結果用名次排列出來。具體做法是從最好和最差排起，如果一個班組有 20 個員工，最好的為 1，依次為 2、3、4……10；最差的為 20，依次為 19、18、17……11。這樣就可將全班組人員分別評定為第一到第二十。這種方法比較簡單，只適用於不公開評估，如果公開評估採用這種方法，很容易傷害員工的自尊心，也容易掩蓋員工突出的優缺點；另外，如果員工數量很多，就很難合理地排定名次，因此，這種方法不宜多用。

（六）對比評估法

對比評估法是將小組某一成員與其他成員進行一一對比，透過對比做出評估結論。這種方法的好處是評估人無需將所有員工的情況全部記住；缺點是費時、煩瑣，如果班組成員過多，工作量太大。因此，此方法顯得不夠實用。

（七）重點考核法

在多項評估內容中，真正能夠說明問題、起重要作用的往往只有其中最基本的幾項。因此，在對員工進行評估時，要抓住重點，分清主次，注意重點考核，對不太重要、意義不大的項目或適當減少，或所定分值要少。

二、考核評估的程序

（一）觀察與記錄

客房部各級管理人員在平時的工作中，要對下屬員工的工作表現進行細心的觀察、嚴格考核，並注意聽取有關人員的反應，包括批評與表揚，做好記錄。另外，對平時使用的工作表單要進行收集整理和存檔，為評估提供依據，做好準備。觀察記錄的主要內容有：出勤情況；完成的工作量和工作指標；工作質量；業務水平及工作能力；道德品質；自覺性和責任心；服從性、合作性和可依賴性；進取精神和創新能力；守紀情況；客人及員工投訴；其他。

（二）評估

管理人員對下屬進行評估時可採用多種方式，一般以面對面、一對一的方式為宜。採用這種方式有利於雙方開誠布公、減少顧慮，能夠取得雙方滿

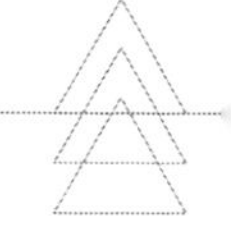

意的結果。評估的過程也是雙方溝通交流的過程；再者，評估不是目的，只是形式，評估過程中，雙方可以平等交流，就某些問題各抒己見。

（三）形成評估意見

雖然在評估過程中，雙方可以討論，但最終的評估意見仍應由評估人提出。評估人通常需填寫評估表格。表格由飯店或部門統一印製。評估人根據表格中所列的內容和要求，對被評估的員工進行最終評定。評定意見形成後，可以與被評估人見面，如果被評估人沒有意見，則請其在表格中簽名認可。如果被評估人有意見，評估人則需做適當的解釋說明。如果經過解釋說明仍不能達成一致意見，可由人力資源部負責人約見被評估人，聽取其意見並做適當處理。

（四）存檔

評估的書面材料要存檔保管，正本存入員工個人檔案，副本報送部門主管。

三、考核評估的注意事項

（一）考核評估的期限

客房部員工的考核評估最好每半年一次。間隔的時間太長，考核評估人員可能會忘記員工的整個表現，而著重於最近的表現，使考核評估的結果不能全面準確；間隔的時間太短，則會將考核評估變成例行公事。通常對新員工的考核、評估可以多一些，尤其是在試用期間，一般可以每週或每月一次，以促進其努力工作，試用期滿後總評一次。平時如遇特殊情況，可對有關員工進行特殊考核評估。

（二）考核評估者的人選及要求

客房部對員工進行考核評估時，可以成立專門小組，小組由被評估者的直接領導、部門負責人、人力資源部的代表及員工代表組成。有些飯店還會邀請工會代表參加。評估由被評估者的直接領導和部門負責人主持，主要意見也應來自於他們。其他人則起輔助和監督作用。負責考核評估的人員必須熟悉考核評估制度，瞭解考核評估的意義、目的，掌握考核評估的方法和技巧，公正、嚴明，認真負責。

（三）考核評估制度的制定

任何制度的制定和實施都需要所有相關人員的理解、支持和配合。為了保證這一點，客房部考核評估制度應由全體員工參與制定，而不能只由管理人員或少數人制定。管理人員可以先制定草案，然後交給全體員工討論，未經全體人員討論透過的草案不能生效。

（四）考核評估的公正性、合理性和可靠性

客房部的員工考核評估工作必須做得公正、合理、可靠。為了做到這一點，考核評估中要避免犯以下幾種錯誤：

光環效應。很多人都習慣於根據他人最明顯的特徵對其進行評價。一個人緣好的服務員，要比人緣差的服務員容易被評為優秀服務員。人們如果對守時的人有好感，對一個經常遲到、辦事拖拉的人的評價往往比他的實際表現更差。人們很容易只根據他人的某一特徵和自己的喜好，給別人貼上「好人」或「壞人」的標籤，而不善於全面冷靜地分析，做出客觀、公正的評價。這種僅憑某些特徵來衡量和評價人的優缺點的習慣和做法就叫做光環效應。光環效應往往以某些特徵掩蓋其他特徵，以偏蓋全。光環效應可能是正效應，也可能是負效應，但無論哪種效應都不客觀。

好人主義。就是考核評估者給每個人都打高分，不願得罪人。這種情況在實際工作中常常發生，尤其是在對管理人員或某些特殊員工的評估中，這種現象就更為普遍。其實，如果大家都好，真正優秀、傑出的人就得不到承認，對他們就很不公平。

中間傾向。有些考核評估人員總認為人都是差不多的，不好也不壞，於是他們給每個人都打中間分，或接近這個數，而看不到每個人的差異。

（五）考核評估的要求與技巧

（1）要充分肯定員工的優點和長處。

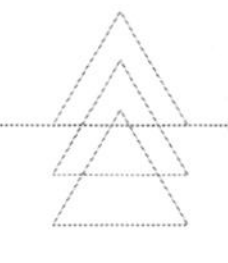

(2) 客觀地指出員工的缺點錯誤和不足之處。

(3) 要真心誠意地給員工以忠告和幫助。

(4) 要幫助員工規劃個人目標，並指出努力方向。

(5) 要注意保密。

(6) 要把常規評估與特殊評估相結合。

特殊評估主要是在員工表現很好、有突出成績，或員工表現不好、出了問題的時候進行。尤其當發現員工表現不好時，管理人員一定要對其進行評估，及時評估可以給其提供改正錯誤的機會。在對員工進行特殊評估時（員工表現不好時），應採用下列技巧：

(1) 選擇合適的場所和時機，與員工進行單獨交談。單獨交談即一對一的交談，一般不讓第三人參加做旁聽或記錄。交談要有誠意。

(2) 對發生的問題要儘早解決。若不能做到這一點，則說明管理者無能，或缺乏解決問題的誠意。

(3) 直接談及問題，無需繞彎子、兜圈子。

(4) 交談時不要使對方處於防衛狀態。

(5) 必要時，應對員工表示理解和同情，但不能庇護其缺點和錯誤。

(6) 認真聽取對方的說明和解釋，要明確對方的真實目的和想法。

(7) 避免談及與現在無關的過去的錯誤。

(8) 交談發生衝突時，要冷靜控制，將焦點放在工作上，避免矛盾擴大化。

第六節 激勵法的運用及其注意事項

所謂激勵，就是透過科學的方法激發人的內在潛力，開發人的能力，調動人的積極性和創造性，使每個人都能切實感到人有所展、力有所為、勞有所得、功有所獎、過有所罰。激勵的過程就是促進員工努力工作的過程。

一、激勵的重要性

美國哈佛大學的一位學者曾經指出，絕大部分的員工為了應付企業指派的全部工作，一般只需要付出自己能力的 20% ～ 30%，也就是說，員工為了「保住飯碗」，在工作中發揮的效能，只是其本身能力的很小部分。如果員工受到有效的激勵，則將付出他們全部能力的 80% ～ 90%。由此可見，激勵對員工潛在能力和工作表現具有很大的推動力。

激勵對飯店員工來說是非常重要的，他們只有在激勵的作用下才有可能充分發揮主觀能動性和創造性，才能挖掘他們最大的潛能，而這正是飯店工作所需要的。飯店的所有員工，從總經理到服務員都需要激勵，激勵是針對全體員工的一種人力資源管理方法。另外，管理者要想使員工長期保持較高的工作效能，就必須對他們進行持續有效的激勵。

由於人們對飯店客房工作的認識問題，以及客房工作本身所固有的一些特點，客房部員工更需要激勵。因此，客房部管理人員不僅要把激勵當作人力資源管理的方法，而且還要把激勵當作日常管理工作的一部分。

二、激勵的方式

信任是對人的價值的一種肯定和認可。員工受到信任，尤其是領導的信任，便會產生榮譽感、增強責任心和自信心，從而在工作中積極主動，充分發揮自己的主觀能動性和創造性。管理者要做到這一點，首先要使自己的認識水平和管理水平達到一定的層次；其次要善於授權。對於客房服務員來說，在得到領導的信任後，要合理運用自主權，靈活妥善地處理好服務過程中的一些具體問題，以不違反原則為前提，以做好工作為標準，把工作做得讓領導放心，使客人滿意。

「員工是企業的主人」這句話幾乎成了很多企業管理人員的口頭禪，在飯店也是這樣，但要真正做到這一點卻並不容易。事實上，很多管理者還沒有根本改變把員工看成是「經濟人」的觀念，而把企業與員工的關係看成簡單的僱傭關係，因此，也就忽視對員工的尊重。所謂尊重員工，並非只是口

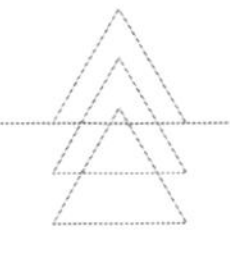

號，而是要求管理者切實尊重員工的地位、尊重員工的人格、尊重員工的感情。從目前飯店客房管理工作的現狀來看，管理者應特別注意善待員工。

根據客房部工作的特點和員工的某些特性，客房部的員工激勵可以細分為兩種具體方式，即正激勵和反激勵。

（一）正激勵

所謂正激勵，就是採用表揚、獎勵等積極的手段和方法，對員工進行激勵，這種方式是激勵的主要方式。

(1) 正確處理與員工的關係。管理者與其下屬在工作上是領導與被領導的關係，有上下之分，但在人格上則是完全平等的。飯店為了保證服務質量，要求服務員笑臉迎客、熱情待客，這是完全正確而合理的，但如果管理者在服務員面前的表現卻是另一番景象：一臉冰霜、不苟言笑、冷漠無情、好擺架子、常發脾氣，服務員的感受可想而知。作為管理者必須清醒地認識到其自身的榜樣作用對下屬的影響是不可估量的。常言道：「上行下效」，管理者怎樣對待服務員，服務員就會怎樣對待客人，可以說這是一些飯店成功的經驗和失敗的教訓。

(2) 正確對待員工的需求。對於員工的需求，管理者要充分理解、正確對待，合理的需求，有條件的應盡快、儘早地予以滿足，沒有條件的要設法創造條件爭取早日予以滿足，並進行合理解釋。對於不合理或不現實的需求，要認真分析，善意對待，做好針對性的說服教育和解釋工作，而不能「飽漢子不知餓漢饑」，不能用自己的觀念和水平去要求員工。

(3) 正確對待員工的過錯。正常情況下，每個員工都是積極向上的，加之管理制度的約束，一般都不想出差錯，也害怕出差錯。儘管這樣，由於種種原因，往往也難免出些差錯，對此，管理者不能不分青紅皂白，橫加指責和訓斥，甚至暴跳如雷，而應冷靜分析，找出原因，根據問題的性質，給予必要的幫助和指導。即使依照制度必須進行批評和處罰，也要講究方式方法，使之愉快接受。

南京某飯店客房部經理處理員工過錯的原則是：不讓員工將苦悶帶到家裡，不讓員工將煩惱帶進飯店，下班高高興興，上班喜氣洋洋。員工有過錯時，都會比較緊張、壓抑，受到批評和處罰後更會苦悶和煩惱。遇到這種情況，如果按照這位經理的原則去處理，定能取得理想的效果。

(4) 善於調節員工的情緒。員工要有很好的心情，才能很好地完成工作。對於客房服務員來說，面對客人時更應該心情愉快、開朗樂觀。因此，管理人員在工作中要善於運用各種方法和手段，來調節員工的情緒，讓他們心情愉快地工作。要做到這一點，管理者應特別注意自己的情緒、態度、工作作風和方法技巧。

(5) 做好物質獎勵和精神獎勵。客房部要制定一套獎勵制度和辦法，要讓那些努力工作、成績突出的員工，獲得他們認為應該得到的、有價值的獎勵。員工是否真正被激勵，取決於兩方面的因素：獲獎的概率和獎勵的效用價值。從這個意義講，管理者應儘量提高員工獲獎的概率、提高獎勵的效用價值。所謂效用價值，是指員工對其付出努力後所獲得的獎勵在主觀上的評價。效用價值的高低，並不在於獎勵的多少，而在於獲獎者主觀上所認定的價值。對於大多數員工來說，物質獎勵實用，但精神獎勵無價。

(二) 反激勵

反激勵則是用批評、懲罰、處分等行為控制的激勵手段。這種方式如果運用得當，也能有效地促使員工恪盡職守，造成一定的積極作用。採用反激勵的方式時，應注意以下幾點：

(1) 明確目的。對員工進行批評、懲罰和處分的目的，是使工作表現不好、出了差錯或問題的員工認識錯誤、改正錯誤，進而努力改進和提高，而並非打擊、傷害。管理者要能透過消極的手段達到積極的目的。

(2) 講究準確性和有效性。所謂準確性，是指批評、懲罰和處分等要以事實為依據、法律為準繩，不能主觀臆斷，要對事不對人；所謂有效性，則是要講究方式方法，注意實際效果。

(3) 不以經濟處罰為主要手段。對犯錯誤的員工進行經濟處罰，固然能夠造成一定的效果，可以適當運用，但不能把經濟處罰當作主要手段，更不

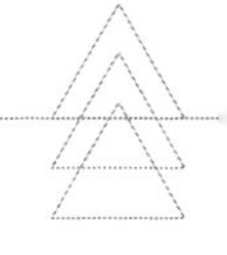

能將其作為唯一的手段。即使採用這種手段，也應掌握合理的尺度，如果處罰過重，甚至影響員工個人及家庭生活，難免會產生一定的負面影響。

三、激勵的注意事項

（一）激勵要有廣泛性

激勵的目的是調動全體員工的積極性，而不是調動少數人或個別人的積極性。因此，激勵的範圍要大，讓更多的人獲得價值較低的獎勵，要比讓少數人獲得價值甚高的獎勵更為重要。對員工來說，獲獎越難，激勵就越傾向於極少數人，結果大多數人的士氣低落。

（二）精神獎勵重於物質獎勵

對於大多數員工來說，其價值取向是精神獎勵比物質獎勵更重要、更有意義。

（三）充分利用自身條件，儘量不用現金獎勵

飯店完全有條件在不用現金時也能對員工進行獎勵，且能做到物質獎勵與精神獎勵相結合。如讓獲獎的員工住客房，帶上自己的親友（限人數）在飯店免費享受一次晚餐等。這種做法能夠取得一舉多得的效果。

（四）講究公開、公平、公正

受到表揚和獎勵的人，必須是按照標準公開確定的，不能有領導的個人主觀成分，須得到大家的公認。另外，要標準公開、做法公正。通常應對號入座，而不宜搞「民主評議」。

（五）提倡集體之間的競爭

競爭雖然能夠激發員工的積極性和進取心，但如果做法不當、控制不好，也很容易影響人際關係。通常，競爭要側重於班組之間的競爭，而不宜搞員工個人之間的競爭。如果搞個人競爭，那麼每個人都會把自己的合作夥伴當作競爭對手，因而產生不必要的矛盾，從而破壞團隊精神。

（六）批評和表揚要注意分寸

無論對員工進行批評還是表揚，都應注意分寸、講究方法。一般情況下，批評不宜公開，還要避免訓斥，否則容易傷害對方的自尊心，甚至可能激化矛盾。表揚也要適度，過度或過多地表揚，容易給被表揚的人造成太大的壓力，也會使其失去群眾基礎。

本章小結

1. 人力資源是指一切能為社會創造財富，能為社會提供勞動的人及其所具有的能力。

2. 客房部的人力資源管理工作主要包括編制定員、員工招聘、員工培訓、勞動力的安排與控制、員工的考核評估、員工激勵等內容。

3. 編制定員時就要控制好職位與員工數量，以免以後再來「減員增效」。員工招聘直接關係到員工隊伍整體素質，影響飯店競爭與發展的重要因素。招聘員工所執行的標準必須先進合理，不能因循守舊。培訓是提高員工素質的基本手段，沒有常抓不懈的良好培訓就不可能進步和提高。培訓內容豐富、方法多樣。合理地安排和控制勞動力有助於提高工作效率，降低勞動成本。透過考核評估和激勵，能夠調動員工的積極性、激發員工的潛能。

複習與思考

1. 客房部人力資源管理的意義何在？當前客房人力資源管理工作有哪些困難？

2. 詳述客房部編制定員的原則、步驟和方法。

3. 員工招聘工作有哪些主要環節？面試應聘者時要注意些什麼？

4. 怎樣才能把客房部建立成為一個「學習型的組織」？

5. 擬定一份《客房服務員崗前培訓計劃》。

6. 自定主題，編寫一份《教案》，並進行模擬教學。

7. 走訪飯店，瞭解目前飯店客房部勞動用工制度的改革情況及勞動力成本控制的主要做法。

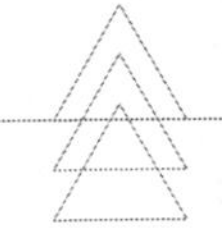

8. 在對員工的管理過程中，怎樣才能真正做到「以人為本」？

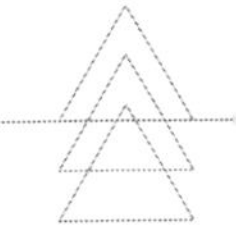

第 14 章 客房部開業籌備與客房的更新改造

導讀

對於相當一部分客房部管理人員來說，往往因為沒有直接參與客房部開業籌備的經歷和沒有直接參與客房更新改造的機會，從而造成個人專業經驗和能力的缺失，進而影響個人事業的發展。因此也就很有必要補上這一課。

閱讀重點

熟悉客房部開業籌備的全過程及具體的任務、要求與作業方法

能夠制定客房部開業籌備工作計劃，能主持實施各項具體工作

認清客房更新改造的實質與意義

學會制定客房更新改造的方案

能對客房更新改造方案的實施過程進行監控

第一節 客房部開業籌備

做好客房部開業前的準備工作，對客房部開業及開業後的工作具有非常重要的意義，對從事客房管理工作的專業人士來說也是一個挑戰。

一、客房部開業籌備的任務與要求

客房部開業前的準備工作主要是建立部門運轉系統，並為開業及開業後的運營在人、財、物等各方面做好充分的準備。

（一）確定客房部的管轄區域及責任範圍

客房部經理到崗後，首先要熟悉飯店的平面布局，最好能實地察看。然後根據實際情況確定客房部的管轄區域及客房部的主要責任範圍，以書面的形式將具體的建議和設想呈報總經理。在進行區域及責任劃分時，客房部管

理人員要從大局出發，要有良好的服務意識。按專業化的分工要求，飯店的清潔工作最好歸口管理，這有利於標準的統一、效率的提高、設備投入的減少、設備的維護和保養及人員的管理。職責的劃分要明確，最好以書面的形式加以確定。

（二）設計客房部組織機構

要科學、合理地設計組織機構，客房部經理要綜合考慮各種相關因素，如飯店的規模、檔次、建築布局、設施設備、市場定位、經營方針和管理目標等。

（三）制定物品採購清單

飯店開業前事務繁多，經營物品的採購是一項非常耗費精力的工作，僅靠採購部去完成此項任務難度很大，各經營部門應協助其共同完成。無論是採購部還是客房部，在制定客房部部門採購清單時，都應考慮到以下一些問題：

（1）本飯店的建築特點。物品採購的種類和數量與建築的特點有著密切的關係。例如，通常客房樓層多需配置工作車，但對於某些別墅式建築的客房樓層，工作車就無法發揮作用；再者，某些清潔設備的配置數量與樓層的客房數量直接相關，對於每層樓有 18 間～ 20 間左右客房的飯店，客房部經理就須決定每層樓的主要清潔設備是一套還是兩套。此外，客房部某些設備用品的配置還與客房部的勞動組織及相關業務量有關。

（2）本飯店的設計標準及目標市場定位。客房管理人員應從本飯店的實際出發，根據設計的星級標準，參照國家行業標準製作清單，同時還應根據本飯店的目標市場定位情況，考慮目標客源市場對客房用品的配備需求。

（3）行業發展趨勢。飯店管理人員應密切關注本行業的發展趨勢，在物品配備方面應有一定的超前意識，不能過於傳統和保守。例如，飯店根據客人的需要在客房內適當減少不必要的客用品，就是一種有益的嘗試。

（4）其他情況。在制定物資採購清單時，有關部門和人員還應考慮其他相關因素，如客房出租率、飯店的資金狀況等。

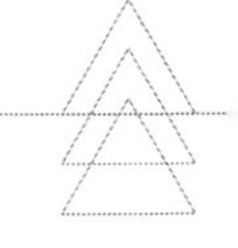

採購清單的設計必須規範，通常應包括下列欄目：部門、編號、物品名稱、規格、單位、數量、參考供貨單位、備註等。此外，部門應在制定採購清單的同時確定有關物品的配備標準。

（四）協助採購

客房部經理雖然不直接承擔採購任務，但這項工作對客房部的開業及開業後的運營工作影響較大，因此，客房部經理應密切關注並適當參與採購工作。這不僅可以減輕採購部經理的負擔，而且還能在很大程度上確保所購物品符合要求。客房部經理要定期對照採購清單檢查各項物品的到位情況，而且檢查的頻率應隨著開業的臨近而逐漸加大。

（五）參與或負責制服的設計與製作

客房部參與制服的設計與製作是飯店行業的慣例，因為客房部負責制服的洗滌、保管和補充，客房部管理人員在制服的款式和面料的選擇方面，往往有其獨到的鑑賞能力。

（六）編寫部門運轉手冊

運轉手冊是部門的工作指南，也是部門員工培訓和考核的依據。一般來說，運轉手冊可包括職位職責、工作程序、規章制度及運轉表格等部分。

（七）參與員工的招聘與培訓

通常，客房部的員工招聘與培訓須由人事部和客房部共同負責。在員工招聘過程中，人事部根據飯店工作的一般要求，對應聘者進行初步篩選，而客房部經理則負責把好錄取關。培訓是部門開業前的一項主要任務，客房部經理須從本飯店的實際出發，制定切實可行的部門培訓計劃、選擇培訓部門和培訓員、指導其編寫具體的授課計劃、督導培訓計劃的實施並確保培訓工作達到預期的效果。

（八）建立客房檔案

開業前即開始建立客房檔案，對日後的客房管理具有特別重要的意義。很多飯店的客房部就因在此期間忽視該項工作，而失去了收集大量第一手資料的機會。

（九）參與客房驗收

客房的驗收一般由基建部、工程部、客房部等部門共同參加。客房部參與客房的驗收能在很大程度上確保客房裝潢質量達到飯店所要求的標準。客房部在參與驗收前，應根據本飯店的情況設計一份客房驗收檢查表，並對參與驗收的部門人員進行相應的培訓。驗收檢查後，部門要留存一份檢查表，以便日後跟蹤檢查。

（十）負責全店的基建清潔工作

客房部在全店的基建清潔工作中扮演著極其重要的角色。該部門除了負責客房區域的所有基建清潔工作外，還負責大堂等相關公共區域的清潔，此外，還承擔著指導其他部門的基建清潔工作。開業前基建清潔工作的成功與否，直接影響著對飯店成品的保護。很多飯店就因對此項工作的忽視而留下永久的遺憾。客房部應在開業前與飯店最高管理層及相關負責部門共同確定各部門的基建清潔計劃，然後由客房部的 PA 組對各部門員工進行清潔知識和技能培訓，為各部門配備所需的器具及清潔劑，並對清潔過程進行檢查和指導。

（十一）部門的模擬運轉

客房部在各項準備工作基本到位後，即可進行部門模擬運轉。這既是對準備工作的檢驗，又能為正式運營打下堅實的基礎。

二、客房部開業準備計劃

制定客房部開業籌備計劃是保證部門開業前工作正常進行的關鍵。開業籌備計劃有多種形式，飯店通常採用倒計時法，來保證開業準備工作的正常進行。倒計時法既可用表格的形式（見表 14-1），又可用文字形式表述。

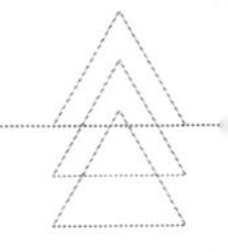

表 14-1 客房部開業前準備工作計劃

時間 進度 項目	季度			季度			季度			備註
	月	月	月	月	月	月	月	月	月	

例：《某飯店客房部開業前準備工作計劃》

（一）開業前第 17 周

與工程承包商聯繫，這是工程協調者或住店經理的職責，但客房部經理必須建立這種溝通渠道，以便日後的聯絡。

（二）開業前第 16 周至第 13 周

1. 參與選擇制服的用料和式樣。

2. 瞭解客房的數量、類別與床的規格等，確認各類客房方位等。

3. 瞭解飯店康樂等其他配套設施的配置。

4. 明確客房部是否使用電腦。

5. 熟悉所有區域的設計藍圖，並實地察看。

6. 瞭解有關的訂單與現有財產的清單（布草、表格、客用品、清潔用品等）。

7. 瞭解所有已經落實的訂單，補充尚未落實的訂單。

8. 確保所有訂購物品都能在開業前一個月到位，並與總經理及相關部門商定開業前主要物品的貯存與控制方法，建立訂貨的驗收、入庫與查詢工作程序。

9. 檢查是否有必備家具、設備被遺漏，在補全的同時，要確保開支不超出預算。

10. 如果飯店不設洗衣房，則要考察當地的洗衣場，草簽店外洗滌合約。

11. 決定有哪些工作項目要採用外包的形式，並進行相應的投標及談判。

12. 設計部門組織機構。

13. 寫出部門各職位的職責說明，制定開業前的培訓計劃。

14. 落實員工招聘事宜。

（三）開業前第 12 周至第 9 周

1. 按照飯店的設計要求，確定客房的布置標準。

2. 制定部門的物品庫存等一系列的標準和制度。

3. 制定客房部工作鑰匙的使用和管理計劃。

4. 制定客房部的安全管理制度。

5. 制定清潔劑等化學藥品的領發和使用程序。

6. 制定客房設施、設備的檢查、報修程序。

7. 制定制服管理制度。

8. 建立客房質量檢查制度。

9. 制定遺失物品處理程序。

10. 制定待修房的有關規定。

11. 建立「VIP」房的服務標準。

12. 制定客房的清掃程序。

13. 確定客衣洗滌的價格並設計好相應的表格。

14. 確定客衣洗滌的有關服務規程。

15. 設計部門運轉表格。

16. 制定開業前的員工培訓計劃。

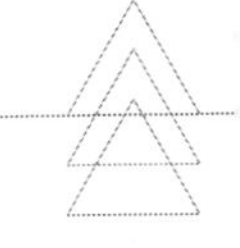

（四）開業前第 8 周至第 6 周

1. 審查洗衣房的設計方案。

2. 與清潔用品供應商聯繫，使其至少能在開業前一個月，將所有必需品供應到位，以確保飯店「開荒」工作的正常進行。

3. 準備一份客房檢查驗收單，以供客房驗收時使用。

4. 核定本部門員工的工資報酬及福利待遇。

5. 核定所有布件及物品的配備標準。

6. 實施開業前的員工培訓計劃。

（五）開業前第 5 周

1. 對大理石和其他特殊面層材料的清潔保養計劃和程序進行覆審。

2. 制定客用物品和清潔用品的供應程序。

3. 制定其他地面清洗方法和保養計劃。

4. 建立 OK 房的檢查與報告程序。

5. 確定前廳部與客房部的聯繫渠道。

6. 制定員工激勵方案（獎懲條例）。

7. 制定有關客房計劃衛生等工作的週期和工作程序（如翻床墊）。

8. 制定所有前後臺的清潔保養計劃，明確各相關部門的清潔保養責任。

9. 建立客房部和洗衣房的文檔管理程序。

10. 繼續實施員工培訓計劃。

（六）開業前第 4 周

1. 與財務部合作，根據預計需求量，建立一套布件、器皿、客用品總庫存標準。

2. 核定所有客房的交付、接收日期。

3. 準備足夠的清潔用品，供開業前清潔使用。

4. 確定各庫房物品存放標準。

5. 確保所有客房物品按規範和標準上架存放。

6. 與總經理及相關部門重新審定家具、設備的數量和質量，做出確認和修改。

7. 與財務總監一起準備一份詳細的貨物貯存與控制程序，以確保開業前各項開支準確、可靠、合理。

8. 如飯店自設洗衣房，則要與社會商業洗衣場取得一定的聯繫，以便在必要時可以得到必要的援助。

9. 繼續實施員工培訓計劃。

（七）開業前第 3 周

1. 與工程部經理一起核實洗衣設備的零配件是否已到。

2. 正式確定客房部的組織機構。

3. 根據工作和其他規格要求，制定出人員分配方案。

4. 取得所有客房的設計標準說明書。

5. 按清單同工程負責人一起驗收客房，確保每一間房都符合標準。

6. 建立布件和制服的報廢程序。

7. 根據店內縫紉工作的任務和要求，確定需要何種縫紉工，確立外聯選擇對象，以備不時之需。

8. 擬訂享受洗衣優惠的店內人員名單及有關規定。

9. 著手準備客房的第一次清潔工作。

（八）開業前第 2 周

1. 開始逐個打掃客房，配備客用品，以備使用。

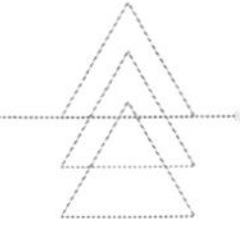

2. 對所有布件進行使用前的洗滌，全面洗滌前，必須進行抽樣洗滌試驗，以確定各種布件在今後營業中的最佳洗滌方法。

3. 按照工程交付計劃，會同工程負責人逐個驗收和催交有關區域和項目。

4. 開始清掃後臺區域和其他公共區域。

開業前的準備工作計劃是客房部經理開業前的工作指南。客房部經理應根據計劃安排，落實各項準備工作，並在工作過程中對出現的偏差及時加以調整。

三、開業前的試運行

開業前的試運行往往是飯店最忙、最易出現問題的階段。對此階段的工作特點及問題的研究有利於減少問題的出現，確保飯店從開業前的準備到正常營業的順利過渡。客房部的管理人員在開業前試運行期間應特別注意幾個方面的問題。

（一）持積極的態度

飯店進入試營業階段後很多問題會顯露出來。對此，部分客房管理人員會表現出急躁情緒，過多地指責下屬。正確的方法是持積極的態度，即少抱怨下屬，多對下屬進行鼓勵，幫助其找出解決問題的方法。在與其他部門的溝通中，不應把注意力集中在追究誰的責任上，而應研究如何解決問題。

（二）經常檢查物資的到位情況

前文已談到了客房部管理人員應協助採購、檢查物資到位情況。實踐中很多飯店的客房部往往會忽視這方面的工作，以至於在快開業的緊要關頭發現很多物品尚未到位，從而影響部門開業前的工作。常被遺忘的物品有工作鑰匙鏈、抹布、報廢床單、雲石刀片等。

（三）重視過程的控制

開業前客房部的清潔工作量大、時間緊，雖然管理人員強調了清潔中的注意事項，但服務員沒能理解或「走捷徑」的情況普遍存在，如用濃度很強的酸性清潔劑去除汙跡，用刀片去除玻璃上的建築垃圾時不注意方法等等。

這些問題一旦發生，就很難採取補救措施。所以，管理人員在布置任務後的及時檢查和糾正往往能造成事半功倍的作用。

（四）加強對成品的保護

對飯店地毯、牆紙、家具等成品的最嚴重的破壞往往發生在開業前這段時間，因為在這個階段，店內施工隊伍最多，大家都在趕工程，而客房部這時的任務也最重，容易忽視保護，而與工程單位的協調難度往往很大。儘管如此，客房部管理人員在對成品保護的問題上不可出現絲毫的懈怠，以免留下永久的遺憾。

為加強對飯店成品的保護，客房部管理人員可採取以下措施：

（1）積極建議。飯店應對空調、水管進行調試後再開始客房的裝潢，以免水管漏水破壞牆紙，以及試空調時大量灰塵汙染客房。

（2）加強與裝潢施工單位的溝通和協調。敦促施工單位的管理人員加強對施工人員的管理。客房部管理人員要加強對尚未接管樓層的檢查，尤其要注意裝潢工人用強酸清除頑漬的現象，因為強酸雖可除漬，但對潔具的損壞很快就會顯現出來，而且是無法彌補的。

（3）儘早接管樓層，加強對樓層的控制。早接管樓層雖然要耗費相當的精力，但對樓層的保護卻至關重要。一旦接管過樓層鑰匙，客房部就要對客房內的設施、設備的保護負起全部責任。客房部應對如何保護設施設備做出具體明確的規定。在樓層鋪設地毯後，客房部應對進入樓層的人員進行更嚴格的控制，此時，要安排服務員在樓層值班，所有進出人員都必須換上客房部為其準備的拖鞋。部門要在樓層出入口處放些廢棄的地毯頭，遇到雨雪天氣時，還應安放報廢的床單，以確保地毯不受到汙染。

（4）開始地毯的除跡工作。一鋪上地毯就強調保養，不僅可使地毯保持清潔，而且還有助於從一開始就培養員工保護飯店成品的意識，對日後的客房工作將會產生非常積極的影響。

（五）加強對鑰匙的管理

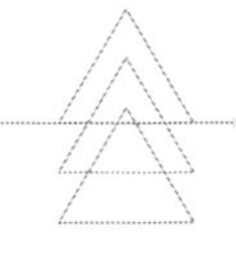

開業前及開業期間部門工作特別繁雜，客房管理人員容易忽視對鑰匙的管理工作，通用鑰匙領用混亂及鑰匙丟失是經常發生的問題，這可能造成非常嚴重的後果。客房部首先要對所有的工作鑰匙進行編號，配備鑰匙鏈；其次，對鑰匙的領用制定嚴格的制度，例如，領用和歸還必須簽字，使用者不得隨意將鑰匙借給他人以及鑰匙不離身等。

（六）確定物品擺放規格

確定物品擺放規格工作應早在樣板房確定後就開始進行，但很多客房管理人員往往忽視該項工作，以至於直到要布置客房時，才想到物品擺放規格及規格的培訓問題，而此時恰恰是部門最忙的時候，其結果是難以進行有效的培訓，造成客房布置不規範，服務員為此不斷地返工。正確的方法是將此項工作列入開業前的工作計劃，在樣板房確定之後，就開始設計客房內的物品布置，確定各類型號客房的布置規格，並將其拍成照片，進而對員工進行培訓。有經驗的客房部經理還將樓層工作間及工作車的布置加以規範，往往能取得較好的效果。

（七）把好客房質量驗收關

客房質量的驗收往往由工程部和客房部共同負責，作為使用部門，客房部參與驗收對保證客房質量至關重要。客房部在驗收前應根據本飯店的實際情況設計客房驗收表，將需驗收的項目逐一列上，以確保驗收時不漏項。客房部應請被驗收單位在驗收表上簽字並留備份，避免日後扯皮。有經驗的客房部經理在對客房驗收後，會將所有的問題按房號和問題的類別分別列出，以方便安排施工單位返工及本部門掌握對客房間狀況。客房部還應根據情況的變化，每天對以上記錄進行修正，以保持最新的記錄。

（八）注意工作重點的轉移，使部門工作逐步過渡到正常運轉

雖然開業期間部門工作繁雜，但部門經理應保持清醒的頭腦，將各項工作逐步引導到正常的軌道。在這期間，部門經理應特別注意以下問題：

(1) 按規範要求員工的禮貌禮節、儀表儀容。由於樓層尚未接待客人、做基建清潔時灰塵大、制服尚未到位等原因，客房部管理人員可能尚未對員工的禮貌禮節、儀表儀容做較嚴格的要求。但隨著開業的臨近，應開始重視

這些方面的問題，尤其要提醒員工做到說話輕、動作輕、走路輕。培養員工的良好習慣是做好客房工作的關鍵所在，而開業期間對員工習慣的培養對今後工作影響極大。

(2) 建立正規的溝通體系。部門應開始建立內部會議制度、交接班制度，開始使用表格；使部門間及部門內的溝通逐步走上正軌。

(3) 注意後臺的清潔、設備和家具的保養。應逐步實施各種清潔保養計劃，而不應等問題變得嚴重時再去應付。

(九) 注意吸塵器的使用培訓

做基建清潔衛生時會有大量的垃圾，很多員工或不瞭解吸塵器的使用注意事項，或為圖省事，會用吸塵器去吸大的垃圾和尖利的物品，有些甚至吸潮濕的垃圾，從而程度不同地損壞吸塵器。此外，開業期間每天的吸塵量要比平時大得多，需要及時清理塵袋中的垃圾，否則會影響吸塵效果，甚至可能損壞電機。因此，客房管理人員應注意對員工進行使用吸塵器的培訓並進行現場督導。

(十) 確保提供足夠的、合格的客房

大部分飯店開業總是匆匆忙忙，搶出的客房也大都存在一定的問題。常出現的問題是前廳部排出了所需的房號，而客房部經理在檢查時卻發現所要的客房仍存在這樣或那樣一時不能解決的問題，而再要換房，時間已不允許，以至於影響到客房的質量和客人的滿意度。有經驗的客房部經理會主動與前廳部經理保持密切的聯絡，根據前廳的要求及飯店客房現狀，主動準備好所需的客房。

(十一) 使用電腦的同時，準備手工應急表格

不少飯店開業前由於各種原因，不能對使用電腦的部門進行及時、有效的培訓，從而影響飯店的正常運轉。為此，客房部有必要準備手工操作的應急表格。

(十二) 加強安全意識培訓，嚴防各種事故發生

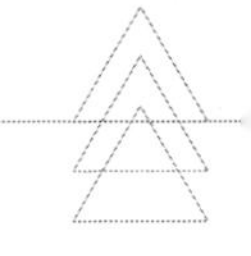

客房管理人員要特別注意火災隱患，施工單位在樓層動用明火要及時匯報。此外，還應增強防盜意識，要避免服務人員過分熱情，隨便為他人開門。

（十三）加強對客房內設施設備使用的培訓

很多飯店開業之初常見的問題之一是服務員不完全瞭解客房設施設備的使用方法，不能給客人以正確的指導和幫助，從而給客人帶來一定的不便，如不瞭解房內衝浪浴缸、多功能抽水馬桶的使用等。

第二節 客房的更新改造

一、客房更新改造的目的與意義

飯店進行客房的更新改造主要出於兩個方面的原因：一是飯店建造使用時間已很長，裝潢和設備都已陳舊老化，繼續使用不僅不能保持其設計水準，而且維護費甚高；二是飯店行業競爭日趨激烈，為了滿足顧客不斷變化的需求。目前，客房更新改造的週期在不斷縮短。相當一部分飯店在剛開業後就把客房的更新改造列入議事日程，將其作為飯店週而復始、不間斷進行的工作，以保持飯店的常新，使飯店的硬體始終保持領先地位。

二、客房更新改造方案的制定

（一）制定客房更新改造方案時應注意的問題

1. 進行產品定位

飯店對客房進行改造不能隨大流，不根據自身的特點、不管目標客源市場的需求，別人怎麼改造，就跟著學，這本身就是個定位的誤區。飯店管理層應對飯店的客源市場進行深入的調查，準確地進行市場定位，同時還應對供給市場進行分析。在此基礎上，研究本飯店的特點，才可較好地對產品進行定位。

2. 進行可行性研究

飯店經營能否取得成功，在很大程度上取決於飯店的投入是否合理。相當一部分飯店經營效益不高，除了市場和管理因素外，另外一個主要原因是改造時不做投入和產出的可行性分析和論證，也就是大家所說的盲目投資，過分追「星」。投入不合理、負債過重，致使飯店在日後的經營中無法創利。如果四星級飯店每間客房的綜合平均造價達到或超過 8 萬美元，按照 1‰定價法，其房價表上的房價超過 80 美元，但在銷售過程中能否達到這一房價標準還是個疑問。

3. 重視設計

客房改造能否取得成功，設計也是重要因素。一些飯店只重視材料和設備的高檔與豪華，卻不注重設計，當然難以取得令人滿意的整體效果。設計和裝潢分開招標是確保提高設計效果的重要措施。相當一部分飯店為節省設計費用，請承擔裝潢的公司代為設計，通常難以取得理想的效果。將設計和裝潢分開招標突出了設計的重要性，對設計提出了更高的要求，雖然看上去多花了一些費用，但這對於設計質量的保證、裝潢的規範、監理的易操作性而言是十分經濟的。

4. 聘請專業諮詢公司

找到高水平的設計單位是改造成功的重要一步，但設計單位有其侷限性。他們對飯店產品瞭解甚少，這種不足勢必在其設計中反映出來。因此，有必要聘請專業諮詢公司或飯店業資深人士作為顧問，參與飯店改造方案的審定，以確保方案滿足飯店業的特殊需要。

5. 飯店相關管理人員的參與

讓飯店相關管理人員尤其是客房部經理參與更新改造方案的制定，能使方案更加科學合理。

（二）客房更新改造方案應體現的特點

1. 前瞻性

要在設計、用材、科技含量及預計客人需求方面具有一定的超前性。

隨著資訊時代的到來，客人尤其是商務客人對飯店的通訊條件提出了更高的要求。商務客人希望飯店的客房能安裝兩部電話，每部電話兩根線，以

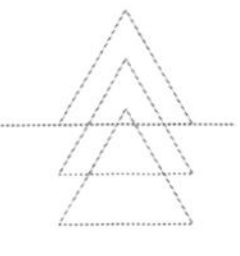

滿足攜帶電腦客人的需求及避免電話占線；將來的飯店甚至會在客房內安裝無繩電話，以便客人在客房內的任何地方及飯店內的其他區域接收電話。部分高檔客房還會在客房內配置傳真機，留出互聯網的接口。

電視將成為客房中的溝通中心，除了提供正常的電視節目和收費電影節目外，飯店還透過電視系統為客人提供店內服務設施、市內旅遊、購物、用餐、娛樂等各種資訊。客人可以透過電視預訂房內用膳、選看電影、訂購商品、查看個人在飯店內的消費情況等。所以，電視屏幕的尺寸將趨大，客房業管理專家認為，將來的電視屏幕尺寸應不小於 27 英吋。

辦公桌的面積應加大。為方便擺放電腦，桌面高度則應降低。一些飯店的辦公桌極大，上面放置傳真機及影印機，配有數據機，並安裝了更多的插座。座椅應更加舒適，至少應有輪子，高低最好能夠調節，以滿足客人辦公和休息的需要。

出於對安全的考慮，大部分飯店在客房內不配備熨斗和燙衣板。但隨著生活節奏的加快，客人越來越講求效率和實用，他們不願將衣物送洗衣房熨燙並不是出於對費用的考慮，而是出於方便的原因。因此，飯店應該考慮在客房內配備熨斗和燙衣板。

客房內配備電熱水煲對方便客人及節省人力都有其積極的意義。在更新改造時應在恰當的位置留出電源插座。

2. 特色性

隨著旅遊事業的發展，飯店業已由賣方市場轉為買方市場，傳統的客房類型和格式化的裝潢布置已很難以滿足市場的需求，個性化的設計在更新改造中就顯得尤為重要。

客房的特色性、個性化可從多方面、多層次加以體現。例如：客房的結構可以擺脫以雙床標準間為主的模式；家具的設計可突破三連櫃、兩張圈椅加一茶几的呆板布局；風格上要體現當地的獨特文化；硬體配套上要有創新，不一定非在客房浴室配置浴缸，在一些飯店或某些樓層完全可以用淋浴房取而代之。

3. 文化性

更新改造方案的文化性主要體現在兩個方面：一是對客人文化的尊重，體現以人為本的精神；二是客房產品本身要有主題，要反映一種文化，最好是以當地的文化為主題。

重視對殘疾人需求的考慮。隨著時代的進步，殘疾人的生活日益受到人們的關注。飯店的門廳要有殘疾人出入坡道，有專為殘疾人服務的客房，還要考慮到在飯店公共區域設置無障礙洗手間，或在公用洗手間內設置殘疾人的專用廁座。

客房走廊兩邊的房門相對，不太尊重客人隱私，應該錯開。客房門的位置最好能內退，既給客人充分的隱私，又便於清潔客房時停放工作車。

裝潢的色彩、用品的選擇要反映出設計主題。

4. 藝術性

更新改造方案不僅應滿足功能性的需要，而且更要有藝術品位。除了考慮色彩的搭配，還應重視用品的選擇。

老飯店的客房走道較單調，更新改造中採取布置藝術品、配以射燈、對管道井進行處理（局部內凹）等措施，會在很大程度上改變其形象，營造良好的藝術氛圍。

對於房內地面裝飾，在局部區域採用石料或地板，改變滿鋪地毯的做法，其視覺效果和實用性會得到提高。

為克服浴廁的冰涼感，可考慮地面滿鋪尼龍地毯。

5. 實用性

更新改造方案要盡可能考慮到日後飯店運營的需要。

內絕大多數飯店的電視受控於床頭控制板，不僅投資大、維修費用高，而且不方便客人使用，也不利於客房服務工作。實際上遙控器完全可以解決電視的開關控制問題，沒有必要畫蛇添足，多此一舉。一些飯店使用的床頭

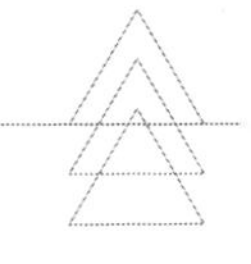

觸摸式電子開關控制板實際上並不方便，尤其是在夜間，大部分老年客人不習慣，也很不喜歡。

公廁及客房浴廁門背後安裝衣物掛鉤，可以大大方便客人。

客房及浴廁要有門停，否則易造成壁櫥及浴缸被撞壞。

熱水管要盡可能避免使用鍍鋅材料，以防止造成熱水發黃。

客房浴廁不設地漏，可減輕空氣中的異味，並在一定程度上減少蚊蟲。

一些飯店大堂等公共區域的煙筒由大理石製成，裝飾性較強，卻忽視了存放垃圾的功能。

從滿足客人需求的角度出發，飯店要考慮配備吹風機，至少要將其列入租借客用品中。

6. 經濟性

經濟性一方面表現在更新改造費用低，另一方面表現在運營費用低。

更新改造應由追求高檔材料變為重視設計，其效果往往會更好，這對低星級飯店尤為重要。

對於經濟型飯店來說，可以考慮取消部分客房浴缸而改用淋浴，從而降低建造成本，並相應地增加浴廁空間。

走廊燈應間隔控制，以節約用電。

窗臺使用木質材料，經日光暴曬易脫漆變形，而採用石料則可避免這一問題。

7. 舒適性

（1）盡可能為客人提供寬敞的活動空間。高檔客房面積由原先的 20 多平方米向更大的方向發展，不少高級飯店的客房面積已達到 20 坪。然而，飯店不可能不計成本地擴大客房面積，可以透過設計上的變化，增加客房的可利用面積，這主要表現在改變傳統的家具式樣上。如設計可伸縮的寫字臺，將桌子製成有折板或抽屜夾層的式樣，需要時可變成會議桌或餐桌；有些飯店取消客房中的梳妝臺，這既增加空間，又與客房內的商務氣氛相協調；還有些飯店收縮甚至取消大壁櫥，改用開放式的掛衣架，或採用開放式的壁櫥，以增加客房的空間或視覺空間。

(2) 重視客房浴廁的設計和設備配套。對於高星級飯店來說，應在可能的範圍內擴大浴廁面積，衛生潔具可由原先的三大件（浴缸、面盆、馬桶）向四大件（浴缸、面盆、馬桶、淨身盆）、五大件（浴缸、面盆、馬桶、淨身盆及淋浴房）發展；並向分室布局變化，如將浴廁分為三個區域，第一區是梳妝區域；第二區是封閉的淋浴、浴缸和抽水馬桶；第三區是面盆、大小鏡子，並配以明亮的燈光。有的浴廁還把抽水馬桶單獨隔離，既提高了隱祕性，又提高了浴廁的利用率。

浴廁的梳妝臺鏡子可採取防結露措施，並增設帶放大功能的化妝鏡，以方便女士化妝及男士刮鬍。在套房浴廁內除有電話分機外，還可考慮增加小電視，使客人隨時可收看政治、經濟新聞及客人關注的其他節目。在不安裝小電視的浴廁內，也可接電視收音喇叭，使客人在浴廁也可瞭解電視節目的進展情況。

(3) 提高客房照明亮度。客房的照明亮度尤其是供閱讀的照明亮度有待提高，如果在行李架及馬桶上方各安一盞燈，將會方便客人打點行李及上廁客人閱讀。

(4) 降低噪聲。為降低噪聲，浴廁排風宜採用管井集中排風。小冰箱最好選擇吸收式的環保產品，它的最主要特點是絲毫沒有噪聲。

(5) 重視水壓設計。要重視水壓的設計，避免出現水壓過低尤其是靠近頂部的樓層水壓過低的情況。水壓過低會使洗澡的享受變為受罪，從而大大降低飯店產品的質量。

(6) 注意細節問題。很多細節問題會影響到客房的舒適度。例如，越來越多的飯店為客人提供私人保險箱、互連網接口及不間斷電源，如果在更新改造時能留出恰當的位置，則會大大方便客人。

8. 安全性

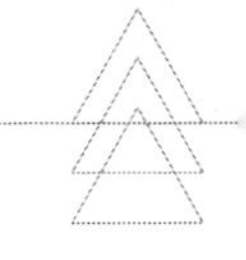

在更新改造時應對客房內的消防設施予以高度重視。客房走道及其他公共區域的火災疏散指示燈應安裝在牆的下方，以利於逃生時看到。

應淘汰機械門鎖系統，轉而使用電子門鎖系統，使客房的安全性得到加強。

要配置客房門閉門器，消除安全隱患。

浴廁增加緊急呼人按鈕，可以方便老、弱、病、殘客人。

客房開關的負載在設計上要留有餘地，以避免造成跳閘現象。

9. 易操作性

為使飯店更易於清潔和保養，更新改造時應特別注意以下問題：

（1）防塵。不讓塵土進入大樓，要比清潔已經帶進大樓裡的塵土容易得多，通向大樓的走道表面應該是毛糙的，這樣便可以吸住塵土。走道中間稍微拱起，這樣水和冰就不易被帶入大樓。此外，還應在大廳入口處設置格柵，格柵應鋪滿整個入口，橫條與人流成直角，疏密得當，既保證塵土掉入下面的凹井中，又不易卡住鞋跟，如果入口裝固定的格柵不方便，可使用防塵地墊。

（2）公共區域工作間。公共區域工作間應大小合適、設備齊全，以方便清潔工工作。但遺憾的是，有相當一部分飯店在平面設計時往往會忽略公共區域工作間。有些飯店儘管考慮了工作間，但工作間太小，水池裝在牆上使用不便，門朝裡開而放不下手推車或其他任何設備。

理想的工作間應該是 6 英呎 ×9 英呎大小。水池裝在地面上，一面牆上有掛鉤，上面可掛很多用品（諸如吸塵器零件、軟管和百潔刷盤等）。濕拖把可掛起，水往水池裡滴。工作間內還應有一個兩層貨架，下層放化學清潔劑和其他較重的東西；上層可以放置面巾紙、捲紙、螢光燈管和百潔刷盤一類的東西。貨架下面可放置操作推車、吸塵器和其他清潔工具。

（3）鋪地。鋪地選錯地磚會加大清潔工作的難度。浴廁、廚房和其他一些灰塵較多、常需打掃的地方用瓷磚最為理想。瓷磚不論是形狀還是顏色選擇性很大，如選用恰當，則會非常賞心悅目。某些區域不一定非用地毯，一些餐廳可用花崗岩或強化複合木地板。

(4) 色彩。地面最理想的顏色應該是和灰塵顏色相近。儘量不用單色地面，單色地面的缺陷是地面清潔或吸塵後會留下痕跡。理想的地毯色彩應該由三四種中間色組成，或者花圖案。彈性地面也有兩種色彩混合組成，一種基調色彩有點或有條，另一種色彩相夾其間。深色條紋可以掩蓋橡膠鞋跟擦破地面留下的痕跡。

三、客房更新改造的實施與控制

將設計與裝潢施工分開的做法是保證客房更新改造正常進行的關鍵。規範的設計為裝潢施工的乙方確定了明確的施工標準，圖紙的細節、規格、數量都有明確的標示，對於施工細節標準的解釋權在於甲方。

傳統的「交鑰匙」統包法倚重於乙方的自覺性，而以贏利為目的的乙方是很難自我約束的。他們為甲方義務設計，不收設計費，但是卻保留了對設計方案的解釋和修改權，他們可能會經常通知甲方：某某材料現在市面缺貨，建議用另一種材料，而所建議的這種材料價錢更低；某某造型放在這裡不好看，建議換成別的造型，而事實上他們根本做不到；某某地面用花崗岩太滑了，建議用水磨石，而事實上是因為他們想要推銷手頭的積壓材料。一個工程下來，這樣的修改層出不窮，為的就是千方百計降低成本，獲取最大利潤。對此，外行的「甲方」確實防不勝防。

設計圖由另外的專業公司設計，會更多地考慮飯店的實用效果和甲方的意願，比起施工單位的考慮更加誠懇，更具有專業水準。個別細節的變換對於設計師的經濟收益影響不大，他沒有將花崗岩換成水磨石的動機和必要。

施工驗收時，設計圖更是成了「尚方寶劍」。驗收工作也簡單得多，該用的用了沒有、用夠沒有、質量達標了沒有，一目瞭然，不合要求的地方顯而易見，施工方根本無法抵賴。這就是標準化的施工管理方法。

實行監理是客房更新改造工程質量的重要保障。對工程質量實行監理制，是國際上工程管理的重要手段。在重大工程項目上已開始實行監理制，但在

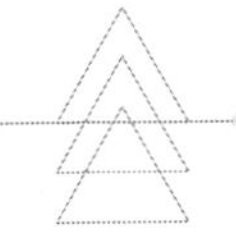

飯店業的更新改造上能實實在在發揮監理作用的並不多。大多數飯店依靠籌建處的工程人員，他們的專業能力受到方方面面的限制，很難承擔起專業的監理工作。而專業的監理員會按程序對工程質量進行檢查，並做詳細的記錄，發現問題立即下達書面報告，督促施工單位按章行事，從而使整個施工有序地進行。

專業、高效率的改造團隊是客房更新改造成功的基礎。改造團隊的負責人最好是由飯店總經理擔任，工程部經理是團隊成員。除此之外，飯店相關部門尤其是客房部的負責人，要經常到所轄區域察看，對工程的質量隨時提出自己的看法。

籌建改造團隊肩負著使工程保質保量、按時竣工的重任。在施工期間，要充分發揮設計師、監理員及飯店有關部門負責人的作用，同時還要協調好施工單位間所出現的問題。工程進度表是控制進度的重要工具，籌建改造團隊應要求施工隊根據甲方的要求制定出合理的工程進度表，並在施工過程中確保進度的落實。工地協調會能協調各施工隊伍出現的問題，工程越臨近結束，這樣的協調會越頻繁，在開業前甚至每天都要召集這樣的協調會。

工程驗收是工程質量控制的最後一關。客房部管理人員理所當然地要參與驗收，他們的參與可在很多細節上使裝潢質量達到設計的效果，並方便日後對所查出的問題進行跟蹤檢查。

本章小結

1. 客房部開業籌備工作千頭萬緒，「確定客房部的管轄區域及責任範圍」等 11 項工作是開業籌備的主要任務，也是開業籌備工作的基本步驟，在此基礎上進行進一步細化，就可以成為工作的指導方案和操作計劃。

2. 客房的更新改造也要以市場需求為導向，不能簡單地為更新而更新、為改造而改造。透過更新改造，既要使客房的面貌煥然一新，更要使客房產品更有個性、更有特色、更具競爭力。

複習與思考

1. 客房部開業籌備工作的任務有哪些？各項任務的要求是什麼？

2. 制定一份模擬開業籌備計劃。

3. 如何組織客房部的試運行？

4. 你是如何看待「客房的更新改造就是對客房設備的更換和對客房面貌的改變」這一觀點與做法的？

5. 成功的更新改造應該符合哪些要求、達到哪些目的？

6. 在對客房更新改造工程進行監控的過程中，應該著重注意哪些問題？

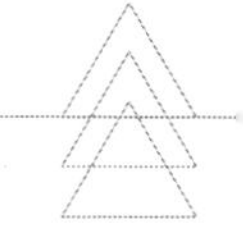

第 15 章 客房部預算的編制與控制

導讀

作為經營部門，客房部經營管理的最終目的就是要實現一定的經濟效益。客房部預算就是以貨幣形式做出的客房部一定週期內經營活動和經濟效益的詳細的綜合性計劃。科學地編制、嚴格地執行和控制預算，就能使客房部經營過程中的各項費用開支得到有效的控制，最大限度地保證客房部利潤目標的實現，使客房部的日常經營活動始終以預算為中心，以利潤為目標，杜絕經營過程中的「經驗」、「靈感」等主觀盲目性的決策，從而提高客房部的經營管理水平。而預算的編制與控制又是一項比較複雜的工作，因此，增強預算管理意識、掌握預算編制與控制的理論和方法，並用這些理論與方法指導實際工作是本章的重點。

閱讀重點

認清預算管理的意義，增強經營管理工作中的預算管理的意識

瞭解預算的種類，掌握編制預算的方法

瞭解預算控制的主要環節以及預算控制的手段與方法

學會對預算控制結果進行考核

第一節 客房部預算的編制

一、預算的意義

預算就是以貨幣形式反映出來的計劃，是企業對將來某經營週期內的經營活動和經濟效益所做出的詳細的、綜合的計劃。

客房部經營活動的最終目的是實現一定的利潤，提高客房部乃至整個飯店的經濟效益。為了保證利潤目標的實現，客房部應加強對其經營活動的預算管理，即在經營週期開始前，對客房部在經營期間內各種人力、物力和財力等資源的來源和使用情況以財務數據的形式提出計劃指標、編制客房部預

算、加強「事前」控制；在整個經營期間，實施各種管理措施、運用各種管理手段，保證經營活動按預算正常運行，進行「事中」控制；透過對經營期間的經營活動和經濟效益的考核與分析，揭示影響客房部經濟效益的具體原因，同時明確責任，並為修訂下一個經營週期的預算提供依據，強化「事後」監督。這樣，就能使客房部經營過程中的各項費用開支得到有效控制，最大限度地保證客房部利潤目標的實現，使客房部的日常經營活動始終以預算為中心，以利潤為目標，杜絕經營過程中的「經驗」、「靈感」等主觀性的決策，從而全面提高客房部的經營管理水平。

客房部加強預算管理對提高經營管理水平的重要意義主要體現為：

（1）制定目標，明確職責。在預算的編制過程中，客房部的經管人員必須對下一個經營週期內的各項經營活動做出計劃，預測各項收支，並在確定客房部經營總目標的同時，明確各個職能職位和各個環節的分目標，使客房部各層次管理人員都能明確預算執行過程中各自的職責，以預算來指導和控制經營期間的各項經營活動。

（2）科學安排，加強控制。為了保證經營總目標和分目標的實現，客房部的各級管理者要制定實現目標的具體計劃和措施，對經營活動事先做好組織安排，協調各職能職位和各環節的工作，科學、合理地使用人力、物力和財力等資源，加強對經營中各種資源利用及消耗的控制，以便用最少的投入取得最佳的經濟效果。

（3）鼓舞士氣，提高效率。客房部在制定經營目標時，還應制定出考核辦法和獎懲制度。經過科學、合理的預算所制定的經營目標應是各級管理者和全體員工經過努力可以實現的目標。這樣，就能充分調動全體員工的積極性，明確客房部的預算目標及實現這一目標所要採取的措施，密切配合，相互協調，提高效率，主動地、創造性地完成利潤目標。

（4）提供預算執行情況考核的依據。經營週期一結束，就應將預算執行的實績與預算進行對比，分析差異，做出業績評價，而事先編制的預算則是考核客房部實際工作成績的準繩。

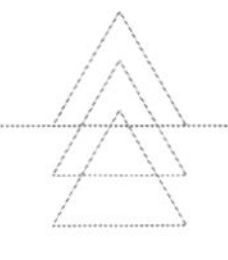

由此可以總結出客房部實施預算管理的步驟，並構成一個個預算管理的週期：

步驟一：制定科學、合理的目標。客房部制定的經營目標，既要有一定的高度又必須從實際出發，充分考慮各種主觀和客觀因素。所謂科學、合理，即所定的目標應該是全體員工經過努力能夠實現的，既保證其權威性，又具有可操作性。

步驟二：制定實現目標的計劃。

步驟三：考核、評價實績，分析原因，明確責任。在預算的執行過程中，應不斷地對預算執行的實際結果與預算目標進行對比、評價，及時發現問題、找出原因、明確責任，以便採取必要的措施，改進工作，保證客房部經營目標的順利實現。

步驟四：採取必要措施，及時改進今後的工作。這是客房部各級管理人員修正其經營管理工作的過程，也是提高其經營管理能力的過程，更是對客房部加強預算管理的最深遠的意義之所在。

步驟五：總結經驗，改進預算管理工作，提高預算管理水平。這是預算管理週期中的最後一個環節，也預示著下一個預算管理週期的開始。透過總結經驗、改進工作，就能夠不斷地提高客房部以及整個飯店的預算管理水平。

二、預算的編制方法

（一）預算的種類

1. 按預算的時間跨度，可分為長期預算和短期預算

長期預算通常為 1 ～ 5 年，其內容與企業的長期發展等重大舉措有關。

短期預算一般以 1 年為週期，其內容與企業的日常經營活動有關，目的是提高經營管理水平，最終實現企業的長期預算目標。為了加強預算管理，短期預算通常保持與企業會計年度一致，一般還把年度預算按需要分解為季度預算或月度預算，甚至更小單位的預算，以便對預算執行情況進行評估與分析，及時調整經營活動，確保預算的順利完成。

客房部實施預算管理，一般應編制短期預算，保證目標明確，分階段、按步驟地完成經營任務。

2. 按預算編制的目的與內容，可分為資本預算和經營預算

編制資本預算的目的是對企業的資金做出計劃安排。因而其內容是企業長期使用的資產的採購計劃和所需資金的供應來源。

編制經營預算的目的是提出經營目標，促使企業加強經營管理，提高經濟效益，因此，其內容是營業收入和營業費用開支項目的預測指標。

客房部應透過編制與執行經營預算來強化經營管理。至於資本預算，則通常由飯店統一編制。

3. 按預算涉及的範圍，可分為部門預算和總預算

部門預算針對某一特定部門而編制，因此，所有內容均只與某部門有關；總預算則是企業各部門預算的彙總，既包括各部門經營指標，又包括各類資本預算。

提供給客房部進行預算管理的預算應以客房部部門預算為主。

綜上所述，客房部應編制本部門年度（一般還要細分為季度和月度）經營預算。

（二）預算編制的程序

由於編制經營預算的目的是幫助飯店各級管理人員和全體員工明確經營目標及實現這一目標的計劃與措施，以便對經營活動和經營效益加強控制，所以，各級管理者和全體員工均應關心、參與經營預算編制的全過程。

編制經營預算應經過一個由下而上、再由上至下的過程。具體步驟如下：

（1）確定經營週期內的經營目標。一般包括銷售指標、費用指標和利潤指標等。

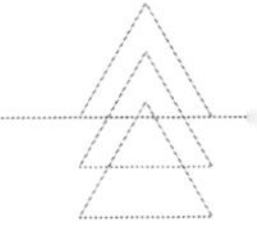

(2) 收集資料，並進行分類與評價。這項工作要求很高，工作量也很大。客房部經營預算編制人員，必須廣泛收集同行的有關資料，並徵求本部門各級管理者和員工的意見。

(3) 由各部門自行編制部門經營預算草案。

(4) 在部門經營預算草案的基礎上，由飯店財務部門編制整個飯店的經營預算。

(5) 經過飯店財務預算會議或常設的預算委員會討論、協調與修改，最終確定飯店經營預算和包括客房部在內的各部門經營利潤指標。

(6) 將飯店經營利潤指標和部門經營利潤指標下達給各部門。並就部門預算草案修改的原因做出充分的解釋，使部門各級管理者和員工認可新的預算。

(7) 各部門將預算指標分解，下達給各層次管理者和員工。客房部經營預算中的銷售指標，應分解給銷售部門和前廳部，費用指標則主要應下達給部門內各級管理人員和各職位、各環節的員工，做到職責明確。

(8) 與預算編制相配套，制訂預算執行業績的獎懲制度，責、權、利掛鉤，實行目標管理，充分發揮預算的控制作用。

(9) 經飯店總經理或董事會批准後實施。

(三) 預算編制的方法

1. 固定預算法

預算的編制方法很多，傳統的編制方法稱為固定預算法。它是根據客房部下一個經營週期內業務發展情況和經營活動計劃，不考慮經營期內經營活動可能發生的各種變化而編制預算的方法。

固定預算法以客房部歷史經營資料為基礎，按預定的下一個經營週期的銷售量、費用開支和利潤目標的增長率或遞減率，來編制客房部下一年度和年度內各月份的經營預算。預算一經確定，在經營週期內預算執行過程中，一般不再對預算指標做任何的修改，具有相對固定性。

用固定預算法編制客房部經營預算簡便易行，但缺乏科學性、先進性和實用性。因為飯店業市場變化莫測，影響飯店經營的內外部因素很多，飯店的經營目標應隨著經營活動的變化而改變。為了實現經營目標，客房部各級管理人員和員工也應及時地調整控制措施。所以，用固定預算法編制的客房部經營預算不能很好地發揮經營的控制職能，更不能作為衡量客房部經營實績的標準。

2. 滾動預算法

滾動預算法又稱連續預算法，即預算期是連續不斷的，始終保持某個固定的期限。具體操作時，可按季度或月份編制滾動預算。

以客房部年度月滾動預算為例，在客房部經營預算執行了一個月後，應對客房部的預算執行結果進行評價與分析，並考慮到各種經營因素的變化，及時地調整原定的客房部年度經營預算指標，並在原來的年度預算期末，後續下一個月的經營預算，使預算期始終保持在 12 個月。

採用滾動法編制經營預算的優勢是：

（1）保持了預算的連續性和完整性，並且促使經管人員制定或關注飯店的經營目標，思考飯店經營的未來，迫使各級管理人員和員工始終「向前看」。

（2）促使各級管理人員始終對經營活動做周密的考慮和詳細的計劃，確保飯店的經營活動以利潤為目標，以預算為中心。

（3）透過不斷地調整原預算，使預算更符合飯店經營的實際，提高了它的實用性，既有利於調動各級管理人員和員工的積極性，更有利於發揮預算在飯店經營管理中的控制作用。

因此，客房部在編制客房部經營預算時應採用滾動預算法。它不但能提高客房部預算編制的水平，更能提高客房部經營管理的水平。

（四）客房部經營預算的編制

客房部的經營預算由營業收入預測、營業費用預測和營業利潤預測構成。

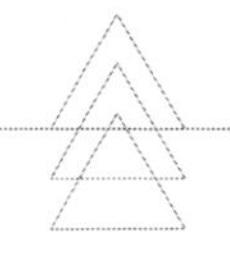

1. 營業收入預測

營業收入預測是客房部經營預算編制工作的起點，營業費用預測和營業利潤預測都是在此基礎上進行的，所以，必須盡力保證營業收入預測的精確性。

營業收入較難預測，客房部可利用歷史經營財會數據、參考同規模客房部的預測平均值，並綜合考慮自身的經營能力、預算期的經營計劃、現實經濟狀況和市場競爭因素等，最後做出預測。

在預算期內，直接影響客房部的經營能力和營業收入的內部因素有：

（1）某類客房可供出租的間數；

（2）可供出租的某類客房的出租率；

（3）可供出租的某類客房的平均房價；

（4）預算期內的營業天數。

在進行客房部營業收入預測時，可以在綜合考慮了各種因素後，直接預測出預算期內的營業收入指標；也可以充分利用上述四個因素，先運用下列公式進行預測，再根據各種外部因素進行調整，最終將營業收入預測數據確定下來。

$$\text{客房部某類客房營業收入} = \text{該類客房平均房價} \times \text{該類客房可供出租間數} \times \text{該類客房出租率} \times \text{預算期營業天數}$$

例：某飯店客房部每天可供出租標準雙人房為 100 間，預計該類客房年平均出租率為 60%，該類客房的平均房價為 200 元 / 間天。

$$\text{該飯店標準2人房年營業收入} = \text{標準2人房平均房價} \times \text{標準2人房日可供出租間數} \times \text{標準2人房年平均出租率} \times \text{年營業天數}$$

$$= 200\text{元/間天} \times 100\text{間} \times 0.6 \times 365\text{天} = 438\text{萬元}$$

（範例以人民幣定價計算）

客房部可以用同樣的方法，預測出其他類型客房的年營業收入，將各種類型客房的年營業收入預測數據相加，即可得到客房部的年營業收入預測總數。

用這種預測方法來編制客房部營業收入預測需要更多的資訊，對預算編制人員而言，在操作時會增加很多工作量，也會帶來很大的難度。但在上面的公式裡，各類可供出租的客房數和預算期營業天數是預算編制時就可以確定的，只有客房出租率和某類客房的平均房價是未知的。它們會受飯店經營情況、市場競爭和客房利用率等因素的影響，經常發生變動，客房部應根據各種相關因素的變化對客房出租率和平均房價的影響，利用上述公式，重新預測客房部的營業收入，並及時地調整客房部經營預算中的營業收入數據。

2. 營業費用預測

為了獲得營業收入，客房部經營過程中會發生各種人力、財力和物力的耗費，在飯店財務核算時，稱之為客房部的營業費用。客房部的各項費用開支通常有：

管理人員和員工的工資及各項福利費開支；各種物料消耗；低值易耗品的攤銷；固定資產折舊；各項維修費用；水、電費開支；洗滌費；郵電費；運雜費；差旅費；燃料費；廣告費；保險費等。

此外，客房部還要依法繳納以營業稅金為主的各項稅金和基金。在有些飯店裡，客房部還被要求分攤飯店的部分共同性費用，如管理費用等。

上述各項費用的開支水平直接影響著客房部的盈利能力，因此，在編制客房部經營預算時，同樣需要精確地做出營業費用的預測。

我們不難發現，隨著客房部經營活動的開展，在一定經營期間和一定業務量範圍內，各項費用開支會隨著業務量的增減變化而發生不同情形的變化。有的費用開支不受業務量增減變化的影響，總額始終保持不變；有的隨業務量的增減，總額隨之呈正比例變化；更有的總額的變化與業務量的增減不存在任何數量關係，呈無規律變化形態。在編制客房部經營預算時，如果能瞭

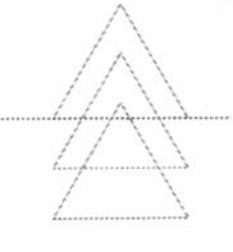

解各項費用開支的以上習性，掌握了各項費用開支與業務量之間存在的數量關係，就能夠較精確地預測客房部的營業費用了。

(1) 固定成本的預測

固定成本是指一定經營期間和一定業務量範圍內，總額隨著業務量的變化而始終保持固定不變的各項費用開支。

客房部經營中的一部分營業費用屬於固定成本。它們通常有：管理人員的工資及福利費、固定資產折舊費、保險費、處於合約期內的廣告費和支付的租金等。它們都有著共同的特性，即總額不受經營情況的影響，始終保持固定不變。

要預測客房部的固定成本，就應該利用客房部的歷史財會數據，參考同行的水平，並根據客房部在預算期內的經營策略和計劃，確定其預算指標。預算指標確定後，在經營條件不變時，預算期內的固定成本總額始終保持不變。

例：某飯店客房部上一個經營期內的管理人員工資及福利費開支為 10 萬元，若該客房部無意對此項開支做改動，在編制下一個預算期的經營預算時，其管理人員工資及福利費開支應為多少？

很顯然，管理人員工資及福利費開支屬於客房部的固定成本，其總額不受下一個經營期內的業務量增減變化的影響，所以，其金額仍然應為 10 萬元。

在客房部經營過程中，固定成本並不會永遠保持不變，它們或者會因為某一經營期間管理人員做出的某項決策而發生變化，如增減廣告費開支；或者因為業務量的增減超出了某一範圍，需要增減員工而引起工資和福利費開支增減等。這些因素會導致固定成本總額發生變化，預測時應加以考慮。

(2) 變動成本的預測

變動成本是指在某一經營期間和一定業務量範圍內，隨著業務量的增減，總額隨之發生近乎於正比例變化的各項費用開支。

客房部提供給客人的一次性消耗用品的耗費和營業稅金等基本屬於變動成本。

例：某飯店客房部為客人提供的一次性消耗品定額平均為 25 元 / 間天。

該類物品消耗的總額，隨著客房銷售量的增加而發生變化。

客房出租間天數	單位定額(元/間天)	成本總額(元)
0	25	0
10	25	250.-
100	25	2500.-
1000	25	25000.-

(範例以人民幣計算)

可見，變動成本總額與業務量之間存在著正比例關係，因此，當客房部的營業收入預測已完成，並且在預算期內的客用一次性消耗品定額不變，我們就能確定該飯店客房部變動成本總額與業務量之間的比例關係，再運用下列公式預測客房部預算期內的變動成本總額：

某銷量下的變動成本總額=銷量x單位變動成本

例：某客房部預計預算期內的客房出租間天數為 43800 間天，該客房部客用一次性消耗品的年消耗額為多少？

年變動成本總額=年銷量x單位變動成本

=43800間天x25元/間天=109.50萬元

(範例以人民幣計算)

變動成本總額與業務量之間存在正比例關係的前提條件是在某一經營期間和一定業務量範圍內，單位變動成本不變。當單位變動成本變化後，這個

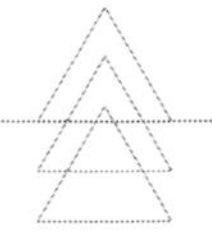

比例關係一定會改變。客房部經營過程中，由於受各種因素的影響，單位變動成本很難保持不變，在進行變動成本預測時必須意識到這一點，及時地調整單位變動成本，以保證變動成本預測的精確性和權威性。

(3) 半變動成本的預測

客房部經營過程中的費用開支與業務量之間並不存在直接的比例關係，如水費、電費、郵電費、員工工資及福利費等，隨著業務量的變化，絕大部分費用開支的總額均呈無規律的變化，但如果仔細分析的話，費用開支又大多與業務量之間存在著部分聯繫，其發生額隨業務量的增減而發生變化的方式有：

①階梯式。即當業務量在一定範圍內時，某些費用開支總額固定不變，但當業務量超過某一範圍後，費用總額會隨即發生規律性、跳躍性的變化。與固定成本相比較，這一類成本的總額保持固定不變的業務量範圍較小，如按工作量計酬的員工工資支出。當客房部的客房出租間天數在某一較小範圍內波動時，客房部不需增減客房清掃員的人數，客房清掃員的工資總額基本保持不變；但當客房出租間天數超出一定範圍後，客房部必須增加客房清掃員，這時，客房清掃員的工資總額會隨著業務量的增加而發生近乎正比例的變化；在這一客房出租間天數附近的業務量範圍內，客房清掃員的工資總額又暫時保持相對固定；但當客房部的業務量再次突破某一範圍後，客房清掃員的工資開支總額，又會隨著發生近乎正比例的變化……如果用數學模型來描繪這類費用的變化情形，會呈現階梯狀。

②坡式。在客房部經營過程中，不論經營情況如何，絕大部分公用事業費用始終會發生，如水費、電費和郵電費等。只是當業務量為零時，其發生額會較低，這是基數；當業務量逐漸增加後，其總額會隨之發生近似於正比例的變化。

如果用數學模型來描繪這類費用的變化情形，會呈山坡狀。

③折線式。這一類費用開支與業務量之間不存在明顯的規律性數量關係，隨著業務量的增減變化，總額時高時低，如客房部的差旅費開支。

用數學模型來描繪這類費用的變動情形，會表現為無規律的折線。

上述三種類型的費用開支，當業務量在較小範圍內固定不變時，其總額保持不變；但當業務量超出這一較小範圍時，其總額就隨之發生近似於正比例的變化。從總的趨勢來看，隨著業務量的增減變化，上述各項費用開支的總額會隨之變化，但其中，又始終有保持固定不變的成分，所以，我們稱這三種類型的費用開支為半變動成本。

客房部進行階梯式半變動成本預測時，可以借鑑同類企業的資料，結合本客房部的實際情況，依據收入預測數據，用類似於變動成本預測的方法來進行預測。對於折線式半變動成本，由於業務量與其不存在數量關係，就必須換一種業務活動基數來進行預測，如前述的差旅費，以出差人天為基數，在預定差旅費標準後，用出差人天數來進行預測，也可以透過預定客房部年度總額的方法進行預測，而對於在半變動成本中占絕大多數的坡式半變動成本，則要困難得多。因為不論業務量如何，它們始終有一個不變的基數，在此基數上，隨著業務量的增加而成正比例變化。於是，我們就必須先分析出其固定不變的基數和隨著業務量的增減而發生的變動規律，然後才可以進行預測。

通常，我們必須依賴於客房部的歷史財會數據，借鑑同行的平均水平，再結合客房部預算期內的經營計劃等來進行預測。最易懂、最易行的預測方法是高低點法。

例：客房部近五個正常經營年份的水費發生數額和業務量的相關資料如下：

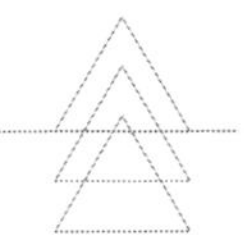

表 15-1 客房部近 5 個正常經營年度水費開支資料

月份	出租間天數	水費（元）	月份	出租間天數	水費（元）
1月	3590	8500.-	7月	2310	8250.-
2月	3400	8490.-	8月	2510	8300.-
3月	2690	8300.-	9 月	3830	8700.-
4月	3020	8290.-	10月	4900	8900.-
5月	3110	8430.-	11月	2620	8400.-
6月	2800	8300.-	12月	3210	8500.-
			合計	37990	101360.-

我們可以運用高低點法，來分析該客房部水費開支水平與其業務量之間存在的數量關係。

第一步：求平均變動率

觀察上列數據，很容易看出，客房部的水費開支總額隨著業務量的增減而增減。在全年中，10 月份業務量最大，平均出租客房 4900 間天，水費開支也最高，為 8900 元；7 月份業務量最小，平均出租客房 2310 間天，發生水費開支 8250 元，也為全年各月份中之最低。全年各月份發生水費開支最大差額為 650 元（10 月份的 8900 元，7 月份的 8250 元），是由業務量最大差異（10 月份 4900 間天，7 月份 2310 間天）2590 間天引起的。運用全年業務量最高點和最低點的兩組數據，可以觀測出客房部水費開支總額隨業務量增減變化而發生變動的規律，即求出全年水費平均變動率。

$$\text{水費年平均變動率} = \frac{\text{業務量最高點水費} - \text{業務量最低點水費}}{\text{業務量最高點} - \text{業務量最低點}}$$

$$\text{消費年均變動率} = \frac{8900\text{元} - 8250\text{元}}{4900\text{間天} - 2310\text{間天}} \approx 0.25\text{元/間天}$$

即：

即客房部平均每多出租 1 個間天的客房，水費就會增加 0.25 元。

第二步：求變動部分

水費開支是典型的半變動成本。所以任何時候其總額都應由兩個部分組成，即當業務量為零時的固定基數，和隨著業務量增減而增減的變動部分，可以用下列等式來表示：

水費總額=固定基數+變動部分

我們任選最具代表性的業務量處於最高或最低點時的一組數據來討論。從上列一組數據得知，當客房部業務量在最低點 2310 間天時，月水費總額為 8250 元。在第一步中，透過求平均變動率，我們已經得知該客房部水費平均變動率為 0.25 元 / 間天，那麼，當業務量為最低點 2310 間天時，客房部的水費應比固定基數增加多少呢？我們可以用下列公式求出：

變動部分=業務量變化幅度**X**平均變動率

即：變動部分＝（2310 間天 -0）×0.25 元 / 間天＝ 577.50 元

即因出租了 2310 間天客房，客房部的水費在固定基數上增加了 577.50 元。

第三步：求固定基數

該客房部出租 2310 間天客房時，水費為 8250 元。而從第二步的計算結果又可得知，由於出租客房 2310 間天，客房部的水費在其固定基數上增加了 577.50 元。作為半變動成本，水費的總額應用下列等式表達：

水費總額=固定基數+變動部分

即：水費中的固定基數＝水費總額 - 變動部分

本例中，客房部水費固定基數＝ 8250 元 -577.50 元＝ 7672.50 元

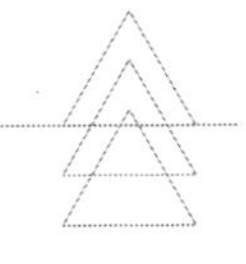

我們又得到了客房部近年來水費月平均固定基數為 7672.50 元。

透過以上三個步驟，我們分析出了該客房部水費開支水平與業務量之間的數量關係，用公式表示為：

某業務量時的水費=7672.50+0.25元/間天X業務量

用高低點預測法完成客房部營業收入預測後，就可以運用水費計算公式，預測不同業務量下的水費總額。同樣，用這種方法對其他半變動成本進行預測，我們就可以將客房部的各項費用開支分解為固定和變動兩個部分。

高低點預測法是從一組數據中用業務量最高點和最低點的兩組代表性數據來發現半變動成本的變動規律的。其缺點是不夠精確，但只要堅持使用具有代表性的數據（如：正常年份、月份的業務量最高點和最低點的數據），並且方法正確，也不失為一種計算簡便、迅速的預測方法。

進行半變動成本分析的方法還有散布圖法和最小二乘法等。前者運用數學平面幾何中坐標圖上的散布圖，來描繪半變動成本與業務量之間的關係。其優點是直觀，缺點則是不夠精確，受人為因素影響較大。後者是充分運用一組數據中的所有數據，如上例中 12 月份的數據，從中發現半變動成本與業務量之間的變動關係，所以，其預測結果是最精確和最可信的。但這種預測方法必須要經過一系列複雜的數學運算，因而，預測速度較慢，如果借助電腦，將很容易實現。本書中將不對散布圖法和最小二乘法做詳細的介紹。

3. 經營利潤預測

在完成了營業收入預測和營業費用開支預測後，我們即可運用下列公式進行客房部經營利潤的預測：

客房部某業務量時的利潤	=	該業務量時的營業收入	−	該業務量時的各項費用開支

經上述預測，由客房部自行編制的部門經營預算草案即可完成。

但在編制經營預算時，客房部預算期內的目標利潤通常已經確定。從客房部經營預算編制的三個步驟可以看出，客房部預算期內的營業收入和營業費用開支水平直接決定著客房部的獲利能力，影響其經營的效益。客房部經營過程中的收入、費用和利潤之間存在著相互依存、相互影響的關係。如前面所做的分析，在經營條件不變的前提下，客房部營業收入、營業費用開支中的絕大部分都與其業務量之間有著密切的關係，於是，在編制經營預算時，有必要再對客房部經營過程中的成本、業務量和利潤之間的關係做進一步的研究，從而幫助我們編制客房部的經營預算，在管理會計學中稱作「本—量—利」分析。

如前所述，客房部經營中發生的各項費用開支，與其業務量之間存在著固定、變動和半變動三種關係，在「本—量—利」分析前，必須先運用半變動成本分解的方法，將客房部的營業費用開支分解為固定和變動兩個部分，然後，再利用營業收入與利潤之間的關係、費用開支與利潤之間的關係，對客房部進行盈虧平衡點分析和目標利潤分析。

(1) 盈虧平衡點分析

盈虧平衡點又稱保本點，指客房部正常經營中正好處於不盈不虧狀態時的業務量。盈虧平衡點的表現形式有兩種：一種用實物量來表示，稱保本銷售量；另一種則以貨幣形式表示，稱保本銷售額。

在客房部編制經營預算時，保本點是一個很重要的經營指標。它應是客房部經營的業務量最低限。當實際業務量高於保本點時，客房部將獲取一定的利潤；而當實際業務量低於保本點時，客房部無疑將發生虧損。

在編制客房部經營預算時，除應對客房部的營業收入和營業費用開支進行預測外，還可對其進行盈虧平衡點分析，預測預算期內客房部的保本業務量（額）。透過對保本業務量（額）可行性的分析，來預測客房部經營目標的可行性。

保本點預測是利用客房部經營過程中成本、業務量和利潤之間的相互關係，再將客房部的各項費用開支按成本習性分解為固定和變動兩部分後進行

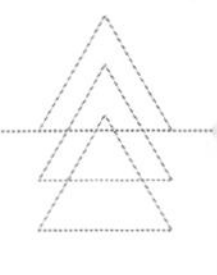

的。因此將客房部經營中的各項費用開支進行固定、變動兩部分的分解，是必做的準備工作。其分解方法已在費用開支預測時做了詳述。下面主要介紹保本點的預測方法。

由於保本點就是盈虧平衡點，因此，當客房部業務量達到保本點時：

$$\text{客房部年營業收入} = \text{客房部年固定成本總額} + \text{客房部年變動成本總額}$$

客房部的營業收入和變動成本總額，都與其業務量之間存在著數量關係，因此，上式可寫成：

$$\text{客房部年客房出租間天數} \times \text{平均房價} = \text{客房部年固定成本總額} + \text{客房部年客房出租間天數} \times \text{單位變動成本}$$

這裡的單位變動成本指客房部每出租 1 個間天客房而發生的變動成本額。

將上式整理後，就可推導出：

$$\text{達到保本點時客房部的年客房出租間天數} = \frac{\text{年固定成本總額}}{\text{平均房價} - \text{單位變動成本}}$$

例：客房部經營預算編制人員分析出客房部的年固定成本總額為 511 萬元，預算期內的平均房價將為 200 元 / 間天，單位變動成本將為 60 元 / 間天。預測客房部保本點的方法如下：

$$\text{客房部保本年銷量} = \frac{\text{年固定成本總額}}{\text{平均房價} - \text{單位變動成本}}$$

$$= \frac{5110000\text{ 元}}{200\text{元/間天} - 60\text{元/間天}} = 36500\text{ 間天}$$

$$\text{客房部保本日銷量} = \text{保本年銷量} \div 365$$

即：客房部保本日銷量＝ 36500 間天 ÷365 ＝ 100 間天

這個計算結果告訴我們，當預算期內客房部日出租客房 100 間天時，就可達到盈虧平衡點，而當日銷量超過 100 間天時，即可盈利。

為了使保本點分析的結果更好地指導客房部的實際經營活動，還可以將盈虧平衡點進一步量化。

例：上述客房部預算期內預計每日可供出租的客房數為 200 間天，要使客房部經營達到盈虧平衡狀態，平均客房出租率應為多少？

$$\text{保本客房出租率} = \frac{\text{保本日客房出租間天數}}{\text{日平均可供出租客房天數}} \times 100\%$$

$$= \frac{100\text{間天}}{200\text{間天}} \times 100\% = 50\%$$

即客房部在預算期內，只要平均客房出租率達到 50%，就可達到盈虧平衡狀態，而當客房出租率超過 50% 時，客房部就會有利可圖。

（2）目標利潤分析

客房部預算期內的經營目標絕不只是達到盈虧平衡狀態，而是要實現預期的目標利潤，並追求經營利潤的最大化。如前所述，客房部在編制經營預算時，往往已經確定了預算期的目標利潤。我們可以運用「本—量—利」分析法，對客房部的目標利潤進行分析，將目標利潤分解為目標業務量，透過對目標業務量的分析，來判斷目標利潤的可行性，並明確要實現目標利潤，必須在經營期內做出哪些努力。

當客房部希望獲得一定的目標利潤時：

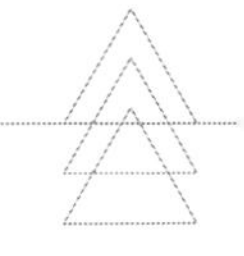

$$\text{客房部的年營業收入} = \text{客房部的年固定成本總額} + \text{客房部的年變動成本總額} + \text{客房部年目標利潤}$$

考慮到客房部的營業收入和變動成本總額都與其業務量之間存在數量關係，上式可寫成：

$$\text{客房部年客房出租間天數} \times \text{平均房價} = \text{客房部年固定成本總額} + \text{客房部年客房出租間天數} \times \text{單位變動成本} + \text{客房部年目標利潤}$$

將上式整理後，可推導出：

$$\text{客房部達到目標利潤實的客房出租間天數} = \frac{\text{年固定成本總額}+\text{年目標利潤}}{\text{平均房價}-\text{單位變動成本}}$$

例：上述客房部希望獲得年利潤 255.50 萬元，其平均客房出租率應為多少？

$$\text{客房部目標年銷量} = \frac{\text{年固定成本總額}+\text{年目標利潤}}{\text{平均房價}-\text{單位變動成本}}$$

$$= \frac{5110000\text{元}+2555000\text{元}}{200\text{元/間天}-60\text{元/間天}} = 54750\text{間天}$$

$$\text{客房部目標日銷量} = \text{目標年銷量} \div 365$$

$$= 54750\text{間天} \div 365 = 150\text{間天}$$

$$\text{客房部目標平均出租率} = \frac{\text{目標日客房出租間天數}}{\text{日平均可供出租客房間天數}} \times 100\%$$

$$= \frac{150\text{間天}}{200\text{間天}} \times 100\% = 75\%$$

客房部經營預算編制人員就應該運用這個計算結果，分析、判斷客房部在預算期內能否實現平均出租率 75%，如果能夠實現這個經營指標，經營預算中的目標利潤在正常情況下就可以實現。同時，預算編制人員還應利用分析結果，為客房部各級經管人員提出實現預算目標的重要經營指標：平均出租率必須達到 75%。

上述盈虧平衡點分析和目標利潤分析，都是在預算執行期內，客房部的年固定成本總額、平均房價和平均單位變動成本等都不變的前提下進行的。但這些數據在客房部實際經營過程中，由於各種相關因素的影響，都可能會發生變化。如由於飯店高層管理者的某項決策而導致年固定成本總額發生增減；由於市場競爭因素，導致平均房價變化；由於物價等因素，導致平均單位成本變化等。因此，客房部經營預算編制人員必須及時地調整相關數據，重新進行客房部盈虧平衡點和目標利潤的分析，以便得出更為準確的預測結果，編制滾動經營預算，更好地指導客房部的經營管理工作。

第二節 客房部預算的控制

為了使客房部有明確的經營目標，必須編制科學、合理的滾動經營預算。但如果只有好的預算而無有效的控制，還是無法實現經營目標。當經營預算最終確定下來後，客房部的各級管理人員必須在預算期內的預算執行過程中制定各種嚴格的制度，實施行之有效的措施和手段，執行科學合理的程序，對客房部的經營活動加強管理和控制，確保客房部經營預算目標的實現。

由於決定客房部經營效益的要素有兩個：客房部經營過程中發生的營業收入，及為了獲得營業收入而發生的各項費用開支。所以，客房部經營預算的控制應從營業收入控制和營業費用開支控制兩方面來進行。

一、營業收入的控制

客房部營業收入主要是透過出售客房使用權這一產品來實現的。但在經營過程中，客房部只是充當著客房使用權的「生產加工者」的角色；而客房使用權的銷售職責通常是由飯店總臺接待員來承擔的；客房使用權銷售收入的結算工作，則是由總臺收銀員來承擔。這種產品的「生產」、銷售和結算職責，分別由不同部門（人員）承擔的職責區劃模式，符合財務控制的要求，為實施客房部營業收入控制，做好了內部控制機制上的準備，但也給客房部營業收入控制帶來了一定的難度。因為這種模式決定了單靠客房部本身，無

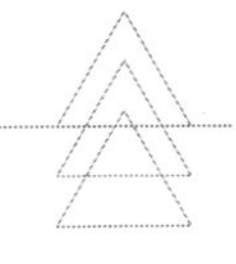

法實施對其營業收入的控制，它必須由客房部、前廳部（總臺）和財務部相互配合、協調，才能得到很好的控制效果，保證客房部經營預算的完成。

在客房部經營活動中，應主要在以下幾個業務環節採取各種措施和手段，來對其營業收入加強控制，防止營業收入的流失，實現營業收入的最大化。

（一）加強預付款管理

當客人在總臺辦理入店手續時，總臺接待員應區分客人選擇的付款方式，做好客房部客房出租收入和其他營業部門營業收入的預收款收取工作，加強客房部營業收入的「事前」控制。

飯店所能接受的付款方式主要有：現金付款方式；信用卡付款方式；轉帳支票付款方式；轉帳付款方式；憑單付款方式。

在客人可能選擇的幾種付款方式中，從安全、穩妥和快捷的角度出發，飯店更樂於接受前兩種付款方式。對於承諾使用轉帳支票付款的絕大部分單位，和選擇使用轉帳、出具付款憑單的所有單位，飯店的銷售和財務信用人員應事先與其簽訂具有法律效力的付款協議，詳細列明付款細則，明確經辦人和責任人。對於選擇使用轉帳支票、轉帳或憑單付款方式的客人，總臺接待員應首先瞭解客人的身分、明確客人的付款單位，然後再根據飯店與其付款單位簽訂的付款協議內容，區分自費消費項目和協議消費項目，最後按飯店的預付款收取標準收取客人自費消費項目的預付款。

（二）實施帳單控制

總臺接待員在辦理完客人入住手續後，應根據客人的「入住登記單」等資料，為每位住店客人建立「總帳單」。客房部的營業收入是透過客人的總帳單反映出來，並最終得以實現的。總帳單既是客人結帳付款的憑據，又是財務核算的依據，因此，它應是客房部加強營業收入「事中」控制的主要書面憑據和中心。為此，必須首先完善總帳單的控制制度：

(1) 總帳單必須專門印製，每一份均能自動複寫。

(2) 總帳單上必須印有流水序號，並按序號連號使用帳單，嚴格辦理帳單領用登記和註銷號制度。

(3) 總帳單作廢時，必須在每一聯帳單上加蓋「作廢」章後，收回整份帳單。

(4) 制定並執行嚴格的總帳單遺失賠償制度，嚴格控制總帳單的流失。

制定了嚴格的總帳單管理制度後，為了充分發揮總帳單對客房部營業收入的控制作用，在客房部經營過程中，還應進一步採取各種措施和手段，對客人入住總帳單的建立、客人住店期間總帳單的記錄和客人離店根據總帳單結帳等環節的具體操作程序加強管理與控制。有些飯店為了真實地瞭解帳單控制制度的執行情況，還委派「神祕客人」到飯店進行明查暗訪，發現帳單使用和管理中存在的問題，進一步完善收入控制，以減少客房部營業收入的流失。

(三) 加強優惠、折扣控制

客房銷售過程中靈活使用優惠、折扣政策，會有利於客房銷售，但如不加以控制，超過一定限度，就會影響客房部的銷售收入。加強優惠、折扣控制的措施主要應有以下幾點：

(1) 飯店應制定客房銷售優惠與折扣的權限。

(2) 飯店應規定發生優惠、折扣業務時，經辦的管理人員應留下書面憑據。

(3) 飯店應要求財務夜審人員審核每筆優惠、折扣業務的合理性和真實性。

(四) 強化夜審的控制職能

如前所述，客房部產品的製作加工、銷售和結算等三個職能，分別由飯店的客房部、前廳部和財務部三個相互獨立的部門來承擔。它們彼此既相互聯繫又相互牽制。這種關係本身便能造成相互監督的作用，可以在一定程度上杜絕客房銷售過程中舞弊、逃帳、漏帳事件的發生。但如果只有制度的制定和執行，而無嚴格的監督，久而久之，在制度的執行過程中，難免會出現鬆懈與漏洞；加上有些飯店客房銷售與結算由總臺接待員獨自承擔，更會使

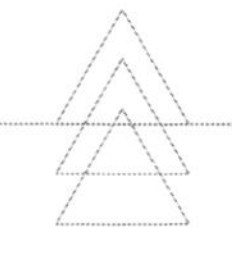

客房銷售收入控制出現「盲區」。因此，還應完善財務夜審制度，對預付款管理制度、帳單管理制度和優惠、折扣控制制度的執行情況加強監督，提高客房銷售收入控制的效果，確保客房部營業收入預算目標的實現。

實施客房銷售夜間審核的主要目的是逐日審核客房銷售業務記錄的完整性和銷售收入結算的準確性，及時地抑制客房銷售過程中發生的舞弊、逃帳、漏帳行為，避免發生客房銷售收入的流失，確保客房銷售收入「顆粒歸倉」。為此，客房銷售夜審工作應從以下幾個方面進行：

(1) 總臺夜間接待員按樓層編制「房租日報表」，將其與客房部客房中心夜間值班員統計的當日客房使用情況進行核對，保證客房銷售記錄的準確性與一致性。

(2) 總臺夜間接待員還應將「房租日報表」與夜審員統計的當日客房銷售收入進行核對，保證客房銷售收入記錄的準確性與一致性。

(3) 夜審員應對當日發生的每一筆客房銷售優惠、折扣業務進行審核，確保優惠、折扣制度的執行。

(4) 夜審員還應瞭解客人的欠款餘額，及時提供資訊給客房銷售結算人員，加強客人欠款的催收，避免發生逃帳損失。

透過以上夜審工作，能及時發現並糾正客房銷售中的各種失控行為，修改客房銷售收入記錄與結算中的差錯，保證客房銷售業務每天都在有序和嚴格的控制中進行，使客房部的營業收入得到有效的控制。

二、營業費用開支的控制

客房部的營業費用是指客房部經營過程中，為了獲得營業收入，在其部門內發生的各項人力、財力和物力的耗費。因此，在客房部的營業收入得到有效控制的同時，必須要加強對其營業費用的控制，才能使客房部的經營目標得以實現，才能保證客房部經營預算的順利完成。

客房部營業費用的內容繁多，在各項開支中，有些是在預算期內總額基本保持不變的，如固定資產折舊、保險費和管理人員工資及福利費開支；也有些受飯店高層管理人員或客房部管理人員決策的影響，如廣告費開支等；

而更多的則是需要客房部各級管理者和全體員工透過努力來加以控制的。根據這些費用開支的性質和其在客房部經營中所發揮的作用，客房部應採取不同的措施、實施各種手段，來對客房部的營業費用開支加以控制。

（一）物料用品耗費的控制

客房部經營過程中會消耗大量的物料用品。由於這些物料用品的品種多，並且絕大多數單價均較低，很容易被忽視。但這些物料用品的消耗量一般都很大，如果缺少控制，就會導致客房部營業費用升高，整個客房部的經營效益下降。為實現客房部經營預算的目標利潤，必須對客房部物料用品的耗費進行嚴格的控制。

物料用品耗費的大小受物料用品的消耗量和各種物品的單價兩個因素的共同影響。所以，物料用品耗費的控制應從價格控制和用量控制兩個方面來進行。通常，物料用品採購、驗收和庫存、領發環節的工作質量，對物料用品的價格因素影響較大，而用量則主要發生在客房部日常供應環節，因而，客房部物料用品的控制應從物料用品採購、驗收、庫存、領發和耗用幾個環節分別進行。

1. 採購環節的控制

加強客房部物料用品採購環節控制的主要目的，是以最合理的價格購入最符合客房部經營需要的物料用品。於是，物料用品採購環節的控制工作就應該圍繞著控制的目的來進行。

物料用品的採購包括申購和訂購兩個步驟。飯店必須明確相關部門和人員的職責，並用「採購申請單」和「採購訂單」來實現相互間的配合與控制。通常，採購人員不會非常瞭解客房部對物料用品的需求，但為了加強內部牽制，客房部經理又不可以直接參與採購。為了加強採購控制，飯店必須實行物料用品集中採購制度，即客房部所需要的物料用品，應由倉庫保管員根據庫存情況，並聽取客房部經理的建議後，填寫「採購申請單」，向採購部門提出採購申請。採購部接到採購申請後，應據以填寫「採購訂單」，並將「採購申請單」一聯附後，經逐層審批後，再實施採購。

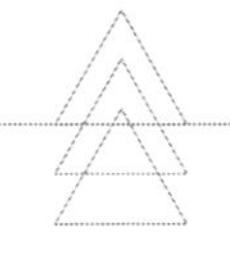

在各部門和人員嚴格按職責進行客房部物料用品採購的同時，對物料用品採購環節的控制，還應透過對採購的物料用品質量、數量和價格的控制來實現。目前，各家飯店為了強化採購環節的控制，經過多年的實踐，摸索出了多種多樣的採購方式，供貨渠道也不斷拓寬，比較成功的做法有以下幾種：

（1）公開招標、擇優採購。即飯店在供貨商和公眾的監督下，以規定的方式和程序，在保證質量的前提下，依據價格優勢，對所需的物料用品進行採購。

用招標方式確定供貨渠道和供貨商，使採購過程和結果始終公開透明，透過公開、公正、公平的競爭，打破了壟斷，避免了強買、強賣和欺行霸市，還抑制了個別採購人員的不正當行為，淨化了採購環境，增加了透明度。所以，招標採購被稱為「陽光下的交易」。

（2）聯合採購。越來越多的飯店採用共同聯手採購的方式採購物料用品，以量壓價，有效地加強了對採購價格的控制。

（3）源頭採購。為了減少中間環節，以最有利的價格採購客房部的物料用品，很多飯店堅持與大企業、大公司或大型超市發生業務聯繫，加大自採力度，掌握採購的主動權。

（4）實行供貨商保證金制度。為了防止供貨商的不正當競爭，在物品供應過程中發生有價無貨、以次充好和摻雜使假等事件，使客房部物料用品採購陷入被動局面，有些飯店在與供貨商簽訂供貨協議時，要求供貨商交納一定金額的保證金，來制約其供貨行為，一旦發生以上情況，就以供貨商交納的保證金來補償飯店的損失。

各飯店在選擇供貨商時，除考慮物料用品的質量和價格因素外，還應綜合考慮供貨商的信譽、地理位置和財務狀況等因素。為此，採購部應建立客房部物料用品供貨商檔案，建立供貨商「第二梯隊」，在選擇供貨商時，實行淘汰制，以便更好地加強物料用品採購價格的控制。

2. 驗收環節的控制

驗收環節的任務是保證採購部門購入的客房部物料用品的價格、質量和數量等均符合訂貨要求，是採購環節的監控環節，更是加強客房部物料用品耗費控制的重要保證。為了很好地發揮驗收的監控作用，必須建立科學實用的驗收體系和驗收程序。

(1) 驗收體系

首先，必須委派誠實、反應敏捷、責任心強、對驗收工作感興趣、客房物料用品知識豐富的人員來承擔客房部物料用品驗收員的工作。

再者，為使驗收員能獨立行使其監控職能，驗收員應是財務部的正式員工，由財務部經理直接領導，並在工作中得到採購部經理和客房部經理等的協助。

為保證驗收人員忠於職守，防止其利用職權之便營私舞弊，財務部還應建立受理採購部門、供貨商和客房部等投訴的制度，加強對驗收環節的監督。

最後，飯店應備有專用的驗收場地及專用的設備和工具。驗收場地應設在物品進出較方便的地方，並靠近物品倉庫。場地應足夠大，以免貨物堆積，影響驗收。應定期校準驗收設備和工具，保持精確度和良好的工作狀態。驗收場地還應備有「驗收單」、「退貨單」等單據，並保存有「採購訂單」一聯，以方便工作、提高效率。

(2) 驗收程序和方法

規定驗收程序和方法，不僅可以避免驗收中因人而異的隨意性，還可保證驗收工作循序漸進、驗收內容全面而又節省時間。

科學的驗收程序和方法應是：

①根據「採購訂單「驗收訂購的物品，未訂購的物料用品不予受理。

②依據「供貨發票」檢查物品的價格，符合訂貨要求後，再依據「採購訂單」檢查物品的質量和數量。若不符合訂貨要求，應辦理退貨。

③在驗收合格的供貨發票上簽字，同時填寫「驗收單」。

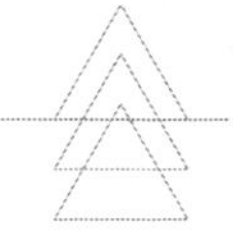

④將驗收合格的物料用品及時送存倉庫，並請保管員在「供貨發票」上簽字。

⑤做《當日驗收報告》，連同「供貨發票」送交財務部相關人員。

驗收環節還應做好防盜工作，保證購入的物料用品全部安全入庫。

3. 倉儲與領發環節的控制

倉儲與領發環節介於物料用品採購環節與經營耗用環節之間，經過對物品採購與驗收的控制後，倉儲與領發環節的控制會直接影響客房部提供的物料用品的質量及客房部的費用和經營效益。良好的管理和嚴格的控制能保證物品的供應，控制流失、降低費用，保證預算目標的實現；而如果忽視了這個環節的控制，就會造成物品積壓、變質、帳目混亂，甚至會出現供應中斷、貪汙、盜竊等嚴重事故的發生。因此，必須明確倉儲和領發環節的職責，制定並執行科學、合理的管理制度。

（1）倉儲

在物料用品倉儲中，合理的儲存規範、有效的安全措施、嚴格的帳目管理是保證控制效果的基本要點。因而，應從以下幾個方面提出要求：

①訂貨要求。保證客房部物料用品供應是倉儲工作的首要任務，為滿足客房部經營的需要，倉庫保管員必須嚴格按規定適時提出申購。

②入庫要求。經過驗收的物品都必須及時入庫，避免毀損和散失，對一些儲存期時間要求較高的物品，應在包裝上註明入庫時間等，並按時間順序放置。

③存放要求。入庫的物料用品應根據不同的性質和儲存要求分類存放，以保證物品的質量。在存放中，既要重視儲存的溫度，又要重視濕度，還應特別注意對易燃、易爆和一些不可混雜存放的物品的管理。

④安全要求。倉儲物料用品的安全控制應透過以下措施的實施來進行：定期盤點、加強帳目核查、限制倉庫進出人員、對儲存區域配備專用鎖系統和實行閉路電視監控等，其中，定期盤點制度應是倉儲安全管理的基本措施。

(2) 發料

發料環節控制的任務是在保證客房部物料用品得到及時、充分供應的前提下，控制領料手續和領料數量，並正確計算客房部物料用品的耗費。為此，物料用品發放必須遵循以下原則：

①物品發放實行「領料單」制度。在物品發放時，發料人員應堅持原則，做到沒有「領料單」（見表 15-2）不予發放，不經審批的不予發放，有塗改或不清楚的不予發放，手續不齊全的不予發放，毀壞的不予發放。

表 15-2 領料單

日期________

領用部門__________ 注：一份領料單只填一類物品							
編號	名稱	規格型號	單位	數量		單價	金額
				請領數	實領數		
合計							
領用部門經理________ 領用人________ 保管員________							

物料用品發放的控制，應得到客房部管理人員的配合。客房部管理人員既要把好領料的審核關，又要把住覆核關。審核關的控制，是在填寫「領料單」時做到：簽字筆跡前後一致，不隨意變換字體；將物品最後一項下面的空白欄划去，加強數量控制，以免浪費或流失。覆核關的控制，是當物品從倉庫領回後，管理人員要善於觀察，並進行數量、質量的抽查，發現問題，立即追究責任，堅決堵塞領料過程中的漏洞。

②物品發放實行「先進先出法」，保證物品的質量，避免變質、過期。

4. 耗用環節的控制

客房部經營過程中耗用的物料用品有客用和非客用兩種，其耗用的形式也分一次性和多次性兩種。為了合理地對耗用進行控制，應分別採取不同的手段。

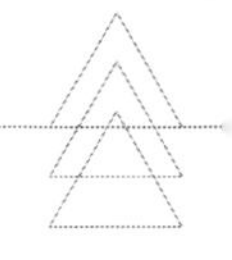

（1）客用消耗物品——定額控制

為了保證經營供應，對客用物品宜採用定額控制的方法，借助《客用消耗物品定額執行情況統計表》（見表 15-3）來實施。

表 15-3 客用消耗物品定額執行情況統計表

單位：元

樓層＿＿＿＿＿ 本月客房出租間天數＿＿＿＿＿＿＿										
序號	物品名稱	單位	每套客房定額			本月消耗定額	本月實際消耗	單價	本月節約（超支）	
			數量	消耗率	定額				數量	金額
	合計									
製表人：										

具體執行步驟是：

①根據飯店規定的各類客房客用消耗物品的配備品種、規格和每套客房配備數量，填寫序號、物品名稱、單位和數量欄目。

②根據飯店各類客用消耗物品的歷史消耗數據，結合目前的實情，制訂每種物品的標準消耗率，填入「消耗率」欄。

③用數量乘以消耗率，得出每套客房各物品的標準消耗定額，填入「定額」欄。

④每月末，根據「客房出租報表」，用實際客房出租間天數乘以不同類型客房的單位消耗定額，得到當月標準消耗定額，填入「本月標準消耗定額」欄。

⑤根據當月客用消耗物品的領用情況，計算各種物品的實際耗用數。

客房部從倉庫領用客用消耗品時填寫的「領料單」記錄了領用數量。但為了方便日常供應，客房部客用消耗品的領取量通常為一週的用量，為了真實地核算客用物品的耗費，並加強對物料用品二級庫的控制，客房部應在每月末進行一次二級庫的盤存，與二級庫管理人員核對帳目，並用下列公式計算各類客用消耗物品的實際耗費量：

本月實際耗費	=	月初二級庫庫存	+	本月倉庫領用	−	月末二級庫庫存

然後，將計算結果填入「本月實際消耗」欄。

⑥對比標準消耗定額和實際耗用數，填入「本月節約或超支數量」欄，並根據各類物品的單價，計算出本月客用消耗物品的節約額或超支額。

⑦根據考核結果，允許有一定幅度的波動，在保證服務標準、質量的前提下，對控制好的班組和個人予以獎勵，對超過標準的給予一定的懲罰。

為了總結經驗教訓，並方便實施，客用消耗物品定額控制應按樓層分別進行。

(2) 非客用一次性消耗品耗用——計劃控制

非客用一次性消耗品的耗用對客房部的正常經營無直接影響，所以應嚴格地按耗用計划來加以控制。即根據客房部的營業收入預測，制訂客房部預算期內非客用一次性消耗品的耗用計劃，並要求在計劃內耗用。正常情況下，不得超過計劃耗用標準。控制的目的是促使相關人員精打細算，從而降低耗費。

(3) 多次性物料用品消耗的控制

對客用多次性物料用品的耗費，宜採用標準損耗率來控制；而非客用多次性物料用品的耗費，除繼續採用非客用一次性消耗品的控制方法外，飯店還可以進一步嚴格其領用制度，如實行以舊換新制度等。

(二) 水、電、燃料等費用的控制

水、電、燃料等能源的耗費在客房部營業費用開支中占有很大的比例，對客房部的經營效益影響極大，除採取分裝各樓層水表、電表等措施外，還

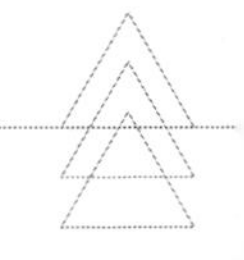

沒有效果很顯著的控制措施，只能從日常管理的點滴小事抓起。如對水電費控制可採用杜絕「長流水、長明燈」現象，用節能燈具、節水龍頭，禁止客人私用高能耗電器等措施；對燃料控制可採用加強液化氣、柴油的採購質量和數量控制，嚴禁發生管道煤氣、液化氣、柴油等跑、冒、滴、漏事故等措施。此外，在飯店中開展綠色環保運動，既利於環保，還可以減少物品損耗，更可降低客房部的能源消耗。

對客房部水、電、燃料等費用開支一般只在編制經營預算時進行總額控制。

（三）人工耗費的控制

人工耗費在客房部營業費用中所占的比例越來越大，要控制客房部的人工耗費，客房部的管理人員必須做好以下工作：

(1) 精確預測經營業務量，合理安排人員。

(2) 加強業務培訓，提高勞動生產率。

(3) 根據員工的能力與特長，合理分配職位，做到人盡其才。

第三節 客房部預算控制結果的考核

做好經營預算的編制、控制和考核工作，是客房部管理人員的主要職責之一。在完成了經營預算的編制、實施了經營預算控制後，客房部經營預算管理中最重要也是最有意義的一項工作，就是對經營預算控制的結果進行考核。

我們常用比較分析法來進行客房部經營預算的考核，比較分析的內容有絕對數比較分析和比重比較分析兩類。

一、絕對數比較分析法

它是用絕對數將預算執行結果與預算目標進行對比，從而分析預算執行情況和經營管理水平的一種分析方法。經常以此方法來進行比較分析的絕對數指標有：客房部營業收入、營業費用和營業利潤等。

透過以上絕對數指標的比較，可以掌握客房部營業收入、營業費用和營業利潤預算目標的完成情況，從而分析出預算期內的經營業績。

但是，客房部的經營業務量對客房部的營業費用有著直接的影響，因此，在對客房部進行營業費用控制結果的考核時，不宜僅僅用絕對數比較分析法，來片面地分析客房部營業費用控制的結果，而應同時考慮業務量因素，為此，我們還可以採用比重比較分析法。

二、比重比較分析法

用比重比較分析法進行客房部營業費用預算控制的考核，應分四個步驟：

（一）確定標準費用率

客房部標準營業費用率的制定，可以直接利用客房部經營預算中的相關數據，按下列公式計算後得出：

$$\text{標準營業費用率} = \frac{\text{標準營業費用}}{\text{標準營業收入}} \text{X } 100\%$$

（二）計算實際營業費用率

客房部實際營業費用率應該用下列公式計算：

$$\text{實際營業費用率} = \frac{\text{實際營業費用}}{\text{實際營業收入}} \text{X } 100\%$$

其中的實際營業費用和實際營業收入數據，均可從財務部提供的客房部經營報表中獲得。

由於客房部經營中發生的營業費用內容很多，如果需要對客房部營業費用控制進行分類或逐項分析與考核，還可以分別確定每一類或每一項標準費用率，並計算每一類或每一項實際費用率。

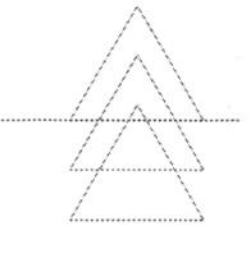

（三）比較標準營業費用率和實際營業費用率，瞭解費用預算控制的結果

透過標準營業費用率和實際費用率的比較，可以瞭解它們之間的差異，掌握客房部營業費用預算的執行情況。

（四）對預算控制結果進行分析

客房部營業費用率的高低受營業費用和營業收入兩個因素的共同影響，而客房部經營中發生的營業費用和營業收入又受到影響客房部經營的各種主觀和客觀因素的影響。所以，我們必須採用一定的方法，對客房部實際營業費用率與標準營業費用率之間的差異進行分析，找出引起差異發生的真正原因和相關因素，這種分析方法就是因素差異分析法，又稱因素替代法。

因素差異分析法的分析步驟是：

第一步：確定影響預算數據變動的相關因素，並列出關係式；

第二步:對相關因素進行分析，確定其排列順序，並按順序替代相關因素;

第三步：計算各相關因素對預算數據變動的影響大小；

第四步：分析差異存在的原因，總結經驗教訓，並提出改進建議。

對客房部經營預算控制結果的分析，可以從引起差異發生的營業收入因素和

1. 營業收入因素分析法營業費用因素兩個方面進行。

例：某飯店客房部經營預算中的年標準營業收入為 876 萬元，標準平均房價為 200 元 / 間天，預計年客房出租 43800 間天；該客房部預算期內實際年營業收入為 843 萬元，實際平均房價為 210 元 / 間天，實際年客房出租 40150 間天。

（1）客房部營業收入計算公式為

實際營業收入=實際平均房價X實際客房出租間天數

=210元/間天X40150間天≈843萬元

（2）用經營預算中的標準平均房價和標準客房出租間天數，逐項替代上式中的房價和間天數因素

①用標準平均房價替代實際平均房價

營業收入①=標準平均房價X實際客房出租天數

=200元/間天X40150間天=803萬元

②用標準客房出租間天數進一步替代實際客房出租間天數

營業收入②=標準平均房價X標準客房出租間天數

=200元/間天X43800間天=876萬元

即預算期內的標準營業收入應為 876 萬元。

（3）計算平均房價因素和客房出租間天數因素對預算數據的影響

①平均房價因素的影響

實際營業收入 - 營業收入①＝ 843 萬元 -803 萬元＝ 40 萬元

即由於實際平均房價高於標準平均房價 10 元 / 間天（210 元 / 間天 -200 元 / 間天），使實際營業收入高於預計營業收入 40 萬元。

②客房出租間天數因素的影響

營業收入① - 營業收入②＝ 803 萬元 -876 萬元＝ -73 萬元

即由於實際客房出租間天數少於標準客房出租間天數 3650 間天（43800 間天 -40150 間天），使實際營業收入低於預計營業收入 73 萬元。

受平均房價和客房出租間天數兩個因素的共同影響，該客房部實際年營業收入比預算中預計的少了 33 萬元。

（4）分析差異存在的原因

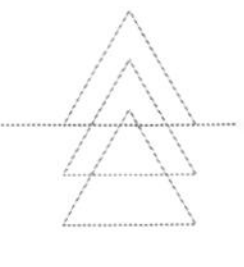

比較和分析的結果告訴我們：如果預算期內的實際經營條件不變，該飯店在高價房推銷方面取得了成功，客房的銷售結構較好；但飯店在吸引客源方面，還未達到預期的要求。

預算考核分析人員應將以上分析結果以書面形式告知飯店的相關管理人員，以便在下一個經營週期內調整經營策略，採取針對性的措施，吸引更多的客人，並總結客房推銷方面的經驗，在飯店內進一步推廣，努力提高客房部的經營管理水平。

2. 營業費用差異分析法

例：上述客房部預算期內的標準年客用棉織品損耗率為 0.3%，標準損耗額為 26280 元；預算期內實際損耗率為 0.4%，實際損耗額為 33720 元。

（1）客房部客用棉織品損耗額計算公式為

棉織品損耗額＝客房部營業收入 × 棉織品損耗率

實際棉織品耗損額=客房部實際營業收入X實際棉織品損耗率
=843萬元X0.4%=33720元

（2）用預算中的標準營業收入和標準損耗率，逐項替代上式中的營業收入和損耗率因素

①用標準營業收入替代實際營業收入

棉織品耗損額①=客房部標準營業收入X實際棉織品耗損率
=876萬元X0.4%=35040元

②用標準損耗率進一步替代上式中的實際損耗率

棉織品損耗額②=客房部標準營業收入X標準棉織品損耗率
=876萬元X0.3%=26280元

即預算期內的標準棉織品損耗額應為 26280 元。

（3）計算營業收入因素和損耗率因素對預算數據的影響

①營業收入因素的影響

實際損耗額 - 損耗額 A ＝ 33720 元 -35040 元＝ -1320 元

即由於實際營業收入低於預算 33 萬元（876 萬元 -843 萬元），使棉織品實際損耗額低於預計標準損耗額 1320 元。

②損耗率因素的影響

損耗額 A- 損耗額 B ＝ 35040 元 -26280 元＝ 8760 元

即由於實際損耗率高於標準損耗率 0.1%（0.4%-0.3%），使棉織品實際損耗額高於預計標準 8760 元。

受營業收入和損耗率兩個因素的共同影響，該客房部實際棉織品損耗額比預算中預計的多了（8760 元 -1320 元）7440 元。

（4）分析差異存在的原因

透過以上比較和分析，可以看出，該客房部客用棉織品實際損耗額與預算中的標準損耗額之間產生 7440 元差異的主要原因，是棉織品實際損耗率比標準高了 0.1%，致使實際損耗額比預算增加了 8760 元。但該客房部該期實際收入額比預計的少了 33 萬元，使實際棉織品損耗額比預算降低了 1320 元。於是，由於損耗率升高因素造成的損耗額的增加，被由於營業收入額的降低因素造成的損耗額的減少所抵消，使實際棉織品損耗額比預計的升高了 7440 元。

比較和分析的結果提醒我們：該飯店客用棉織品損耗額提高，可能在棉織品使用管理方面存在問題，也有可能是棉織品的質量未達到客房部的質量要求。飯店應進一步查找原因，以不斷地改進經營管理，提高經濟效益。

本章小結

1. 加強預算管理對於整個經營管理過程和各項經營活動都具有非常重要的意義。

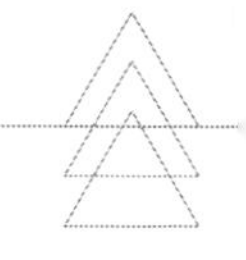

2. 加強預算管理就是要做好預算的編制、預算的控制和預算控制結果的考核。

3. 無論是預算的編制，還是預算的控制以及預算控制結果的考核，都要堅持原則，講究科學，學會方法。

複習與思考

1. 什麼是預算？客房部加強預算管理的重要意義主要體現在哪些方面？

2. 預算管理包括哪幾個步驟？

3. 什麼是滾動預算法？與固定預算法相比，滾動預算的優點是什麼？

4. 什麼是客房部盈虧平衡點？進行盈虧平衡點分析有何意義？

5. 客房營業費用控制的措施有哪些？

6. 對客房部預算控制結果進行考核，常用哪些方法？

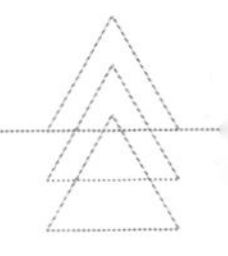

附錄一 客房部職位職責

一、客房部經理（見本書第一章第三節二、客房部職位職責描述範例）

二、客房部副經理

（一）管理層級關係

1. 直接上級：客房部經理

2. 直接下級：客房部主管、客房部內勤。

（二）基本職責

協助客房部經理做好客房部的運行與管理，在經理休假或外出時，代行經理職權。

（三）工作內容

1. 協助客房部經理制定部門工作計劃和工作目標。

2. 參與客房部的決策。

3. 主持客房部的日常運轉。

4. 負責員工排班，安排、審批員工休假。

5. 核算本部門的各項支出並及時向客房部經理報告。

6. 負責員工的考勤和考核，處理員工的違紀行為，制定薪金發放方案。

7. 參與制定職位職責、工作程序和質量標準。

8. 參與員工招聘工作，督導客房部的員工培訓。

9. 巡視檢查，確保員工處於正常的工作狀態，確保清潔保養和服務的質量標準。

10. 負責培訓客房部主管領班。

11. 主持部門例會。

12. 處理客人及員工的投訴。

13. 注重學習，勇於創新，不斷進取。

（四）任職資格要求

1. 具有專科以上學歷或同等教育程度。

2. 精通客房部的基本業務。

3. 有一定的管理能力。

4. 有豐富的飯店客房部工作經驗，並擔任過客房部基層管理工作。

5. 有較強的溝通協調能力和良好的人際關係。

6. 外語水平較高。

7. 有良好的工作作風和生活習慣。

8. 身體健康，有良好的形象和氣質。

三、客房部內勤

（一）管理層級關係

直接上級：客房部經理、副經理

（二）基本職責

協助客房部經理、副經理處理具體的事務性工作，建立並保管部門各種文件檔案資料。

（三）工作內容

1. 負責客房部的文祕工作。

2. 出席部門會議並做好記錄。

3. 負責客房部有關聯絡、接待工作。

4. 領發本部門員工的薪金和勞保福利用品。

5. 負責員工考勤、考核的統計。

6. 必要時協助或代理客房中心聯絡員的工作。

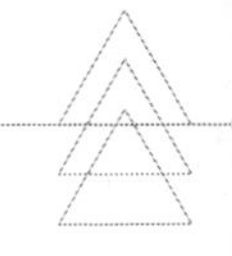

7. 完成經理、副經理交辦的其他工作。

（四）任職資格要求

1. 具有中專以上學歷或同等教育程度。

2. 具有一定的外語水平。

3. 熟悉文祕工作，能使用現代化的辦公設備。

4. 熟悉客房部的基本業務。

5. 樂觀開朗，有良好的公關意識和較強的溝通協調能力，作風正派。

6. 工作認真細緻，有吃苦耐勞精神。

7. 身體健康，形象、氣質好。

四、客房中心主管

（一）管理層級關係

1. 直接上級：客房部副經理

2. 直接下級：客房中心聯絡員、客房部物品領發員。

（二）基本職責

在客房部副經理領導下，主持客房中心的運行與管理，充分發揮客房中心的職能。

（三）工作內容

1. 督導客房中心聯絡員和物品領發員的工作。

2. 協助客房部副經理落實客房部每天的工作計劃。

3. 負責客房部物資設備的檔案管理。

4. 負責客房部物品消耗的統計分析。

5. 定期對客房部的物資進行盤點。

6. 負責客房部報修項目的統計和落實。

7. 掌握客房清掃整理的工作進度，必要時協助樓層主管調配人員。

8. 代理客房中心聯絡員的工作。

9. 完成客房部副經理或經理安排的其他工作。

（四）任職資格要求

1. 具有中專以上學歷或同等教育程度。

2. 具有較強的外語會話和寫作閱讀能力。

3. 思維敏捷，應變能力強。

4. 樂觀開朗，工作認真踏實。

5. 善於組織、溝通和協調，有良好的人際關係。

6. 業務全面，經驗豐富。

7. 身體健康，形象、氣質好。

五、客房中心聯絡員

（一）管理層級關係

直接上級：客房中心主管

（二）基本職責

負責處理記錄客房部的所有資訊，統一安排、調度對住客的服務工作，負責失物招領事宜。

（三）工作內容

1. 受理住客的服務要求並安排落實，做好記錄。

2. 與相關部門溝通協調。

3. 掌握客情，為客房部人力調配、安排工作提供依據。

4. 與總臺相互通報，核實客房狀況，確保客房狀況的準確性。

5. 監督本部門員工考勤打卡。

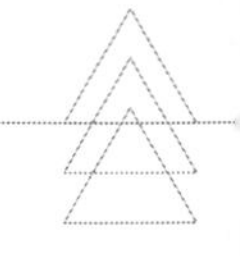

6. 發放、收取及保管員工的工作報告單、工作鑰匙、尋呼機。

7. 接收、登記、保管客人的遺失物品，並做好招領工作。

8. 協助客房部內勤處理事務工作。

9. 完成主管安排的其他工作。

（四）任職資格要求

1. 具有專科學歷或同等教育程度。

2. 口頭表達能力強，語言流暢、清晰、準確，具有兩門以上外語聽說能力；普通話比較標準，能聽懂中國國內的一些方言。

3. 熟悉飯店的設施、服務項目、營業時間、電話號碼等，能準確地解答客人的詢問。

4. 熟悉重要客人、長住客人、常客及一些特殊客人的基本情況，包括姓名、身分、單位、房號、生活習慣和服務要求、接待規格等。

5. 反應敏捷，工作踏實細緻，遇到問題能冷靜對待、靈活處理。

6. 具有一定的客房部工作經驗，熟悉客房服務的程序和標準。

7. 能適應各種班次的排班要求。

8. 身體健康。

六、客房部物品領發員

（一）管理層級關係

直接上級：客房中心主管

（二）基本職責

負責部門物資的領取、收發和保管，控制樓層客用品及清潔用品的發放，進行成本核算。

（三）工作內容

1. 領發客房部的物資用品，並做好記錄和統計。

2. 負責核對、編寫客房固定資產。

3. 根據物品需要填寫「物品申領單」。

4. 參與本部門的物資盤點工作。

5. 負責客房飲料的發放和保管。

6. 保持倉庫整潔，物品存放符合安全標準。

7. 可代理客房中心聯絡員的工作。

8. 完成主管安排的其他工作。

（四）任職資格要求

1. 具有中專學歷或同等教育程度。

2. 工作認真細緻，熟悉帳務管理。

3. 作風正派。

4. 具有良好的協作精神和一定的協調能力。

5. 熟悉客房中心聯絡員的業務。

6. 身體健康。

七、客房樓層主管

（一）管理層級關係

1. 直接上級：客房部副經理

2. 直接下級：客房服務員、樓層勤雜工

（二）基本職責

負責客房樓層的運行與管理，確保客房區域清潔保養和客房服務的質量。

（三）工作內容

1. 負責所管樓層的人員調配和工作安排。

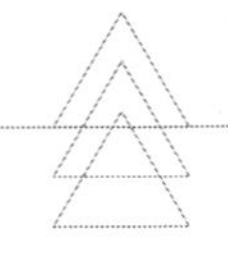

2. 對下屬員工進行培訓、指導和考核。

3. 監督檢查下屬員工的工作，保證工作效率和質量。

4. 解決員工工作中遇到的疑難問題。

5. 處理客人的投訴。

6. 負責樓層設施、設備及用品的管理，保證設施、設備的完好有效，控制物品消耗。

7. 負責樓層與相關部門的溝通協調。

8. 負責樓層的安全。

9. 完成上級安排的其他工作。

（四）任職資格要求

1. 具有中專以上學歷或同等教育程度。

2. 有較強的外語會話能力。

3. 精通客房的清潔保養和對客服務工作。

4. 具有很強的質量意識，能把好質量關。

5. 能獨立解決服務工作中遇到的疑難問題。

6. 具有較強的培訓能力，能勝任一般的培訓工作。

7. 樂觀開朗，善於處理人際關係。

8. 工作認真細緻，吃苦耐勞。

9. 身體健康，形象、氣質好。

八、客房服務員

（一）管理層級關係

直接上級：客房樓層主管

（二）基本職責

負責客房及樓層公共區域的清潔保養和對客服務工作，確保清潔保養和對客房服務質量。

（三）工作內容

1. 負責客房的日常清掃整理及臨時整理。

2. 負責客房的計劃衛生。

3. 負責客房用品的消毒。

4. 管理客房小酒吧。

5. 為住客開夜床。

6. 為住客提供優質服務。

7. 清掃整理樓層公共區域。

8. 保管樓層物資，控制物資消耗。

9. 檢查報告待修項目。

10. 保證客房區域的寧靜、安全。

11. 協助配合其他部門人員在客房區域的工作。

12. 完成主管安排的其他工作。

（四）任職資格要求

1. 具有高中教育程度或同等學歷。

2. 能用外語進行對客服務。

3. 熟悉客房樓層工作業務。

4. 熟悉本飯店的基本情況。

5. 掌握客房服務員必備的知識和技能。

6. 樂觀開朗，善於處理人際關係，有一定的應變能力。

7. 自律守紀；相貌端莊，身體健康；能吃苦耐勞。

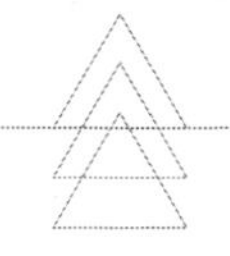

九、樓層勤雜工

（一）管理層級關係

直接上級：客房樓層主管

（二）基本職責

負責客房樓層的勤雜工作，協助客房服務員做好清潔保養和對客服務，提高客房工作效率。

（三）工作內容

1. 搬運垃圾、布草以及家具設備。

2. 補充樓層用品。

3. 協助客房服務員進行重、難、險的清潔保養工作。

4. 完成主管安排的其他工作。

（四）任職資格要求

1. 男性，身體強壯。

2. 具有初中以上教育程度。

3. 能進行一般的外語會話。

4. 能從事客房清掃整理和對客服務工作。

5. 能吃苦耐勞。

十、公共區域主管

（一）管理層級關係

直接上級：客房部副經理

直接下級：公共區域清潔工

（二）基本職責

全面負責公共區域的清潔工作，制定並落實公共區域衛生清潔計劃，努力對外拓展業務，為飯店創收。

（三）工作內容

1. 制定並落實公共區域的各項工作計劃。

2. 負責公共區域員工的培訓及工作安排。

3. 巡視檢查，確保在崗員工處於良好的工作狀態，確保公共區域的清潔衛生標準。

4. 與相關部門協調，做好有關場所及某些專項清潔工作。

5. 接洽對外服務業務，確保質量和效益。

6. 管理公共區域的清潔設備、工具和用品。

7. 考核公共區域員工的工作。

8. 完成上級交給的其他工作。

（四）任職資格要求

1. 具有中專以上學歷或同等教育程度。

2. 精通飯店清潔保養業務。

3. 能熟練操作各種清潔設備和工具，並能對設備、工具進行常規性的保養和簡單維修。

4. 熟悉各種清潔物料的用途和使用方法。

5. 熟悉客房部的其他工作。

6. 有經營意識和能力。

7. 有較強的管理能力。

8. 工作認真，能吃苦耐勞。

9. 身體健康。

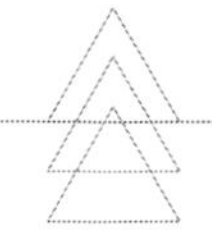

十一、區域清潔工

（一）管理層級關係

直接上級：公共區域主管

（二）基本職責

負責指定區域的日常清潔保養工作，確保清潔保養的質量標準。

（三）工作內容

1. 按規定程序和規範對所管區域進行清潔保養，並達到規定的標準。

2. 檢查所管區域的設施、設備是否完好，如有問題及時報修。

3. 做好回答客人詢問等服務工作。

4. 完成主管安排的其他工作。

（四）任職資格要求

1. 具有初中以上教育程度或同等學歷。

2. 熟悉工作內容和要求。

3. 掌握有關工作的專業知識和技能。

4. 工作認真自覺，不怕苦、不怕髒。

5. 熟悉飯店的基本情況，能回答客人的一般問題。

6. 相貌端莊，身體健康。

7. 在涉外飯店要能懂英語。

十二、打理工

（一）管理層級關係

直接上級：公共區域主管

（二）基本職責

負責飯店的各項清潔工作和對外服務。

（三）工作內容

1. 負責飯店面層材料的清潔保養，如清潔地毯、洗地打蠟、洗軟面家具等。

2. 負責飯店某些特別的清潔工作。

3. 除蟲滅害。

4. 負責店外營業性或協作性的清潔保養工作。

5. 完成主管安排的其他工作。

（四）任職資格要求

1. 男性，身體健康。

2. 初中以上教育程度或同等學歷。

3. 精通飯店面層材料的清潔保養。

4. 熟練掌握有關清潔設備、工具的操作使用方法。

5. 熟悉各種清潔物料的用途和使用方法。

6. 掌握各種專項清潔保養技術。

7. 工作認真，能吃苦耐勞。

8. 能上夜班。

十三、外牆、外窗清潔工

（一）管理層級關係

直接上級：公共區域主管

（二）基本職責

負責飯店建築物的外牆、外窗清潔工作和對外服務。

（三）工作內容

1. 清洗外牆、外窗。

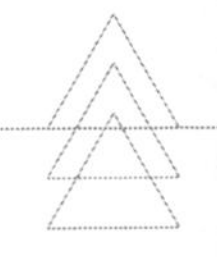

2. 負責飯店高、難、險的清潔保養工作。

3. 從事店外營業性或操作性的清潔保養工作。

4. 完成主管安排的其他工作。

（四）任職資格要求

1. 男性，身體健康。

2. 工作細緻、謹慎，吃苦耐勞，能適應高空作業。

3. 初中畢業以上教育程度。

4. 受過專門訓練，並經考核合格。

5. 最佳年齡為 20 歲～ 40 歲。

十四、夜班領班

（一）管理層級關係

1. 直接上級：公共區域主管、飯店值班經理。

2. 直接下級：夜班清潔工。

（二）基本職責

負責飯店夜間的清潔工作和客房夜間對客服務工作。

（三）工作內容

1. 安排飯店夜間的清潔保養工作。

2. 巡視檢查夜班清潔工的工作狀況和工作質量。

3. 巡視檢查客房部所轄區域的清潔衛生和客房狀況、當班員工的工作狀況和工作質量。

4. 對客房部夜班服務員進行考核。

5. 完成上級安排的其他工作。

（四）任職資格要求

1. 具有中專學歷或同等教育程度。

2. 熟悉客房部樓層及公共區域的工作規範、質量標準。

3. 有一定的外語會話能力。

4. 工作認真負責，能獨立處理一般問題。

5. 在客房部工作兩年以上。

6. 能上大夜班。

7. 最好是男性，身體健康。

十五、洗衣場經理

（一）管理層級關係

1. 直接上級：管理部副經理或經理

2. 直接下級：洗熨領班、洗衣服務員、接待員

（二）基本職責

負責洗衣場的運行管理，確保飯店布草、員工制服和客衣的洗燙質量，拓展對外業務。

（三）工作內容

1. 制定洗衣場的工作計劃。

2. 制定洗衣場的工作程序和質量標準。

3. 制定洗衣場的規章制度。

4. 負責洗衣場員工的工作安排、培訓和考核。

5. 負責洗衣場設備、物品的管理。

6. 控制洗衣場的成本費用。

7. 接洽對外經營及協作業務。

8. 保證洗衣場的正常運轉。

9. 負責洗衣場的安全，嚴防事故發生。

10. 完成上級安排的其他工作。

（四）任職資格要求

1. 具有大專教育程度或同等學歷。

2. 精通布草洗燙業務。

3. 熟悉洗衣場設備的性能、操作規範、維修保養要求及方法。

4. 熟悉各種洗滌用品的性能、使用和配製方法。

5. 有較強的管理能力和溝通協調能力。

6. 有經營意識和經營能力。

7. 熟悉客房部其他方面的工作。

8. 身體健康。

十六、洗燙領班

（一）管理層級關係

1. 直接上級：洗衣場經理

2. 直接下級：洗熨工

（二）基本職責

負責洗衣場洗滌、熨燙工作，確保布草、制服、客衣的洗燙質量。

（三）工作內容

1. 協助經理制定有關計劃、規程和標準。

2. 安排洗熨工的工作。

3. 督導洗熨工操作。

4. 負責質量檢查，糾正質量問題。

5. 控制洗滌用品。

6. 負責有關設備維修保養計劃的落實。

7. 協助經理做好員工的業務培訓，並對其進行考核。

8. 完成經理安排的其他工作。

（四）任職資格要求

1. 具有高中畢業以上教育程度或同等學歷。

2. 精通洗滌業務。

3. 具有督導培訓能力。

4. 受過專業訓練並經考核合格。

5. 有中級以上技術等級並有上崗證書。

6. 工作認真負責，能吃苦耐勞。

7. 身體健康。

十七、洗衣場接待員

（一）管理層級關係

直接上級：洗衣場經理

（二）基本職責

負責處理客衣洗滌的一般事宜，彙總整理洗衣場各類報表、資料，做好內勤工作。

（三）工作內容

1. 接答住客要求洗衣服務的電話，並做好記錄。

2. 安排洗衣服務員收送客人送洗的衣物。

3. 將洗衣帳單送收款處。

4. 製作洗衣服務營業報表。

5. 負責洗衣場的內勤工作。

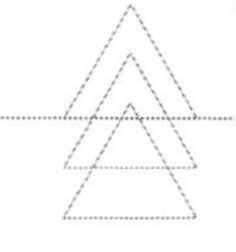

6. 完成經理安排的其他工作。

（四）任職資格要求

1. 具有中專學歷或同等教育程度。

2. 有較強的外語會話能力，熟悉有關洗衣服務的專業術語。

3. 工作認真細緻。

4. 能從事一般的文祕工作。

5. 身體健康。

十八、洗衣服務員

（一）管理層級關係

直接上級：洗衣場主管

（二）基本職責

負責客衣的收取和送回工作。

（三）工作內容

1. 負責住店客人洗衣的收取、點數、打碼、核對、包裝、送回服務。

2. 確保貴賓房及有特殊服務要求的客衣按時、按質完成。

3. 熟悉長住客的特殊要求，嚴格按規定的操作程序進行操作。

4. 做好環境衛生，定期清理打碼設備。

（四）任職資格要求

1. 具有高中畢業或同等教育程度。

2. 具有一定的外語水平，能看懂國際標準洗滌符號及客衣洗滌特別要求，能識別並判斷衣物面料及特性。

3. 工作認真仔細，責任心強。

4. 身體健康。

十九、布草房主管

（一）管理層級關係

1. 直接上級：客房部副經理或洗衣場經理

2. 直接下級：布草收發員、縫紉工

（二）基本職責

負責全飯店布草和員工制服的收發保管等工作，滿足飯店的運轉需要。

（三）工作內容

1. 制定飯店布草的配置標準。

2. 制定飯店布草的控制管理制度。

3. 制定飯店布草的收發程序。

4. 監督各部門布草的使用和保管。

5. 負責布草的盤點，統計分析布草的損耗情況並向上級報告。

6. 負責布草的報廢和再利用工作。

7. 協助人事部做好員工制服的管理工作。

8. 制定布草更新補充計劃並督促落實。

9. 負責布草房的安全。

10. 管理布草房的設備用品。

11. 完成上級安排的其他工作。

（四）任職資格要求

1. 具有高中畢業教育程度或同等學歷。

2. 熟悉各部門布草及員工制服的配置情況。

3. 掌握布草知識，熟悉布草及制服的洗燙程序和質量標準。

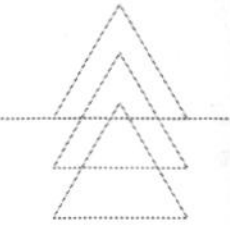

4. 熟悉布草房的各項工作規程。

5. 工作認真負責，有一定的溝通協調能力。

6. 身體健康。

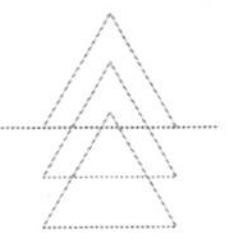

附錄二 客房部常用表格

附表 1 客房服務員工作日報表

早班□

中班□

樓層________姓名________日期　　　____月____日　　　晚班□

序號	狀況	居住	清掃時間		補充消耗品										備註	特殊任務 特殊要求
			入	出	肥皂	衛生紙	洗髮精	沐浴乳	潤膚露	牙具	購物袋	咖啡	拖鞋			
01	S															當日清掃計畫
02	L															
03	L															
05	VD															
06	VC															
07	S															
08	S														VIP	
09	L															經理指令
10	L															
11	OOO															
12	S															
15	S															
16	L															
17	S															

1. 作用

（1）分配工作任務。（2）記錄工作情況。

2. 用法

（1）客房服務員上班時，由客房中心聯絡員分發。

(2) 表上填有需整理的客房房號及狀況。配有電腦的飯店可將電腦影印出來的客房狀況、住客情況表一起交給服務員，不必在表上另外註明。

(3) 服務員工作時，將此表置於工作車上指定的位置（注意隱蔽性），每做完一間房都須在表上填寫有關內容。

(4) 領班在巡查時，要隨時瞭解服務員工作表上的情況，以便及時查房和處理問題。

(5) 服務員下班時將此表與工作鑰匙一起交客房中心。

(6) 領班根據工作單上的記錄，統計當天樓層客用物品的消耗情況。

(7) 領班主管檢查整理工作表後，將之存檔供統計彙總及查閱。

附表 2 客房狀況表

日期＿＿＿＿＿＿　　　　樓層＿＿＿＿＿＿

時間＿＿＿＿＿ AM/PM　　　　領班＿＿＿＿＿＿

房	OOC人數	VD	VC	OOO	備註
01					
02					
03					
合計					

OOC=Occupiecl住客房　　V=Vacant 空房

OOO=Out of order待修房　　C/O=Check out 走客房

☐總台　☐收款　☐空房中心　☐樓層

1. 作用

(1) 統計彙總客房狀況。

(2) 客房部與總臺核實客房狀況，提高客房狀況統計的準確性。

2. 用法

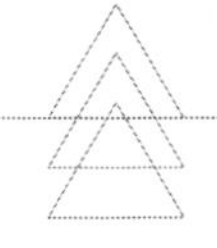

(1) 客房服務員每天定時對客房進行檢查核實，並填寫此表。

(2) 服務員將填好的表交領班，領班檢查彙總後交客房中心。客房中心聯絡員彙總後，留一份存檔備查，其他幾份送總臺及收款處。

(3) 客房中心與總臺依據此表核對客房狀況顯示系統，如有差異及時檢查糾正。

附表 3 樓層領班工作單

日期 ______________ 清掃員 ______________

樓層 ______________ 樓層領班 ______________

房號	狀況	檢查時間		檢查紀錄	借用物品	房號
		入	出			
01					加床	
02					嬰兒床	
03					枕頭	
04					毛毯	
05					吹風機	
06					插座	
07						
08						
09					今日客情	房號
10					貴賓	
11					病客	
12					特殊客人	
					長住客	

1. 作用

(1) 提示作用。

(2) 記錄巡視檢查情況。

2. 用法

(1) 領班領取工作單後，要瞭解本區域當班的服務員、客房狀況及有無其他情況等。

（2）領班根據服務員清掃整理客房的進程及時檢查客房，隨查隨記錄。

（3）及時檢查已經整理完畢的走客房，如果合格，及時報客房中心，再由客房中心報總臺。

（4）下班時將表上全部項目填好，交主管審閱，由客房中心彙總存檔。

附表 4 客房檢查返工單

房號＿＿＿＿＿＿ 日期＿＿＿＿＿＿ 姓名＿＿＿＿＿＿

請完成以下工作： 完成後請交還，謝謝！ 樓層領班(簽名)＿＿＿＿

1. 作用

（1）指示服務員對客房未完成好的工作項目返工。

（2）考核評估服務員的依據。

2. 用法

（1）領班或主管將查房中發現的不合格項目列出，交有關服務員返工。

（2）服務員按單上所列項目返工，完成後交領班。

（3）領班憑此單進行複查。

（4）將此單與工作單放在一起。

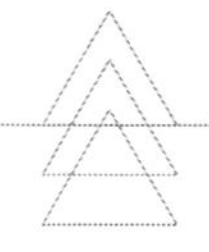

附表 5 客房領班工作單

日期________ AM / PM　　　　清扫员________ ________

領班________　　　　________ ________

樓層	房號	狀況	床位	時間	檢查紀錄	樓層	房號	狀況	床位	時間	檢查紀錄	借用物品	房號
	01						10					加床	
	02						11					嬰兒床	
	03						12					枕頭	
	04						13					毛毯	
	05						14					電吹風機	
	06						15					插座	
	07						16					椅子	
	08						17						
	09						18						

1. 作用

考核記錄服務員的工作實績。

2. 用法

（1）領班為每個當班服務員準備一份考核表，並填上服務員所負責的房間號。

（2）查房時記錄每一項目的實得分。

（3）用「100-1 ≤ 0」的制度評分，即如果某個項目有失誤或不合格，扣除該項目的全部應得分。如果某間房總得分低於應得分的規定百分比，則該房間得分為 0。

（4）服務員當日考績 分＝全部房間總得分之和 ÷ 客房總數＋小表所列的得分。

（5）領班及服務員在考績表上簽字後交客房中心，當天發布並存檔。

（6）服務員每月考績分＝當月得分總和 ÷ 月出勤天數，客房部以此核發獎金。

附表 6（1）樓層主管工作單（正面）

姓名：　　　　　　　　　　　　　　　　＿＿年＿＿月＿＿日

交班內容		晨會內容	
住店C/I VIP		計畫衛生檢查項目	
當日主要客情		領班及呼叫器號碼	
樓層檢查狀況		工作安排	

附表 6（2）樓層主管工作單（反面）

房號	房間檢查狀況	得分	房號	房間檢查狀況	得分
結束工作					
交班內容					
報修維修			備註		

1. 作用。主管工作單與領班工作單的作用基本相同。

2. 用法。主管工作單的用法與領班工作單的用法也基本相同。

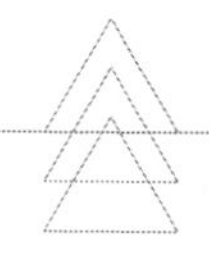

附表 7 維修通知單

NO. ____________

報修日期____________________ 報修部門__________________

報修時間________________AM/PM 報修人 ____________________

維修地點____

維修項目____

受理人 ____

維修處理說明

維修時間_____月___日___時___分始至_____月___日___時___分止

維修材料 ____

____

備註 ____

____

維修人 ___________ 驗收人___________

1. 作用

（1）報修部門向工程部報告待修項目，提出維修要求。

（2）留檔備忘。

（3）維修人員前往維修的派工單。

（4）作為統計核算維修材料費用的憑據。

2. 用法

（1）服務員發現需維修的項目，應及時做記錄並報告領班，由領班或指定人員（客房中心聯絡員）負責填報。

（2）此單由兩部分組成，上半部分作通知用，下半部分作資訊回饋用。

（3）此單一式三份，一份留存，另兩份送工程部。

（4）工程維修人員憑帶此單進行維修，維修完畢後由樓層服務員或領班驗收合格簽字認可，再將此單帶回工程部註銷。

（5）緊急維修可先用電話通知，後補通知單。

（6）工程部憑此單向有關部門核算費用。

附表 8 維修統計表

日期	房號	維修單號碼	維修內容	維修結果	備註

1. 作用

（1）與工程部核實維修情況並做備忘。

（2）送其他有關部門和人員（大堂副理、值班經理或運轉總經理）。

2. 用法

（1）每天由客房中心聯絡員製作統計表，一份送工程部，一份留存，其他送有關部門和人員。

（2）工程部根據此表核查當天維修情況，發現問題及時處理。

（3）飯店有關部門及人員及時瞭解、掌握當天的維修情況。

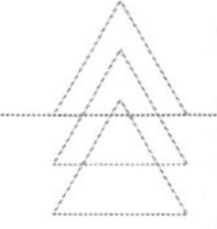

附表 9 客房服務員工作考核表

服務員姓名 ________ ____年____月____日

項目	滿分	得分	備註	項目	滿分	得分	備註
房門	1			牆	1		
壁櫥	2			地毯	4		
冰箱	2			空調	1		
三聯櫃	4			落地燈	1		
服務夾	2			盥洗室門	1		
鏡	2			鏡	2		

項目	滿分	得分	備註	項目	滿分	得分	備註
檯燈	1			臉盆台	4		
電視機	1			馬桶	4		
垃圾桶	1			浴缸	6		
茶具	1			地面	4		
座椅	1			浴簾	2		
窗台	1			垃圾桶	1		
窗簾	2			五金件	4		
床頭櫃	1			毛巾	3		
床頭板	1			消耗品	3		
床	8			燈	1		
床頭燈	1			維修	2		
掛畫	1			總體印象	3		
儀表儀容	2			愛護設備	2		
服從分配	2			節約用品	2		
禮節禮貌	2			匯報問題	2		
遲到早退	2			操作規範	2		
團結互助	2			其他	2		

當日得分________ 領班簽名________ 服務員簽名________

附表 10 樓層服務員工作報告表

日期＿＿＿＿＿　樓層＿＿＿＿＿　姓名＿＿＿＿＿

房號	狀況	床位	臨時清理		進店時間	預計離店	結帳時間	離店時間	送報紙	換茶具	檢查小酒吧	重點賓客	租借物品	洗衣	維修項目	維修時間	開夜床服務	帶走損壞物品	遺留物品	備註
			入	出																
01																				
02																				
03																				

1. 作用

（1）分配工作任務。

（2）記錄工作情況。

2. 用法

（1）樓層服務員上班時，由客房中心聯絡員分放此表。

（2）表上填有須整理的客房及狀況等。

（3）樓層服務員在輸送客房服務時及時做好相關記錄。

（4）領班、主管檢查時，要隨時查看工作報告表上的內容，以便控制服務員的工作進程，發現問題及時處理。

（5）服務員下班時將此表與工作鑰匙一起交客房中心。

（6）領班、主管整理檢查工作報告表後存檔，以供統計、彙總及查閱。

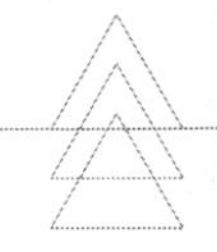

附表 11 夜班對客服務工作表

日期

夜班領班姓名	對講機號	夜班服務員姓名	對講機號	
房號	時間	內容		對講機號

1. 作用

（1）記錄對客服務情況。

（2）留存備查。

2. 用法

（1）夜班服務員上班後，由客房服務員分發。

（2）服務員領取呼叫器後，在表上填上呼叫器號碼及姓名。

（3）輸送服務時及時填寫相關欄目。

（4）服務員下班時將此表與工作鑰匙、呼叫器一起交客房中心。

（5）領班、主管檢查工作表後存檔，供需要時查閱。

附表12 樓層服務員工作考核表

_____年_____月_____日

項目	應得分	扣分	項目	應得分	扣分
儀表儀容	2		公共區域衛生	6	
禮節禮貌	5		清洗公共衛生間	3	
服從分配	2		工作間保潔	3	
服務規範	4		消耗品統計	3	
團結互助	2		樓面安全	2	
愛護設備	2		專項清潔	4	

項目	應得分	扣分	項目	應得分	扣分
節約用品	3		分送報紙	3	
匯報問題	2		維修保養	3	
遲到早退	2		保管分發物品	4	
尊章守紀	4		代辦服務	2	
換洗茶具	6		布置工具車	3	
燒水送水	4		管理小酒吧	3	
爲客人開門	3		迎送客人	3	
開夜床服務	8		清掃客房	3	
其他	4		合計		
總得分					

樓層_____服務員_____經理_____

1. 作用。考核記錄服務員的工作實績。

2. 用法

（1）領班為每一位服務員準備一份考核表，檢查時記錄扣除的分數。

（2）用「100-1 ≤ 0」的制度評分，即如果某個項目失誤或不合格，即扣除該項目的全部應得分。

（3）服務員當日考核分＝各項目得分之和。

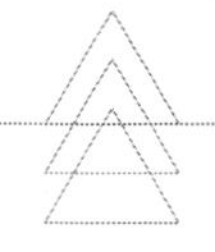

（4）領班及服務員簽字後交主管，主管審核後交客房中心，當日發布並存檔。

（5）服務員每月考績分＝當月得分總和 ÷ 月出勤天數，客房部以此核發獎金。

附表 13 賓客維修意見書

（飯店名稱）

ROOM MAINTENANCE

親愛的來賓：

歡迎您入住本店。爲給您提供更加舒適、滿意的居住條件，煩請就我們維修工作中所忽略之處，提供寶貴的意見。祝您居住愉快！

Dear Guest

Won' t you please help us maintain our rooms in the best possible condition by repairing little things that are wrong and that may have been overlooked by the Housekeeping or Maintenance Department.

Is there anything in the room that needs attention by our Maintetance man or Houseman.

房號(Room NO.) ________ 日期(Date)________

____

____

多謝撥冗相助，並請將此單交往前台，以便盡快得以解決。

Please leave at Front Dest for prompt action.Thank you for your time.

1. 作用

（1）廣泛徵求客人意見，使客人感到他（她）受到重視。

（2）及時發現問題，彌補飯店工作的不足。

2. 用法

（1）此表一式兩份，最好用無碳複寫紙，一般放置在寫字臺上或文具類內。

（2）客人填寫後可交前臺或留在房中。

（3）服務員工作中發現填寫過的意見表，及時將此表交有關人員處理。

（4）相關部門得到表後，及時查實維修。

附表 14 綜合查房表

房號＿＿＿＿＿

	完好	清潔	更換	油漆	維修	遺失	備註
門——裡面							
——外面							
——把手							
——鎖							
——門閂靈敏							
——門框							
——窺鏡							
——安全鏈清潔							
——位置完好							
——房價卡							
——疏散圖示							
電燈開關							
門碰(門吸)							
空調箱——外部							
——裡面							
——鎖定							
——濾網							
櫥窗——外面							
——裡面							
——底面							
——橫杆							

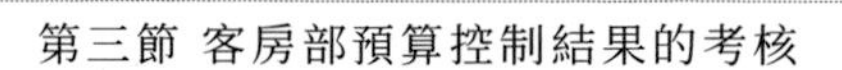
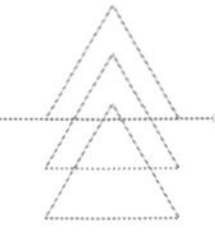

	完好	清潔	更換	油漆	維修	遺失	備註
——衣架數量							
位置正確							
乾淨無塵							
空調器——設定正確							
——網格							
行李架							
活動行李架							
床頭櫃及抽屜							
床——鋪得好							
——床罩							
——毛毯							
——枕頭							
——床墊襯							
——床墊——有標識並已翻轉							
——床墊布							
——床架							
——床頭板							
電話機——除臭劑							
——留言燈							
——房號							
——鍵盤標識圖							
——聽筒輪線							
——電話線							
——功能							
總開關							
扶手椅——架							
——飾布							
檯燈							
畫框							

	完好	清潔	更換	油漆	維修	遺失	備註
窗簾——位置正確							
——外觀							
——拉線和軌道							
窗戶——清潔							
——窗框							
——窗台							
電視機/收音機							
電視機架							
寫字檯和抽屜							
鏡子							
靠背椅——飾布							
——框架							
字紙簍							
梳妝檯和抽屜							
概況							
地毯——特別是床下							
踢腳線							
天花板							
燈——瓦數正確							
——位置正確							
——清潔							
——燈罩							
——接觸							
家具位置正確							
電線隱蔽							
霉濕							
氣味							
連通間鎖定							
盥洗室							
門——外部							

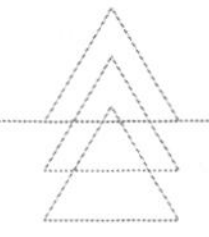
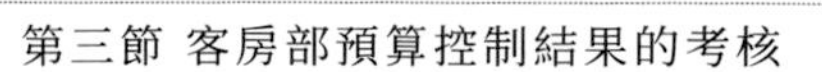

	完好	清潔	更換	油漆	維修	遺失	備註
——內部							
——框架							
——門碰							
——掛鉤							
——疏散圖示							
開瓶器							
垃圾桶							
電源插座							
鏡子							
格架							
電燈							
梳妝台							
洗臉槽							
塞子——清潔							
——有效							
水龍頭——清潔							
——出水							
毛巾架							
面紙盒							
手紙架							
掛鉤							
馬桶——沖水							
——座沿							
——座基							
——廁盆							
風孔							
浴簾							
——杆							
——鉤							
晾衣繩							

	完好	清潔	更換	油漆	維修	遺失	備註
浴缸——清潔							
——狀況							
——防滑							
——水龍頭							
——氣缸							
——拉手							
——塞子——清潔							
——有效							
——淋浴器							
——毛巾架							
——牆壁							
——地面							
——天花板							

日期________ 檢查者________

1. 作用

（1）記錄檢查客房的情況。

（2）作為客房維修保養、設施設備更新改造的依據。

2. 用法

（1）供經理人員全面檢查客房狀況使用，如客房部經理一般每年至少兩次會同工程部經理對客房設施設備狀況進行全面檢查時填寫此表。

（2）每房一份表，隨查隨記錄。

（3）發現問題及時處理，以保證客房處於完好的狀態。

（4）此表一式三份，一份客房部留存，另兩份交工程部及財務部。

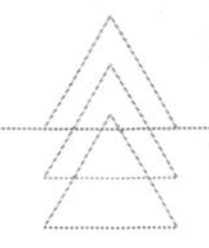

附表 15 對客服務用品登記表

日期	房號	用品及序號	經手人	聯絡員	歸還人	歸還時間	接收人

1. 作用

(1) 記錄客人借用物品的情況。

(2) 提示、備查。

2. 用法

(1) 客人借用物品時，服務員從客房中心領取借用物品並簽名。

(2) 客房中心聯絡員做好相關記錄。

(3) 服務員歸還物品時，聯絡員同樣須做相應的記錄。

附表 16 客房少損物品記錄單

樓層　　　　年　月　日

序號	品名	單位	數量	當事人	少損原因	備註
製表		領班		經理		

1. 作用

(1) 記錄客房少損物品情況。

(2) 留存備查。

2. 用法

（1）客房若有物品短缺或毀壞，當班服務員須查明原因，及時填寫記錄單，並將此單連同毀壞物品或殘件一起交給領班。

（2）領班核實後，上報部門經理，部門經理核准簽字後，少損物品作報損處理。

（3）此單一式三份，一份樓層留存，一份交客房中心存檔，一份交財務部。

附表 17 公共區域工作檢查表

姓名	崗位	時間	檢查情況

檢查人________ 檢查日期________

1. 作用

（1）記錄巡視檢查情況。

（2）考核公共區域服務員工作實績。

2. 用法

（1）領班、主管每天須多次巡視檢查公共區域衛生及服務員的工作狀態，隨查隨記錄。

（2）下班時將全部項目填好後，交客房中心存檔。

（3）客房部以此核發服務員獎金。

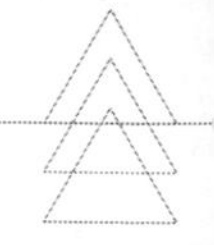

附表 18 遺留物品登記表

日期	時間	地點	拾得物品名稱及數量	拾獲人	編號	聯絡員	保管員	領取人簽名及證件號碼	領取日期	備註

1. 作用

（1）記錄客人遺留物品情況。

（2）失主查找領取遺留物品時備查。

2. 用法

（1）飯店通常規定，飯店員工無論在飯店任何區域拾到遺留物品，均需及時報告客房中心，當天交至客房中心。

（2）客房中心聯絡員做好相關登記後，將遺留物品交保管員保管。

（3）如有失主認領遺留物品，客房中心有關人員驗明其證件後，請失主簽名並登記證件號碼、領取日期。

（4）在登記表上註銷已被領取的物品。

附表 19 客房小酒吧日報表

樓層＿＿＿＿＿＿　　　　　　　　　　　　　　　領班＿＿＿＿＿＿

日期＿＿＿＿＿＿

品種／房號	拿破崙 vsop	百齡壇威士忌	紅牌蘇聯伏特加	甘露咖啡酒	Beefeater Gin	蘭姆酒	青島薏絲琳	仙鹿小香檳	可口可樂	依雲礦泉水	嶗山礦泉水	青島啤酒	進口啤酒	雪碧	柳橙汁	番茄汁	果汁飲料	各類小吃
01																		
02																		
03																		
上午																		
下午																		
小計 Total																		

1. 作用

（1）記錄客房小酒吧的消耗情況。

（2）統計小酒吧營業收入。

2. 用法

（1）服務員每天定時檢查補充客房小酒吧，將客人的耗用量填在帳單上和工作表上。

（2）領班每天統計當天樓層客房小酒吧的消耗量填寫此表，並憑此表給服務員補充小酒吧內的酒水、飲料及食品。

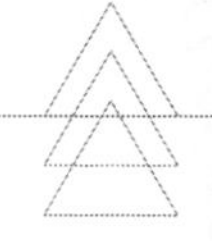

附表 20 客房客用消耗物品申領單

樓層＿＿＿＿＿　　　　　　　　　　　　　日期＿＿＿＿＿

品名	單位	申領數	實發數	備註	品名	單位	申領數	實發數	備註
沐浴乳					棉花棒				
洗髮精					指甲銼				
護髮素					香皂(大)				
潤膚乳					香皂(小)				
牙具					原子筆				
浴帽					牙籤				
手提袋					梳子				
捲筒衛生紙					刮鬍刀				
面紙					棉球				

領用人＿＿＿＿＿　領班＿＿＿＿＿　發貨人＿＿＿＿＿

1. 作用

（1）憑此表領取客房易耗品。

（2）留存，做統計、分析、備案用。

2. 用法

（1）客房服務員每天統計客用消耗品的消耗量。

（2）樓層服務員每週統計本樓層小倉庫的消耗及現存情況，並按小倉庫規定的配備標準提出申領計劃，填好此表，由領班簽字。

（3）中心庫房根據申領表發放物品，並憑申領表做帳。

（4）此表一式三份，一份樓層留存，一份交中心庫房，一份交財務部。

附表 21 客房部員工簽到單

日期________

上班時間	姓名	下班時間	姓名	備註

1. 作用

（1）用於客房部部門內部考勤。

（2）存檔備查。

2. 用法

（1）此單放置在客房中心，每天一份。客房部員工上班後須到客房中心，在簽到單上簽到，下班時也須簽字。

（2）每月由客房中心聯絡員彙總簽到單，製作部門考勤表，並將考勤表交人事部。

附表 22 客房部鑰匙領用表

日期__________

鑰匙種類	領用人		領用時間	歸回人		歸回時間	接收人
	領班	服務員		領班	服務員		

1. 作用

（1）記錄客房部員工工作鑰匙領用情況。

（2）做好工作鑰匙的領用管理。

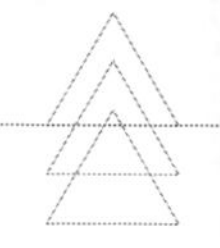

（3）存檔備查。

2. 用法

（1）此表由客房中心控制。客房部有關員工簽到後需簽領工作鑰匙，下班時將鑰匙歸回客房中心。

（2）收到工作鑰匙後，客房中心聯絡員須在「接收人」欄中簽字。

（3）此表由客房中心定期收存、歸檔備查。

附表 23 員工排班表

日期	1	2	3	4	5	6	7	8	9	10	11	12	13	14	15	16	17	18	19	20	21	22	23	24	25	26	27	28	29	30	31
姓名	班次																														

■ 1 作用

（1）用於安排員工班次。

（2）記錄員工每月的出勤情況。

■ 2 用法

（1）客房管理人員每月根據預測的客情、活動安排、工作量等情況，給下屬員工安排次日的班次，註明休假、加班、替休等情況。

（2）每月底將次月的排班表交客房中心，存檔備查。

附表 24 洗衣場主管工作單

日期________　　　　　　　　　　　　　　　　姓名________

交班內容		晨會內容	
人員安排		安全衛生	
設備狀況		洗滌狀況	
次日安排工作		備註	

1. 作用。提示、記錄。

2. 用法

（1）洗衣場主管領到工作單後，瞭解工作安排及洗滌情況。

（2）每班次巡視檢查洗衣場多次，隨查隨記錄。

（3）下班時將所有項目填好後交客房中心。

附表 25 每日布草申領（換洗）單

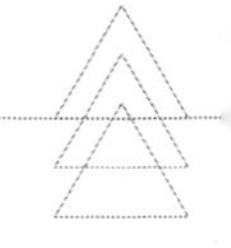

樓層________　　　　　　　　　　　　　日期________

項目	送洗數量	洗衣場收數	布草房發數	申請人	多提	少取	備註
單人床單							
雙人床單							
大號床單							
特大號床單							
普通枕套							
大號枕套							
大浴巾							

項目	送洗數量	洗衣場收數	布草房發數	申請人	多提	少取	備註
小浴巾							
擦臉巾							
地巾							
方巾							
浴袍							

申請人______　交回人______　檢收人______　領取人______　簽發人______

1. 作用。記錄、備忘。

2. 用法

（1）每日內樓層領班根據當天送洗的髒布草及次日客情填寫申領單。

（2）洗衣房收取髒布草檢收後簽字認可。

（3）通常採取「以一換一」的方式交換布草，即送多少髒布草換多少乾淨的。

（4）如果需要超額領用，應在申領單「多提」一欄中註明數量；布草房發放布草若有短缺，也應在「少取」欄目中註明。

（5）此單一式三份，樓層留存一份，一份布草房，一份洗衣房。

附表 26 大燙組工作單

日期＿＿＿＿＿＿

	乾淨數合計	報損合計	需重洗合計	過水	返洗	返洗後乾淨數	報損	清點人
大檯布	白							
	紅							
中檯布								
小檯布								
餐巾	紅							
	白							
床單	大							
	小							
枕套								

1. 作用。提示、記錄。

2. 用法

（1）大燙組每一班次記錄本班次熨燙的棉織品數量。

（2）熨燙、疊放布草時，應將有破損、汙跡的分揀出來，並在表上做好相關記錄。

（3）布草返洗後再記錄相應欄目。

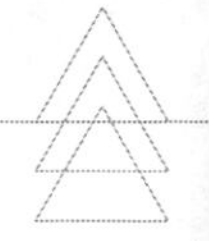

附表 27 每日制服送洗表

日期＿＿＿＿＿　　填表人＿＿＿＿＿

部門	職工編號	衣服		褲子		裙子		襯衫		領帶		總件數	職工簽名	備註
		收	發	收	發	收	發	收	發	收	發			

1. 作用。提示、記錄。

2. 用法

（1）布草房收到送洗的員工制服後，查核簽上數量。

（2）洗過後的乾淨制服員工領取後簽字。

（3）每個月統計每個部門送洗的制服、彙總制服洗滌量，做好內部核算工作。

附表 28 布草報廢記錄單

品名＿＿＿＿　規格＿＿＿＿　申報人＿＿＿＿　批准人＿＿＿＿		
報廢原因	數量	處理意見
無法除痕		
無法修補		
年限已到		
其他		
合計		年　月　日

1. 作用。記錄、備忘。

2. 用法

（1）布草報廢時，需由布草房填寫報廢布草的數量、報廢原因，經布草房主管核對、客房部經理審批簽字。

（2）此單一式三份，一份客房部留存，一份財務部、一份庫房。

附表 29 布草盤點統計分析表

部門＿＿＿＿ 盤點日期＿＿＿＿ 製表人＿＿＿＿													
品名	額定數量	客房		樓層布件房		洗衣房		盤點總數	報廢數量	補充數量	差額總數	備註
		定額	實盤	定額	實盤	定額	實盤					

1. 作用。記錄、備忘。

2. 用法

（1）布草盤點前準備好此表，由指定人員負責具體清點數量、填表。

（2）將實盤的總數和額定數進行比較分析，得出差額總數。

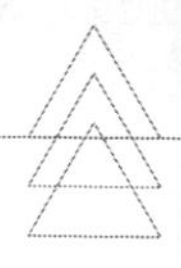
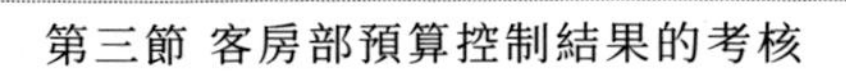

國家圖書館出版品預行編目（CIP）資料

客房部運行與管理 / 支海成 主編 . -- 第二版 . -- 臺北市
: 崧博出版 : 崧燁文化發行 , 2019.04
面 ; 公分
POD 版

ISBN 978-957-735-689-5(平裝)

1. 旅館業管理 2. 旅館經營

489.2　　　　108002038

書　名：客房部運行與管理(第2版)
作　者：支海成 主編
發 行 人：黃振庭
出 版 者：崧博出版事業有限公司
發 行 者：崧燁文化事業有限公司
E-mail：sonbookservice@gmail.com
粉 絲 頁：　　網 址：
地　址：台北市中正區重慶南路一段六十一號八樓 815 室
8F.-815, No.61, Sec. 1, Chongqing S. Rd., Zhongzheng
Dist., Taipei City 100, Taiwan (R.O.C.)
電　話：(02)2370-3310 傳　真：(02) 2370-3210
總 經 銷：紅螞蟻圖書有限公司
地　址: 台北市內湖區舊宗路二段 121 巷 19 號
電　話:02-2795-3656 傳真 :02-2795-4100　網址 :
印　刷：京峯彩色印刷有限公司（京峰數位）

定　價：750 元
發行日期：2019 年 04 月第二版
◎ 本書以 POD 印製發行